高等职业教育土木建筑类专业新形态教材
高职高专智慧建造系列教材

建筑施工组织与管理

主　编　王淑红　　郭红兵

副主编　罗碧玉

主　审　刘瑞牛

北京理工大学出版社
BEIJING INSTITUTE OF TECHNOLOGY PRESS

内 容 提 要

本书按照高职高专院校人才培养目标以及专业教学改革的需要，坚持以培养职业技能为重点进行编写。全书共分为七个项目，主要内容包括施工组织概论、流水施工原理及应用、网络计划技术、建筑工程施工准备、施工组织总设计、建筑施工项目管理组织、施工项目管理等。

本书可作为高职高专院校建筑工程技术等相关专业的教材，也可作为函授和自考辅导用书，还可供建筑工程施工现场相关技术和管理人员工作时参考。

图书在版编目(CIP)数据

建筑施工组织与管理／王淑红，郭红兵主编.—北京：北京理工大学出版社，2018.1（2022.2重印）

ISBN 978-7-5682-5034-4

Ⅰ.①建…　Ⅱ.①王…　②郭…　Ⅲ.①建筑工程—施工组织—高等学校—教材 ②建筑工程—施工管理—高等学校—教材　Ⅳ.①TU7

中国版本图书馆CIP数据核字（2017）第309555号

出版发行／北京理工大学出版社有限责任公司

社　　址／北京市海淀区中关村南大街5号

邮　　编／100081

电　　话／（010）68914775（总编室）

　　　　　（010）82562903（教材售后服务热线）

　　　　　（010）68944723（其他图书服务热线）

网　　址／http://www.bitpress.com.cn

经　　销／全国各地新华书店

印　　刷／北京紫瑞利印刷有限公司

开　　本／787毫米×1092毫米　1/16

印　　张／15.5　　　　　　　　　　　　　　责任编辑／杜春英

字　　数／376千字　　　　　　　　　　　　文案编辑／杜春英

版　　次／2018年1月第1版　2022年2月第5次印刷　　责任校对／周瑞红

定　　价／45.00元　　　　　　　　　　　　责任印制／边心超

高等职业教育土木建筑类专业新形态教材
高 职 高 专 智 慧 建 造 系 列 教 材
编审委员会

总序言

　　高等职业教育以培养生产、建设、管理、服务第一线的高素质技术技能型人才为根本任务，在建设人力资源强国和高等教育强国的伟大进程中发挥着不可替代的作用。近年来，我国高职教育蓬勃发展，积极推进校企合作、工学结合人才培养模式改革，办学水平不断提高，为现代化建设培养了一大批高素质技术技能型人才，对高等教育大众化作出了重要贡献。要加快高职教育改革和发展的步伐，全面提高人才培养质量，就必须对课程体系建设进行深入探索。在此过程中，教材无疑起着至关重要的基础性作用，高质量的教材是培养高素质技术技能型人才的重要保证。

　　高等职业院校专业综合改革和高职院校"一流专业"培育是教育部、陕西省教育厅为促进高职院校内涵建设、提高人才培养质量、深化教育教学改革、优化专业体系结构、加强师资队伍建设、完善质量保障体系、增强高等职业院校服务区域经济社会发展能力而启动的陕西省高等职业院校专业综合改革试点项目和陕西高职院校"一流专业"培育项目。在此背景下，为了更好地贯彻《国家中长期教育改革和发展规划纲要（2010—2020年）》及《高等职业教育创新发展行动计划（2015—2018年）》相关精神，更好地推动高等职业教育创新发展，自"十三五"以来，陕西交通职业技术学院建筑工程技术专业先后被立项为"陕西省高等职业院校专业综合改革试点项目""陕西高职院校'一流专业'培育项目"及"高等职业教育创新发展行动计划（2015—2018年）骨干专业建设项目"，教学成果"契合行业需求，服务智慧建造，建筑工程技术专业人才培养模式创新与实践"荣获"陕西省2015年高等教育教学成果特等奖"。依托以上项目建设，陕西交通职业技术学院组织了一批具有丰富理论知识和实践经验的专家、一线教师，校企合作成立了智慧建造系列教材编审委员会，着手编写了本套重点支持建筑工程专业群的智慧建造系列教材。

　　本套公开出版的智慧建造系列教材编审委员会对接陕西省建筑产业岗位要求，结合专业实际和课程改革成果，遵循"项目载体、任务驱动"的原则，组织开发了以项目为主体的工学结合教材。在项目选取、内容设计、结构优化、资源建设等方面形成了自己的特色，具体表现在以下方面：一是教材内容的选取凸显了职业性和前沿性特色；二是教材结构的安排凸显了情境化和项目化特色；三是教材实施的设计凸显了实践性和过程性特色；四是教材资源的建设凸显了完备性和交互性特色。总之，智慧建造系列教材的体例结构打破了传统的学科体系，以工作任务为载体进行项目化设计，教学方法融"教、学、做"于一体，实施以真实工作任务为载体的项目化教学方法，突出了以学生自主学习为中心、以问题为导向的理念，考核评价体现过程性考核，充分体现现代高等职业教育特色。因此，本套智慧建造系列教材的出版，既适合高职院校建筑工程类专业教学使用，也可作为成人教育及其他社会人员岗位培训用书，对促进当前我国高职院校开展建筑工程技术"一流专业"建设具有指导借鉴意义。

2017年10月

前　言

“建筑施工组织与管理”是高职高专院校建筑工程技术专业的一门核心专业课程，主要研究建筑工程施工组织的一般规律和方法及建筑工程施工管理等内容。课程分为两大部分，即施工组织部分和施工管理部分。施工组织部分将流水施工原理及网络计划技术应用于施工组织设计，使施工的组织更加高效和科学；施工管理部分涉及进度管理、质量管理、成本管理、安全管理、风险管理等方面。这两部分既相互独立又密切联系，是科学的施工组织和规范的施工管理得以顺利、高效进行的重要保证。

建筑施工组织与管理具有涉及面广、实践性强、综合性大、影响因素多、技术性强、发展更新快等特点。本书在编写过程中，结合高等职业教育培养高素质的技术技能型人才的要求，注重理论联系实际，在征询多位高职高专院校同领域教学名师及相关企业技术专家意见的基础上，广泛收集资料，力求把最新理论、最新技术融入教材中，同时力求做到实用、简洁，便于教学和学习。

本书由陕西交通职业技术学院王淑红、郭红兵担任主编，由陕西交通职业技术学院罗碧玉担任副主编，全书由王淑红统稿。具体编写分工为：王淑红编写项目二、项目三、项目五，郭红兵编写项目一、项目六、项目七，罗碧玉编写项目四。全书由刘瑞牛主审。

本书在编写过程中，得到了陕西交通职业技术学院建筑与测绘工程学院领导及建筑工程教研室各位老师的大力支持，在此一并表示感谢。

由于编者水平有限，书中难免存在不妥之处，敬请广大读者批评指正。

编　者

目 录

项目一　施工组织概论

学习目标

通过本项目的学习，了解基本建设的含义，建筑产品及其生产的特点与施工组织的关系；熟悉组织施工的原则；掌握基本建设程序的主要阶段，施工组织设计的含义、作用、分类及编制原则。

能力目标

能对施工组织设计有初步的认识。

任务一　基本建设概述

任务描述

基本建设是国民经济的重要组成部分。国民经济各部门都有基本建设经济活动，其包括：建设项目的投资决策，建设布局，技术决策，环保、工艺流程的确定，设备选型，生产准备以及对工程建设项目的规划、勘察、设计和施工等活动。本任务对学生提出以下要求：

(1)根据基本建设项目的组成，以一个高校为例，画出建设工程项目的基本组成图。

(2)根据工程施工实施的一般程序，试设计上述高校建设项目施工实施阶段的施工程序。

相关知识

一、基本建设的含义及项目分类

1. 基本建设的含义

基本建设是国民经济各部门、各单位新增固定资产的一项综合性的经济活动，主要通过新建、扩建、改建和恢复工程等投资活动来完成。

有计划、有步骤地进行基本建设，对扩大社会再生产、提高人民物质文化生活水平和加强国防实力具有重要意义。基本建设的具体作用表现在：为国民经济各部门提供生产能力；影响和改变各产业部门内部、各部门之间的构成和比例关系；使全国生产力的配置更趋合理；用先进的技术改造国民经济；为社会提供住宅、文化设施、市政设施等；为解决社会重大问题提供物质基础。

2. 基本建设项目分类

从全社会的角度来看，基本建设项目是由多个建设项目组成的。基本建设项目一般是指在一个总体设计或初步设计范围内，由一个或几个有内在联系的单位工程组成，在经济上实行统一核算，行政上有独立的组织形式，实行统一管理的建设项目。凡属于总体进行建设的主体工程和附属配套工程、供水供电工程等，均应作为一个工程建设项目，不能将其按地区或施工承包单位划分为若干个工程建设项目。此外，也不能将不属于一个总体设计范围内的工程，按各种方式划归为一个工程建设项目。

基本建设项目可以按不同标准进行分类。

(1)按建设性质分类。基本建设项目按建设性质可分为新建项目、扩建项目、改建项目、迁建项目和恢复(重建)项目五类。

1)新建项目。新建项目是指根据国民经济和社会发展的近远期规划，按照规定的程序立项，从无到有的建设项目。现有企业、事业和行政单位一般没有新建项目，只有当新增加的固定资产价值超过原有全部固定资产价值(原值)3倍以上时，才可算新建项目。

2)扩建项目。扩建项目是指企业为扩大生产能力或新增效益而增建的生产车间或工程项目，以及事业和行政单位增建业务用房等。

3)改建项目。改建项目是指为了提高生产效率、改变产品方向、提高产品质量以及综合利用原材料等，对原有固定资产或工艺流程进行技术改造的工程项目。

4)迁建项目。迁建项目是指现有企、事业单位为改变生产布局，考虑到自身的发展前景或出于环境保护等其他特殊要求，搬迁到其他地点进行建设的项目。

5)恢复(重建)项目。恢复(重建)项目是指原固定资产因自然灾害或人为灾害等原因已全部或部分报废，又在原地投资重新建设的项目。

一个基本建设项目只能有一种性质，在项目按总体设计全部建成之前，其建设性质是始终不变的。

(2)按投资作用分类。基本建设项目按其投资在国民经济各部门中的作用可分为生产性建设项目和非生产性建设项目。

1)生产性建设项目。生产性建设项目是指直接用于物质生产或直接为物质生产服务的建设项目，包括工业建设、农业建设、基础设施建设、商业建设等。

2)非生产性建设项目。非生产性建设项目是指用于满足人民物质和文化、福利需要的建设和非物质生产部门的建设，包括办公用房、居住建筑、公共建筑、其他建设等。

(3)按建设项目建设总规模和投资的多少分类。根据国家规定的标准，按建设项目建设总规模和投资的多少，可将基本建设项目划分为大型、中型、小型三类。

对工业项目来说，基本建设项目按项目的设计生产能力规模或总投资额划分。其划分项目等级的原则为：按批准的可行性研究报告(或初步设计)所确定的总设计能力或投资总额的大小，依据国家颁布的《基本建设项目大中小型划分标准》进行分类。生产单一产品的项目，一般以产品的设计生产能力划分；生产多种产品的项目，一般按照其主要产品的设计生产能力划分；产品分类较多，不易分清主次，难以按产品的设计能力划分时，按其投资额划分。

按生产能力划分的基本建设项目，以国家对各行各业的具体规定作为标准；按投资额划分的基本建设项目，能源、交通、原材料部门投资额达到5 000万元以上为大中型建设项目，其他部门和非工业建设项目投资额达到 3 000 万元以上为大中型建设项目。

对于非工业项目，基本建设项目按项目的经济效益或总投资额划分。

知识链接

基本建设项目按行业性质和特点分类

根据工程建设的经济效益、社会效益和市场需求等基本特性，可以将其划分为竞争性项目、基础性项目和公益性项目三种。

(1)竞争性项目：主要是指投资效益比较高、竞争性比较强的一般建设项目。

(2)基础性项目：主要是指具有自然垄断性、建设周期长、投资额大而收益低的基础设施和需要政府重点扶持的一部分基础工业项目，以及直接增强国力的符合经济规模的支柱产业项目。

(3)公益性项目：主要包括科技、文教、卫生、体育和环保等设施，公、检、法等政权机关以及政府机关、社会团体办公设施，国防建设等。

二、基本建设程序

基本建设程序是基本建设项目从策划、选择、评估、决策、设计、施工、竣工验收到投入生产或交付使用的整个建设过程中，各项工作必须遵循的先后工作次序。基本建设程序是经过大量实践工作所总结出来的工程建设过程中客观规律的反映，是工程项目科学决策和顺利进行的重要保证。按照我国现行规定，一般大、中型工程项目的建设程序可以分为以下几个阶段，如图 1-1 所示。

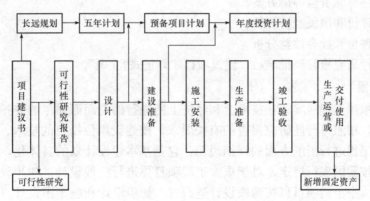

图 1-1　大、中型及限额以上基本建设项目程序简图

1. 项目建议书阶段

项目建议书是由业主单位提出的要求建设某一项目的建议性文件，是对工程项目建设的轮廓设想。项目建议书的主要作用是推荐一个项目，论述其建设的必要性、建设条件的可行性和获利的可能性。根据国民经济中长期发展规划和产业政策，由审批部门审批，并据此开展可行性研究工作。

项目建议书的内容视项目的不同而有繁有简，但一般应包括以下几个方面内容：

(1)建设项目提出的必要性和依据。

(2)产品方案、拟建规模和建设地点的初步设想。

(3)资源情况、建设条件、协作关系等的初步分析。

(4)投资估算和资金筹措设想。

(5)经济效益和社会效益初步估计。

项目建议书按要求编制完成后，应根据建设规模分别报送有关部门审批。项目建议书经审批后，就可以进行详细的可行性研究工作了，但这并不表示项目非上不可，项目建议书并不是项目的最终决策。

2. 可行性研究阶段

可行性研究的主要作用是对项目在技术上是否可行和经济上是否合理进行科学的分析和论证，在评估论证的基础上，由审批部门对项目进行审批。经批准的可行性研究报告是进行初步设计的依据。可行性研究报告的主要内容因项目性质的不同而有所不同，但一般应包括以下内容：

(1)项目的背景和依据。

(2)需求预测及拟建规模、产品方案、市场预测和确定依据。

(3)技术工艺、主要设备和建设标准。

(4)资源、原料、动力、运输、供水及公用设施情况。

(5)建设条件、建设地点、布置方案、占地面积。

(6)项目设计方案及协作配套条件。

(7)环境保护、规划、抗震、防洪等方面的要求及相应措施。

(8)建设工期和实施进度。

(9)生产组织、劳动定员和人员培训。

(10)投资估算和资金筹措方案。

(11)财务评价和国民经济评价。

(12)经济评价和社会效益分析。

只有可行性研究报告经批准后，建设项目才算正式"立项"。

3. 设计阶段

设计是对拟建工程的实施在技术上和经济上所进行的全面而详尽的安排，即建设单位委托设计单位，按照可行性研究报告的有关要求，按建设单位提出的技术、功能、质量等要求来对拟建工程进行图纸方面的详细说明。它是基本建设计划的具体化，同时也是组织施工的依据。按我国现行规定，对于重大工程项目要进行三段设计：初步设计、技术设计和施工图设计。中小型项目可按两段设计进行——初步设计和施工图设计。有的工程技术较复杂，可把初步设计内容适当加深到扩大初步设计。

(1)初步设计是根据批准的可行性研究报告和比较准确的设计基础资料所做的具体实施方案，目的是阐明在指定的地点、时间和投资控制数额内，拟建工程在技术上的可能性和经济上的合理性，并通过对工程项目所作出的基本技术经济规定，编制项目总概算。

(2)技术设计是根据初步设计和更详细的调查研究资料，进一步解决初步设计中的重大技术问题，如工艺流程、建筑结构、设备选型及数量确定等，并修正总概算。

(3)施工图设计是根据批准的扩大初步设计或技术设计的要求，结合现场实际情况，完整地表现建筑物外形、内部空间分割、结构体系、构造状况以及建筑群的组成和周围环境的配合。它还包括各种运输、通信、管道系统、建筑设备的设计。在工艺方面，应具体确定各种设备的型号、规格及各种非标准设备的制造加工过程。在施工图设计阶段，应编制施工图预算。

4. 建设准备阶段

项目在开工前要切实做好各项准备工作，其主要包括以下内容：

(1)征地、拆迁和场地平整。

(2)完成施工用水、电、路等畅通工作。

(3)组织设备、材料订货。

(4)准备必要的施工图纸。

(5)组织施工招标，择优选定施工单位。

5. 施工安装阶段

工程项目经批准开工建设，项目即进入了施工阶段。项目开工时间，是指工程建设项目设计文件中规定的任何一项永久性工程第一次正式破土开槽开始施工的日期。

施工安装活动应按照工程设计要求、施工合同条款及施工组织设计，在保证工程质量、工期、成本及安全、环保等目标的前提下进行，达到竣工验收标准后，由施工单位移交给建设单位。

6. 生产准备阶段

在生产前要切实做好各项准备工作，其主要包括以下内容：

(1)招收和培训生产人员。

(2)组织准备。

(3)技术准备。

(4)物资准备。

7. 竣工验收阶段

当工程项目按设计文件的规定内容和施工图纸的要求建设完成后，便可组织验收。竣工验收是工程建设过程的最后一环，是投资成果转入生产或使用的标志，也是全面考核基本建设成果、检验设计和工程质量的重要步骤。

工程项目竣工验收及交付使用，应达到下列标准：

(1)生产性项目和辅助公用设施已按设计要求建完，能满足要求。

(2)主要工艺设备已安装配套，经联动负荷试车合格，形成生产能力，能够生产出设计文件规定的产品。

(3)职工宿舍和其他必要的生产福利设施，能适应投产初期的需要。

(4)生产准备工作能适应投产初期的需要。

(5)环境保护设施、劳动安全卫生设施、消防设施已按设计要求与主体工程同时建成使用。

三、建设项目的组成

工程建设项目可分为单项工程、单位工程、分部工程、分项工程和检验批。

1. 单项工程

单项工程是指具备独立的设计文件，可以独立施工，竣工后可以独立发挥生产能力或效益的一组配套齐全的工程项目。工业建设项目(如各个独立的生产车间、实验大楼等)、民用建筑(如学校的教学楼、食堂、图书馆等)都可以称为一个单项工程。单项工程是工程建设项目的组成部分，一个工程建设项目有时可以仅包括一个单项工程，也可以包括多个单项工程。从施工的角度看，单项工程就是一个独立的交工系统，在工程建设项目总体施工部署和管理目标的指导下，形成自身的项目管理方案和目标，按其投资和质量的要求，如期建成后交付生产和使用。

【小提示】 由于单项工程的施工条件具有相对的独立性，因此，一般要单独组织施工和竣工验收。

单项工程体现了工程建设项目的主要建设内容，是新增生产能力或工程效益的基础。

2. 单位工程

具备独立施工条件(具有单独设计，可以独立施工)，并能形成独立使用功能的建筑物及构筑物为一个单位工程。例如，一个生产车间，一般由土建工程、工业管道工程、设备安装工程、给水排水工程和电气照明工程等单位工程组成。

【小提示】 一般情况下，单位工程是一个单体的建筑物或构筑物；建筑规模较大的单位工程可以将其能形成独立使用功能的部分作为一个子单位工程。

3. 分部工程

分部工程是按单位工程的行业性质、建筑部位划分的，是单位工程的进一步分解。一般工业与民用建筑可划分为地基与基础工程、主体结构工程、装饰装修工程、屋面工程，其相应的建筑设备安装工程由给水排水及采暖工程、建筑电气工程、通风与空调工程、电梯安装工程等组成。

【小提示】 当分部工程较大或较复杂时，可按材料种类、施工特点、施工程序、作业系统及类别等划分为若干子分部工程。如主体结构又可分为混凝土结构、砌体结构、钢结构、木结构等子分部工程。

4. 分项工程

分项工程是分部工程的组成部分，一般按主要工种、材料、施工工艺、设备类别等进行划分。例如，模板工程、钢筋工程、混凝土工程、砖砌体工程等。分项工程是建筑施工生产活动的基础，也是计量工程用工用料和机械台班消耗的基本单元。分项工程既有其作业活动的独立性，又有相互联系、相互制约的整体性。

5. 检验批

分项工程可由一个或若干检验批组成，检验批可根据施工及质量控制和行业验收需要按楼层、施工段、变形缝等进行划分。

四、工程施工实施程序

项目施工实施阶段是基本建设程序中时间最长、工作量最大、资源消耗最多的阶段。这个阶段的工作中心是根据设计图纸进行建筑安装施工，除此之外还包括做好生产或使用准备，进行竣工验收和后评价等内容。

1. 生产准备

生产准备是项目投产前由建设单位进行的一项重要工作，是建设阶段完成后转入生产、经营的必要条件。项目法人应及时组织专门班子或机构做好生产准备工作。

生产准备工作根据不同类型工程的要求确定，一般应包括下列内容：

(1)组建生产经营管理机构，制定管理制度和有关规定。施工企业一旦承揽了相应的施工任务，就要按照合同文件和国家规范的要求组建施工项目部，负责整个施工期间的施工现场管理工作，施工项目部由项目经理、技术总工、技术员、施工员、测量员、安全员、资料员等相关人员组成。应根据项目情况制定相关现场规章和管理制度，保证施工顺利进行。

（2）组织施工队和劳动力进场。施工队组的建立要考虑专业、工种的配合，技工、普工的比例要满足合理的劳动组织，符合流水施工组织方式的要求；要坚持合理、精干的原则，建立相应的专业或混合工作队，按照开工日期和劳动力需要量计划组织劳动力进场。

（3）生产技术准备。针对工程实际情况，编制施工组织设计和专项施工方案，作为施工依据。

（4）物资准备，包括原材料、燃料、工器具、备品和备件等其他协作产品的准备。

（5）其他必需的生产准备。

2. 建筑施工

建筑施工是指具有一定生产经验和劳动技能的劳动者，通过必要的施工机具，对各种建筑材料（包括成品或半成品），按一定要求，有目的地进行搬运、加工、成型和安装，生产出质量合格的建筑产品的整个活动过程，是将计划和施工图变为实物的过程。施工之前要认真做好图纸会审工作，施工中要严格按照施工图和图纸会审记录施工，如需变动，应取得建设单位和设计单位的同意；施工前应编制施工图预算和施工组织设计，明确投资、进度、质量的控制要求并被批准认可；施工中应严格执行有关的施工标准和规范，确保工程质量，按合同规定的内容完成施工任务。

施工过程要按照一定的科学程序进行，先后完成地基与基础、主体结构、建筑屋面、装饰装修等分部工程的施工。

3. 竣工验收

建设项目竣工验收是由发包人、承包人和项目验收委员会，以项目批准的设计任务书和设计文件，国家或部门颁发的施工验收规范和质量检验标准为依据，按照一定的程序和手续，在项目建成并试生产合格后，对工程项目的总体进行检验和认证、综合评价和鉴定的活动。

竣工验收是建设工程的最后阶段，要求在单位工程验收合格并且工程档案资料按规定整理齐全，完成竣工报告、竣工决算等必需文件的编制后，才能向验收主管部门提出申请并组织验收。对于工业生产项目，需经投料试车合格，形成生产能力，能正常生产出产品后才能进行验收；非工业生产项目，能正常使用后才能进行验收。

任务实施

（1）某高校基本建设项目组成图可采用图1-2所示的形式，其表明：建设项目为某高校，单项工程为教学楼、办公楼、实验楼、科研楼、食堂，其中教学楼又可分为教学楼1、教学楼2、教学楼3、教学楼4共4个单位工程，教学楼1的分部工程又可分为基础工程、主体工程、屋面工程、装修工程等，其中基础工程的分项工程又可细分为土方开挖、混凝土垫层、混凝土基础、砖基础、回填土等。

（2）某高校建筑工程施工程序如图1-3所示。

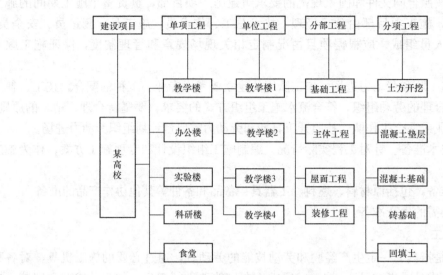

图 1-2 某高校基本建设项目组成图

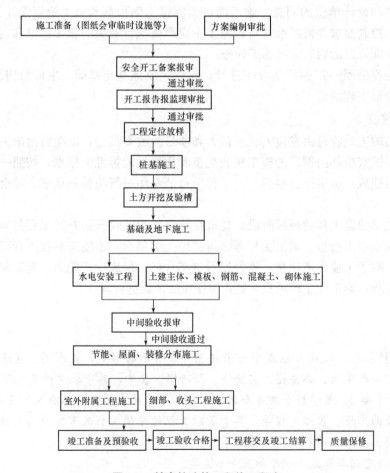

图 1-3 某高校建筑工程施工程序

任务二　建筑产品及其生产的特点

任务描述

　　建筑产品是建筑施工的最终成果。建筑产品虽然多种多样，但归纳起来有体形庞大、整体难分、不能移动等特点，这些特点就决定了建筑产品生产与一般的工业产品生产不同，只有对建筑产品及其生产的特点进行研究，才能更好地组织建筑产品的生产，保证产品的质量。

　　本任务要求学生深入了解建筑产品及其生产特点的重要意义。

相关知识

一、建筑产品的特点

与一般工业产品相比，建筑产品具有自己的特点。

1. 建筑产品的固定性

建筑产品是按照使用要求在固定地点兴建的。建筑产品的基础与作为地基的工地直接联系，因而建筑产品在建造中和建成后是不能移动的，建在哪里就在哪里发挥作用。在有些情况下，建筑产品本身就是工地不可分割的一部分，如油气田、桥梁、地铁、水库等。固定性是建筑产品与一般工业产品的最大区别。

2. 建筑产品的多样性

建筑产品一般是由设计和施工部门根据建设单位（业主）的委托，按特定的要求进行设计和施工的。由于对建筑产品的功能要求多种多样，因而建筑产品的结构、造型、空间分割、设备配置、内外装饰都有具体要求。即使功能要求相同，建筑类型相同，但由于地形、地质等自然条件不同以及交通运输、材料供应等社会条件不同，在建造时施工组织与施工方法也存在差异。建筑产品的这种多样性特点决定了建筑产品不能像一般工业产品那样进行批量生产。

3. 建筑产品体型庞大

建筑产品是生产与生活的场所，要在其内部布置各种生产与生活必需的设备与用具，因而与其他工业产品相比，建筑产品体型庞大，占有广阔的空间，排他性很强。因其体积庞大，建筑产品对城市的形成影响很大，城市必须控制建筑区位、面、层高、层数、密度等，建筑必须服从城市规划的要求。

4. 建筑产品的高值性

能够发挥投资效用的任何一项建筑产品，在其生产过程中都耗用了大量的材料、人力、机械及其他资源，不仅实物形体庞大，而且造价高昂，动辄数百万、数千万、数亿人民币，特别大的工程项目其工程造价可达数十亿、数百亿人民币。建筑产品的高值性也使其工程造价关系到各方面的重大经济利益，同时也会对宏观经济产生重大影响。根据国际经验，每套社会住宅房价为工薪阶层一年平均总收入的 6～10 倍，或相当于家庭 3～6 年的总收入。由于住宅是人们的生活必需品，因此，建筑领域是政府经常介入的一个领域，如建立公积金制度等。

二、建筑产品生产的特点

1. 建筑产品生产具有流动性

建筑产品生产的流动性有以下两层含义。

(1)由于建筑产品是在固定地点建造的，生产者和生产设备要随着建筑物建造地点的变更而流动，相应材料、附属生产加工企业、生产和生活设施也经常迁移，使建筑生产费用增加。同时由于建筑产品生产现场和规模都不固定，需求变化大，要求建筑产品生产者在生产时遵循弹性组织原则。

(2)由于建筑产品固定在工地上，与工地相连，在生产过程中，产品固定不动，人、材料、机械设备围绕着建筑产品移动，要从一个施工段转移到另一个施工段，从房屋的一个部位转移到另一个部位。许多不同的工种在同一对象上进行作业时，不可避免地会产生施工空间和时间上的矛盾。这就要求有一个周密的施工组织设计，使流动的人、机、物等互相协调配合，做到连续、均衡施工。

2. 建筑产品生产具有单件性

建筑产品的多样性决定了建筑产品生产的单件性。每项建筑产品都是按照建设单位的要求进行设计与施工的，都有其相应的功能、规模和结构特点，所以，工程内容和实物形态都具有个别性、差异性。工程所处的地区、地段不同，可增强建筑产品的差异性，同一类型的工程或标准设计，在不同的地区、季节及现场条件下，其施工准备工作、施工工艺和施工方法都不尽相同，所以，建筑产品只能是单件生产，而不能按通用定型的施工方案重复生产。这一特点就要求施工组织设计编制者考虑设计要求、工程特点、工程条件等因素，制定出可行的施工组织方案。

3. 建筑产品生产过程具有综合性

建筑产品的生产首先由勘察单位进行勘测，设计单位进行设计，再由建设单位进行施工准备，建安工程施工单位进行施工，最后经过竣工验收交付使用。所以，建安工程施工单位在生产过程中，要和业主、金融机构、设计单位、监理单位、材料供应部门、分包方等单位配合协作。由于生产过程复杂，协作单位多，它是一个特殊的生产过程，这就决定了其生产过程具有很强的综合性。

4. 建筑产品生产受外部环境影响较大

建筑产品体积庞大，不具备在室内生产的条件，一般要求露天作业，其生产受到风、霜、雨、雪、温度等气候条件的影响；建筑产品的固定性决定了其生产过程会受到工程地质、水文条件变化的影响，以及地理条件和地域资源的影响。这些外部条件对工程进度、工程质量、建造成本等都有很大影响。这一特点要求建筑产品生产者提前进行原始资料调查，制定合理的季节性施工措施、质量保证措施、安全保证措施等，科学组织施工，使生产有序进行。

5. 建筑产品生产过程具有连续性

建筑产品不像其他许多工业产品可以分解为若干部分同时生产，而必须在同一固定场地上按严格的程序连续生产，上一道工序不完成，下一道工序就不能进行。建筑产品是持续不断的劳动过程的成果，只有全部生产过程完成，才能发挥其生产能力或使用价值。一个建设工程项目从立项到投产使用要经历五个阶段，即设计前的准备阶段(包括项目的可行性研究和立项)、设计阶段、施工阶段、使用前准备阶段(包括竣工验收和试运行)和保修阶段。这是一个不可间断的、完整的周期性生产过程，所以要求在生产过程中各阶段、各环节、各项工作必须有条不紊地组织起来，在时间上不间断，空间上不脱节。要求生产过程的各项工作必须合理组织、统筹安排，遵守施工程序，按照合理的施工顺序科学地组织施工。

6. 建筑产品的生产周期长

建筑产品的体积庞大决定了建筑产品生产周期长，有的建筑项目，少则1~2年，多则3~6年，甚至10年以上。因此，它必须长期大量占用和消耗人力、物力和财力，要到整个生产周期完结才能出产品。故应科学地组织建筑生产，不断缩短生产周期，尽快提高投资效果。

由此可知，建筑产品与其他工业产品相比，有其独具的一系列技术经济特点。现代建筑施工已成为一项十分复杂的生产活动，这就对施工组织与管理工作提出了更高的要求，其主要表现在以下几个方面。

(1)建筑产品的固定性和其生产的流动性，构成了建筑施工中空间分布与时间排列的主要矛盾。建筑产品具有体积庞大和高值性的特点，决定了在建筑施工中要投入大量的生产要素(劳动力、材料、机具等)，同时为了迅速完成施工任务，在保证材料、物资供应的前提下，最好有尽可能多的工人和机具同时进行生产。而建筑产品的固定性又决定了在建筑生产过程中，各种工人和机具只能在同一场所的不同时间或在同一时间的不同场所进行生产活动。要顺利进行施工，就必须正确处理这一主要矛盾。在编制施工组织设计时要通盘考虑，优化施工组织，合理组织平行、交叉、流水作业，使生产要素按一定的顺序、数量和比例投入，使所有的工人、机具各得其所，各尽其能，实现时间、空间的最佳利用，以达到连续、均衡施工。

(2)建筑产品具有多样性和复杂性，任何一个建筑物或建筑群的施工准备工作、施工工艺方法、施工现场布置等均不相同。因此，在编制施工组织设计时必须根据施工对象的特点和规模、地质水文、气候、机械设备、材料供应等客观条件，从运用先进技术、提高经济效益出发，做到技术和经济统一，选择合理的施工方案。

(3)建筑施工具有的生产周期长、综合性强、技术间歇性强、露天作业多、受自然条件影响大、工程性质复杂等特点，进一步增加了建筑施工中矛盾的复杂性，这就要求施工组织设计要考虑全面，事先制定相应的技术、质量、安全、节约等保证措施，避免发生质量安全事故，确保安全生产。

另外，在建筑施工中，需要组织各种行业的建筑施工单位和不同工种的工人，组织数量众多的各类建筑材料、制品和构配件的生产、运输、储存及供应工作，组织各种施工机械设备的供应、维修和保养工作。同时，还要组织好施工临时供水、供电、供热、供气以及安排生产和生活所需的各种临时设施。其间的协作配合关系十分复杂。这要求在编制施工组织设计时要照顾施工的各个方面和各个阶段的联系配合问题，合理安排资源供应，精心规划施工平面布置，合理部署施工现场，实现文明施工，降低工程成本，发挥投资效益。

针对建筑产品及其生产的特点，要求每个工程开工之前，根据工程的特点和要求，结合工程施工的条件和程序，编制出拟建工程的施工组织设计。建筑施工组织设计应按照基本建设程序和客观的施工规律的要求，从施工全局出发，研究施工过程中带有全局性的问题。施工组织设计包括确定开工前的各项准备工作，选择施工方案，安排劳动力和各种技术物资的组织与供应，安排施工进度以及规划和布置现场等。

任务三　施工组织设计与组织施工的原则

任务描述

施工组织设计主要用来全面安排和正确指导施工，以达到工期短、质量优、成本低的目标。本任务要求学生掌握施工组织设计与组织施工的原则。

相关知识

一、施工组织设计的含义及作用

1. 施工组织设计的含义

施工组织设计是规划和指导拟建工程从工程投标、签订承包合同、施工准备到竣工验收全过程的一个综合性的技术经济文件，是对拟建工程在人力和物力、时间和空间、技术和组织等方面所做的全面合理的安排，是沟通工程设计和施工之间的桥梁。作为指导拟建工程项目的全局性文件，施工组织设计既要体现拟建工程的设计和使用要求，又要符合建筑施工的客观规律，应尽量适应施工过程的复杂性和具体施工项目的特殊性，通过科学、经济、合理的规划安排，使工程项目能够连续、均衡、协调地进行施工，以满足工程项目对工期、质量、投资方面的各项要求。

2. 施工组织设计的作用

施工组织设计是用以指导施工组织与管理、施工准备与实施、施工控制与协调、资源的配置与使用等全面性的技术经济文件，是对施工活动的全过程进行科学管理的重要手段。

其作用具体表现在以下几个方面：

(1)施工组织设计是施工准备工作的重要组成部分，同时又是做好施工准备工作的依据和保证。

(2)施工组织设计是根据工程各种具体条件拟定的施工方案、施工顺序、劳动组织和技术组织措施等，是指导开展紧凑、有序施工活动的技术依据。

(3)施工组织设计所提出的各项资源需要量计划，直接为组织材料、机具、设备、劳动力需要量的供应和使用提供数据。

（4）通过编制施工组织设计，可以合理利用和安排为施工服务的各项临时设施，可以合理部署施工现场，确保文明与安全施工。

（5）通过编制施工组织设计，可以将工程的设计与施工、技术与经济、施工全局性规律和局部性规律、土建施工与设备安装、各部门之间、各行业之间有机结合，统一协调。

（6）通过编制施工组织设计，可以分析施工中的风险和矛盾，及时研究解决问题的对策、措施，从而提高施工的预见性，减少盲目性。

（7）施工组织设计是统筹安排施工企业生产的投入与产出过程的关键和依据。工程产品的生产和其他工业产品的生产一样，都是按要求投入生产要素，通过一定的生产过程，而后生产出成品，而中间转换的过程离不开管理。施工企业也是如此，从承接工程任务开始到竣工验收交付使用为止的整个施工过程的计划、组织和控制的基础就是科学的施工组织设计。

（8）施工组织设计可以指导投标与签订工程承包合同，并作为投标书的内容和合同文件的一部分。

二、施工组织设计的分类

施工组织设计是一个总的概念，根据工程项目的类别、工程规模、编制阶段、编制对象和范围不同，在编制的深度和广度上也有所不同。

1. 按施工组织设计阶段不同分类

根据工程施工组织设计阶段和作用的不同，工程施工组织设计可以划分为两类：一类是投标前编制的施工组织设计（简称标前设计）；另一类是签订工程承包合同后编制的施工组织设计（简称标后设计）。两类施工组织设计的特点和区别见表1-1。

表1-1　两类施工组织设计的特点和区别

类型	服务范围	编制时间	编制者	主要特征	主要追求目标
标前设计	投标与签约	投标书编制前	经营管理层	规划性	中标与经济效益
标后设计	施工准备与验收	签约后开工前	项目管理层	作业性	施工效率和效益

2. 按施工组织设计的工程对象分类

按施工组织设计的工程对象分类，可分为施工组织总设计、单位工程施工组织设计及分部（分项）工程施工组织设计三种类型。

（1）施工组织总设计。施工组织总设计是以整个建设项目或民用建筑群为对象编制的，用以指导整个工程项目施工全过程的各项施工活动的全局性、控制性文件，是对整个建设项目的全面规划，其涉及范围较广，内容比较概括。施工组织总设计一般在初步设计或扩大初步设计被批准之后，由总承包企业的总工程师负责，会同建设、设计和分包单位的工程师共同编制。

施工组织总设计用于确定建设总工期、各单位工程开展的顺序及工期、主要工程的施工方案、各种物资的供需计划、全工地性暂设工程及准备工作、施工现场的布置等工作，同时也是施工单位编制年度施工计划和单位工程施工组织设计的依据。

（2）单位工程施工组织设计。单位工程施工组织设计是以一个单位工程（一个建筑物或构筑物，一个交工系统）为编制对象，用以指导其施工全过程的各项施工活动的局部性、指导性文件，是施工单位年度施工计划和施工组织总设计的具体化体现。其用以直接指导单位工程的施工活动，是施工单位编制作业计划和制定季、月、旬施工计划的依据。单位工程施工组织设计一般在施工图设计完成后，在拟建工程开工之前，由工程项目的技术负责人负责编制。单位工程施工组织设计，根据工程规模、技术复杂程度不同，其编制内容的深度和广度也有所不同。对于简单的单位工程，施工组织设计一般只编制施工方案并附以施工进度和施工平面图，即"一案、一图、一表"。

(3)分部(分项)工程施工组织设计。分部(分项)工程施工组织设计也叫作分部(分项)工程施工作业设计。它是以分部(分项)工程为编制对象，用以具体实施其分部(分项)工程施工全过程的各项施工活动的技术、经济和组织的实施性文件。一般对于工程规模大、技术复杂、施工难度大或采用新工艺、新技术施工的建筑物或构筑物，在编制单位工程施工组织设计之后，常需对某些重要的又缺乏经验的分部(分项)工程再深入编制具体施工设计。例如，深基础工程、大型结构安装工程、高层钢筋混凝土主体结构工程、无黏结预应力混凝土工程、定向爆破工程、冬雨期施工、地下防水工程等。分部(分项)工程施工组织设计一般在单位工程施工组织设计确定了施工方案后，由施工队(组)技术人员负责编制，其内容具体、详细、可操作性强，是直接指导分部(分项)工程施工的依据。

【小提示】 施工组织总设计、单位工程施工组织设计和分部(分项)工程施工组织设计，是同一工程项目不同广度、深度和作用的三个层次。

三、组织施工的原则

1. 贯彻执行党和国家关于基本建设的各项制度，坚持基本建设程序

我国关于基本建设的制度有：审批制度、施工许可制度、从业资格管理制度、招标投标制度、总承包制度、承包合同制度、工程监理制度、建筑安全生产管理制度、工程质量责任制度、竣工验收制度等。这些制度为建立和完善建筑市场的运行机制，加强建筑活动的实施与管理，提供了重要的法律依据，必须认真贯彻执行。

建设程序是指建设项目从决策、设计、施工到竣工验收整个建设过程中各个阶段及其先后顺序。各个阶段有着不可分割的联系，但不同的阶段又有不同的内容，既不能相互代替，也不许颠倒或跳跃。实践证明，凡是坚持建设程序的建筑活动，其基本建设就能顺利进行，就能充分发挥投资的经济效益；反之，若违背了建设程序，就会造成施工混乱，影响质量、进度和成本，甚至对建设工作带来严重的危害。因此，坚持建设程序，是工程建设顺利进行的有力保证。

2. 严格遵守国家和合同规定的工程竣工及交付使用期限

对总工期较长的大型建设项目，应根据生产或使用的需要，安排分期分批建设、投产或交付使用，以期早日发挥建设投资的经济效益。在确定分期分批施工的项目时，必须注意使如期交工的项目可以独立地发挥效用，即主要项目与有关的辅助项目应同时完工，可以立即交付使用。

3. 合理安排施工程序和顺序

建筑产品的特点之一是产品的固定性，这使得建筑施工各阶段工作始终在同一场地上进行。没有前一段的工作，后一段就不可能进行，即使它们之间交叉搭接地进行，也必须严格遵守一定的程序和顺序。施工程序和顺序反映客观规律的要求，其安排应符合施工工

艺，满足技术要求，有利于组织立体交叉、流水作业，有利于为后续工程施工创造良好的条件，有利于充分利用空间、争取时间。

4. 尽量采用国内外先进的施工技术，科学地确定施工方案

先进的施工技术是提高劳动生产率、改善工程质量、加快施工进度、降低工程成本的主要途径。在选择施工方案时，要积极采用新材料、新设备、新工艺和新技术，努力为新结构的推行创造条件；要注意结合工程特点和现场条件，使技术的先进适用性和经济的合理性相结合，还要符合施工验收规范、操作规程的要求，遵守有关防火、保安及环卫等规定，以确保工程质量和施工安全。

5. 采用流水施工方法和网络计划技术安排进度计划

在编制施工进度计划时，应从实际出发，采用流水施工方法组织均衡施工，以达到合理使用资源、充分利用空间、争取时间的目的。

网络计划技术是当代计划管理的有效方法，采用网络计划技术编制施工进度计划，可使计划逻辑严密、层次清晰、关键问题明确，同时便于对计划方案进行优化、控制和调整，并有利于电子计算机在计划管理中的应用。

6. 贯彻工厂预制和现场预制相结合的方针，提高建筑工业化程度

建筑技术进步的重要标志之一是建筑工业化，在制定施工方案时，必须注意根据地区条件和构件性质，通过技术经济比较，恰当地选择预制方案或现场浇筑方案。确定预制方案时，应贯彻工厂预制与现场预制相结合的方针，努力提高建筑工业化程度，但不能盲目追求装配化程度的提高。

7. 充分发挥机械效能，提高机械化程度

机械化施工可加快工程进度，降低劳动强度，提高劳动生产率。为此，在选择施工机械时，应充分发挥机械的效能，并使主导工程的大型机械如土方机械、吊装机械能连续作业，以减少机械台班费用；同时，还应使大型机械与中小型机械相结合，机械化与半机械化相结合，扩大机械化施工范围，实现施工综合机械化，以提高机械化施工程度。

8. 加强季节性施工措施，确保全年连续施工

为了确保全年连续施工，减少季节性施工的技术措施费用，在组织施工时，应充分了解当地的气象条件和水文地质条件。尽量避免把土方工程、地下工程、水下工程安排在雨期和洪水期施工，把混凝土现浇结构安排在冬期施工；高空作业、结构吊装则应避免在风季施工。对那些必须在冬雨期施工的项目，则应采用相应的技术措施，既要确保全年连续施工、均衡施工，又要确保工程质量和施工安全。

9. 合理部署施工现场，尽可能减少暂设工程

在编制施工组织设计及现场组织施工时，应精心地进行施工总平面图的规划，合理部署施工现场，节约施工用地；尽量利用正式工程、原有建筑物及已有设施，以减少各种临时设施；尽量利用当地资源，合理安排运输、装卸与储存作业，减少物资运输量，避免二次搬运。

任务实施

根据上述"相关知识"的内容学习，在日后的实践活动中，运用施工组织设计与组织施工的原则，进行具体的施工组织设计。

项目小结

　　基本建设是国民经济各部门、各单位新增固定资产的一项综合性的经济活动，其主要通过新建、扩建、改建和恢复工程等投资活动来完成。施工组织设计是规划和指导拟建工程从工程投标、签订承包合同、施工准备到竣工验收全过程的一个综合性的技术经济文件，是对拟建工程在人力和物力、时间和空间、技术和组织等方面所做的全面合理的安排，是沟通工程设计和施工之间的桥梁。按施工组织设计的工程对象分类，可分为施工组织总设计、单位工程施工组织设计及分部(分项)工程施工组织设计三种类型。

思考与练习

1. 施工组织设计有什么作用？
2. 建筑产品及其生产具有哪些特点？
3. 组织施工的原则有哪些？
4. 施工组织设计有几种类型？其基本内容有哪些？
5. 什么是基本建设程序，包括哪些主要阶段？为什么要坚持基本建设程序？
6. 如何使施工组织设计起到组织和指导施工全过程的作用？

项目二　流水施工原理及应用

学习目标

通过本项目的学习，了解成倍节拍流水施工的特点和组织特点；熟悉组织施工的原则，组织施工的三种方式；掌握流水施工基本参数的概念及确定方法，等节奏流水、一般异节拍流水和无节奏流水施工的组织方法，流水步距和工期的计算，横道图的编制。

能力目标

能够合理选择流水施工组织方法，能够编制横道图。

任务一　流水施工的基本概念

任务描述

流水施工方法是组织施工的一种科学方法。建筑工程的流水施工与工业企业中采用的流水线生产极为相似，不同的是工业生产中各个工件在流水线上，从前一工序向后一工序流动，生产者是固定的；而在建筑施工中，各个施工对象都是固定不动的，专业施工队伍由前一施工段向后一施工段流动，即生产者是流动的。

本任务要求学生掌握三种施工组织方式。

相关知识

一、组织施工的三种方式

任何建筑工程的施工，都可以分解为许多施工过程，每一个施工过程又可以由一个或多个专业或混合的施工班组负责施工。每个施工过程都包括各项资源的调配问题，其中，最基本的是劳动力的组织安排问题。通常情况下，组织施工可以采用依次施工、平行施工、流水施工三种方式。

下面通过例 2-1 来进行施工组织方式的应用、分析和对比，以说明这三种施工组织方式各自的概念、特点和适用范围。

【例 2-1】　现有 3 栋相同的砖混结构房屋的基础工程，每一栋划分为 1 个施工段，共 3 个施工段。已知每栋房屋的基础工程都可以分为基槽挖土、做垫层、砌砖基础、回填土 4

个施工过程。各施工过程所花时间分别为2周、1周、3周、1周，基槽挖土施工班组人数为16人，做垫层施工班组人数为30人，砌砖基础施工班组人数为20人，回填土施工班组人数为10人。要求分别采用依次、平行、流水的施工组织方式施工，并分析每种施工组织方式的特点。

【解】

1. 依次施工组织方式

依次施工(也称为顺序施工)组织方式是将拟建工程项目的整个建造过程分解成若干个施工过程，按照一定的施工顺序，前一个施工过程完成后，后一个施工过程才开始施工；或前一个工程完成后，后一个工程才开始施工。它是一种最简单、最基本、最原始的施工组织方式。

依次施工时通常有以下两种组织方法。

(1)按栋(或施工段)依次施工，如图2-1所示。这种组织方法是安排这三栋建筑物的基础一栋一栋顺序施工，一栋完成后再施工另一栋，直至整个项目的施工全部完成。

图2-1下部为它的劳动力动态变化曲线，其纵坐标为每天施工班组人数，横坐标为施工进度，单位可以是天、周、旬、月或季等。每天投入施工的各专业施工班组人数之和即纵坐标，将各纵坐标按进度方向连接起来，形成封闭的曲线，并标注每天的工人数即可得到劳动力动态变化曲线。

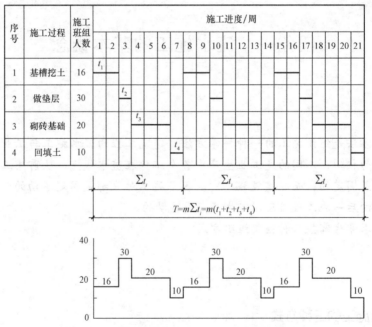

图2-1 按栋(或施工段)依次施工的进度安排

(2)按施工过程依次施工，如图2-2所示。这种组织方法是在依次完成第一、二、三栋房屋的第一个施工过程施工后，再开始第二个施工过程的施工，以此类推，直至完成最后一个施工过程的施工。

两种组织方法的施工工期都为21周，依次施工最大的优点是单位时间内投入的劳动力和物资较少，施工现场管理简单，便于组织和安排，适用于工程规模小或工作面窄无法全面展开工作的工程。采用依次施工的缺点是专业队组不能连续作业，有间歇性，容易造成窝工，工地物资消耗也有间断性，由于没有充分利用工作面去争取时间，因此工期较长。

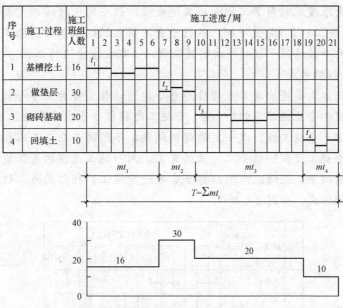

图 2-2　按施工过程依次施工的进度安排

2. 平行施工组织方式

平行施工组织方式是将拟建工程项目的整个建造过程分解成若干个施工过程，在工程任务十分紧迫、工作面允许及资源保证供应的条件下，同一施工过程可以组织多个相同的专业施工班组，在同一时间、不同空间上进行施工。对应本案例，即每一个施工过程都按栋成立一个专业施工班组，共3个专业施工班组，所有房屋基础工程的同一工序同时开工，同时完工，整个项目所有房屋的基础工程也同时开工，同时完工。平行施工进度安排如图 2-3 所示。

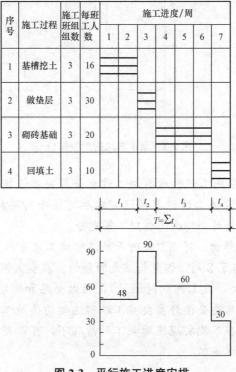

图 2-3　平行施工进度安排

平行施工最大限度地利用了工作面，工期最短，但在同一时间内需要提供的相同资源（劳动力、材料、施工机具）成倍增加，不利于资源供应的组织工作，给实际的施工管理带来较大的难度。它一般适用于规模较大的建筑群或工期要求紧迫的工程。

3. 流水施工组织方式

流水施工组织方式是将拟建工程项目的整个建造过程划分为若干个施工过程，并按照施工过程成立相应的专业施工班组（一般1个施工过程成立1个专业施工班组），同时，将拟建工程划分成若干个施工段，以一定的时间间隔，不同的专业施工班组按照施工顺序相继投入施工，各个施工过程陆续开工、陆续完工，同一施工过程的施工班组在不同的施工段上，在不同的时间里，连续、均衡、有节奏地进行施工，相邻的施工过程之间尽可能平行搭接施工的组织方式，如图2-4所示。

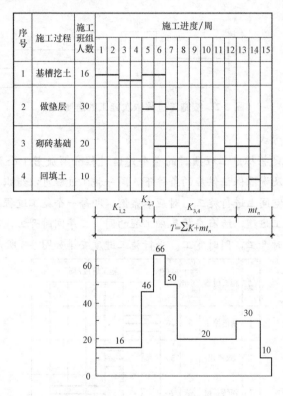

图2-4　流水施工进度安排(一)

从图2-4中可知，该基础工程的所有施工过程全都安排连续施工，各专业施工班组能连续地、均衡地施工，前后施工过程之间还可以尽可能平行搭接施工，其施工工期为15周。这种组织方式的缺点是对工作面的利用不够充分。

为了更充分地利用工作面，对图2-4所示的流水施工还可以重新安排，如图2-5所示，其施工工期为13周，提前了2周，但做垫层是间断的。在本案例中，主要施工过程是基槽挖土和砌砖基础(工程量大，施工作业时间长)，而做垫层和回填土则是非主要施工过程。对于一个分部工程来说，只要安排好主要施工过程连续均衡施工，对其他施工过程，根据有利于缩短工期的要求，在不能实现连续施工的情况下，可以安排间断施工。这样的施工组织方式也可以认为是流水施工。

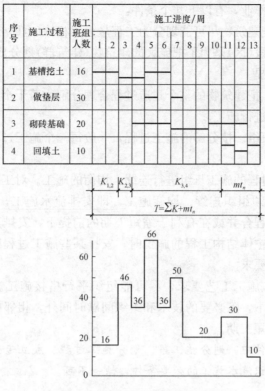

图 2-5　流水施工进度安排(二)

流水施工组织方式的主要特点：

(1)尽可能地利用工作面施工，争取了时间，所以工期比较合理。

(2)施工班组能实现专业化施工，可使工人的操作技术熟练，更好地保证工程质量，提高了劳动生产率。

(3)专业施工班组及工人能连续作业，相邻的专业施工班组之间实现了最大限度的合理搭接。

(4)单位时间内投入的资源量较为均衡，有利于资源供应的组织工作。

(5)为文明施工和施工现场的科学管理创造了有利条件。

流水施工所需的时间比依次施工短，各施工过程投入的劳动力比平行施工少；各施工队组的施工和物资的消耗具有连续性和均衡性，前后施工过程之间尽可能平行搭接施工。由此可见，流水施工兼顾了依次施工组织方式相对简单和平行施工组织方式工期短的优点，克服了依次施工组织方式工期长、施工班组窝工严重或者施工质量不高，以及平行施工组织方式难度大、资源需用量成倍增长的缺点，是建筑施工中最合理、最科学的一种组织方式，也是普遍采用的施工组织方式。

二、流水施工的组织条件

流水施工是将拟建工程分成若干个施工段落，并给每一个施工过程配以相应的专业施工班组，让他们依照一定的时间间隔，依次连续地投入每一个施工段完成各自的施工任务，从而有节奏地均衡施工。流水施工的实质就是连续、均衡、有节奏地施工。

组织建筑施工流水作业，有以下几个条件：

(1)划分施工段。把建筑物尽可能划分为工程量大致相等(也即劳动量大致相等)的若干个施工段落。划分施工段(区)是为了把庞大的建筑物(建筑群)划分成"批量"的"假定产品"，从而形成流水施工的前提。

(2)划分施工过程。把建筑物的整个建造过程合理分解为若干个施工过程，每个施工过程组织独立的施工班组进行施工。

(3)成立专业施工班组。按分解的施工过程，一般每一个施工过程成立对应的一个专业施工班组。

(4)安排主要施工过程的施工班组进行连续、均衡的施工。对工程量较大、施工时间较长的主导施工过程，必须组织连续、均衡施工，即安排流水施工，对其他次要施工过程，可考虑与相邻的施工过程合并或在有利于缩短工期的前提下，安排其间断施工。对多层及以上房屋而言，在组织主体结构工程的施工时，安排某些施工过程间断施工，往往又是施工工艺流程和工作面的要求。

(5)不同施工过程按施工工艺要求，尽可能组织平行搭接施工。按照施工先后顺序要求，在有工作面的条件下，除必要的技术和组织间歇时间外，相邻施工过程之间尽可能组织平行搭接施工，以缩短工期。

【小提示】 以上条件中，划分施工段、划分施工过程、成立专业施工班组和安排主要施工过程连续施工是组织流水施工的必要条件，缺一不可。

三、流水施工的经济效果

流水施工是在工艺划分、时间排列和空间布置上的统筹安排，使劳动力得以合理使用，资源需要量也较均衡。这必然会带来显著的技术经济效果，主要表现在以下几个方面：

(1)由于流水施工的连续性，流水施工减少了相邻专业工作之间的间隔时间，达到了缩短工期的目的，可以使拟建工程项目尽早竣工、交付使用，发挥投资效益。

(2)流水施工便于改善劳动组织，改进操作方法和施工机具，有利于提高劳动生产率。

(3)流水施工专业化的生产可提高工人的技术水平，使工程质量相应提高。工人技术水平和劳动生产率的提高，可以减少用工量和施工临时设施的建造量，降低工程成本，提高利润水平。

(4)流水施工可以保证施工机械和劳动力得到充分、合理的利用。

(5)由于工期合理、效率高、用人少、资源消耗均衡，流水施工可以实现施工资源的合理储存与供应，减少现场管理费和物资消耗，有利于提高工程项目部的综合经济效益。

四、流水施工的表达方式

流水施工的表达方式一般有横道图、斜线图和网络图三种。

1. 横道图

横道图也称为水平指示图表，如图 2-6 所示。图表中横向用时间坐标轴从左向右表达流水施工的持续时间，竖向从上向下表达开展流水施工的各个施工过程。图表中部区域为施工进度开展区域，由若干条带有编号的水平线段表示各个施工过程或专业班组的施工进度，其编号表示不同的施工段。图表竖向还可根据需要添加上与各施工过程对应的工程量、时间定额、劳动量、每天工作班制、班组人数、工作延续天数等基础数据。

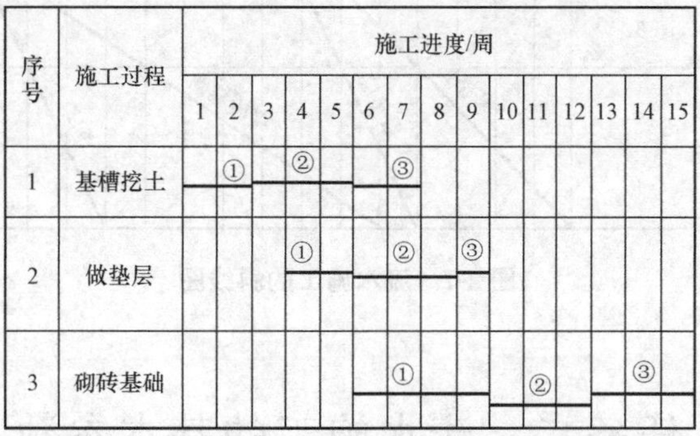

序号	施工过程	施工进度/周														
		1	2	3	4	5	6	7	8	9	10	11	12	13	14	15
1	基槽挖土		①		②			③								
2	做垫层				①			②		③						
3	砌砖基础							①					②			③

图 2-6 用横道图表示的流水施工进度计划

横道图的优点：绘制简单，施工过程及其先后顺序清楚，时间和空间状况形象直观，进度线的长度可以反映流水施工速度，使用方便。在实际工程中，人们常用横道图编制施工进度计划。

安排施工进度，绘制横道图进度线时务必考虑以下两点：

(1)同层同一施工段上，上一施工过程(工序)的完工为下一施工过程(工序)的开工提供工作面。

(2)主体结构工程跨层施工时，下层的最后一个施工过程(工序)的完工为上层对应施工段上的第一个施工过程(工序)的开工提供工作面。

2. 斜线图

斜线图是将横道图中的工作进度线改为斜线表达的一种形式，图 2-7 即例 2-1 用斜线图表示的施工进度计划。图中横坐标表示流水施工的持续时间；纵坐标表示流水施工所处的空间位置，即施工段的编号。施工段的编号自下而上排列，n 条斜向的线段表示 n 个施工过程或专业施工班组的施工进度，并用编号或名称区分各自表示的对象。

斜线图的优点：施工过程及其先后顺序清楚，时间和空间状况形象直观，斜向进度线的斜率可以明显地表示出各施工过程的施工速度。

利用斜线图研究流水施工的基本理论比较方便，但编制实际工程进度计划不如横道图方便，一般不用其表示实际工程的流水施工进度计划。

3. 网络图

用网络图表达的流水施工方式，详见项目三相关内容。

任务实施

根据上述"相关知识"的内容学习，在日后的实践活动中，选择正确的施工组织方式，进行施工组织设计。三种施工组织方式的特点和适用范围详见上述"相关知识"中的例 2-1。

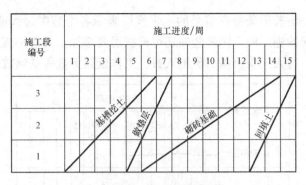

图 2-7　流水施工的斜线图

任务二　流水施工的基本参数

任务描述

为了组织流水施工，表明流水施工在时间和空间上的进展情况，需要引入一些描述施工特征和各种数量关系的参数，这种用以表达流水施工在工艺流程、时间及空间方面开展状态的参数，称为流水施工参数。按其性质的不同，流水施工参数一般分为工艺参数、空间参数和时间参数三种。

本任务要求学生掌握流水施工的三种基本参数，并完成以下问题：

某分部工程划分为 A、B、C、D 四个施工过程，分三个施工段施工。各施工过程的流水节拍分别为：A 为 3 d，B 为 4 d，C 为 5 d，D 为 3 d。施工过程 B 完成后有 2 d 技术间歇时间，施工过程 D 和 C 搭接 1 d 施工。一个施工过程组织一个专业班组施工。按一般异节拍流水施工，试计算流水步距和工期，并画出横道图。

相关知识

一、工艺参数

工艺参数主要是指在组织流水施工时，用以表达流水施工在施工工艺方面进展状态的参数。通常从施工过程和流水强度两方面阐述。

1. 施工过程

施工过程是对建筑产品由开始建造到竣工整个建筑过程的统称。组织建筑工程流水施工时，施工过程所包含的施工范围可大可小，既可以是分项工程，又可以是分部工程，也可以是单位工程，它的繁简程度与施工组织设计的作用有关。在指导单位工程流水施工时，一般施工过程指分项工程，其名称和工作内容与现行的有关定额一致。在建筑施工中，只有按照一定的顺序和质量要求，完成其所有的施工过程，才能建造出符合设计要求的建筑产品。

根据工艺性质不同，施工过程可以分为以下三类：

（1）制备类施工过程。制备类施工过程是指预先加工和制造建筑半成品、构配件等的施工过程。如砂浆和混凝土的配制、钢筋的制作等属于制备类施工过程。此类施工过程因为一般不占用施工对象的工作面和空间，不影响工期，不列入流水施工进度计划表，但当它占用施工对象的空间并影响工期时，应列入施工进度计划表。例如，在排架结构的单层工业厂房施工中，现场预制钢筋混凝土屋架的施工过程应列入施工进度计划表。

(2)运输类施工过程。运输类施工过程是指把材料和制品运到工地仓库或再转运到现场操作使用地点而形成的施工过程。运输类施工过程一般不占用施工对象的空间，不影响项目总工期，在进度表上不反映；只有当它们占用施工对象的空间并影响项目总工期时，才列入项目施工进度计划中。

(3)建造类施工过程。建造类施工过程是指在施工对象的空间上直接进行加工最终形成建筑产品的过程。如地下工程、主体工程、结构安装工程、屋面工程和装饰工程等施工过程就是建造类施工过程。它占用施工对象的空间，影响工期的长短，必须列入项目施工进度计划表，而且是项目施工进度计划表的主要内容。

建造类施工过程按其在工程项目施工过程中的作用、工艺性质和复杂程度的不同，可分为主导施工过程和穿插施工过程、连续施工过程和间断施工过程、复杂施工过程和简单施工过程。上述施工过程的划分，仅是从研究施工过程某一角度考虑的。事实上，有的施工过程既是主导的，又是连续的，同时还是复杂的。例如，砌筑施工过程，在砖混结构工程施工中，是主导的、连续的和复杂的施工过程；油漆施工过程是简单的、间断的，往往又是穿插的施工过程。因此，在编制施工进度计划表时，必须综合考虑施工过程几个方面的特点，以便确定其在进度计划中的合理位置。

1)主导施工过程。主导施工过程是对整个施工对象的工期起决定作用的施工过程。在编制施工进度计划表时，必须优先安排，连续施工。例如，在砖混结构工程施工中，主体工程的砌筑施工过程就是主导施工过程。

2)穿插施工过程。穿插施工过程是与主导施工过程相搭接或穿插平行的施工过程。在编制进度计划表时，要适时地穿插在主导施工过程的施工中进行，并严格受主导施工过程的控制。例如，浇筑钢筋混凝土圈梁的施工过程就是穿插施工过程。

3)连续施工过程。连续施工过程是一道工序接一道工序，连续进行的施工过程。它不要求技术间歇，在编制施工进度计划表时，与其相邻的后续施工过程不考虑技术间歇时间。例如，墙体砌筑和楼板安装等施工过程就是连续施工过程。

4)间断施工过程。间断施工过程是由所用材料的性质决定的，需要技术间歇的施工过程。其技术间歇时间与材料的性质和工艺有关。在编制施工进度计划表时，它与相邻的后续施工过程之间要有足够的技术间歇时间。例如，混凝土、抹灰和油漆等施工过程都需要养护或干燥的技术间歇时间。

5)复杂施工过程。复杂施工过程是在工艺上由几个紧密相连的工序组合而形成的施工过程。它的操作者、工具和材料，因工序不同而变化。在编制施工进度计划表时，也可以因计划对象范围和用途不同将其作为一个施工过程或划分成几个独立的施工过程。例如，砌筑施工过程，有时可以划分为运材料、搭脚手架、砌砖等施工过程；现浇梁板混凝土，根据实际需要，既可以划分为支模板、扎钢筋、浇混凝土三个施工过程，又可以综合为一个施工过程。

6)简单施工过程。简单施工过程是在工艺上由一个工序组成的施工过程。它的操作者、工具和材料都不变。在编制施工进度计划表时，除了可能将它与其他施工过程合并外，其本身施工是不能再分的。例如，挖土和回填土施工过程就是简单施工过程。

2. 施工过程数(n)

在建筑施工中，划分的施工过程可以是分项工程、分部工程或单位工程，它是根据编制施工进度计划的对象范围和作用而确定的。一般来说，编制群体工程流水施工的控制性进度计划时，划分的施工过程较粗，数目要少；编制单位工程实施性进度计划时，划分的施工过程较细，数目要多。一栋房屋的施工过程数与其建筑和结构的复杂程度、施工方案以及劳动组织与劳动量大小等因素有关。例如，普通砖混结构居住房屋，单位工程实施性进度计划的施工过程数为20～30个。

知识链接

划分施工过程的注意事项

(1)施工过程数应结合房屋的复杂程度、结构的类型及施工方法，对复杂的施工内容应分得细些，简单的施工内容不要分得过细。

(2)根据施工进度计划的性质确定：若为控制性施工进度计划，组织流水施工的施工过程可以划分得粗一些；若为实施性施工进度计划，施工过程可以划分得细一些。

(3)施工过程的数量要适当，以便于组织流水施工的需要。施工过程数过少，也就是划分得过粗，达不到好的流水效果；施工过程数过大，需要的专业队(组)就多，相应地需要划分的流水段(施工段)也多，同样也达不到好的流水效果。

(4)要以主要的建造类施工过程为划分依据，同时综合考虑制备类和运输类施工过程。

(5)要考虑施工方案的特点：对于一些相同的施工工艺，应根据施工方案的要求，将它们合并为一个施工过程，或根据施工的先后分为两个施工过程。例如，油漆木门窗可以作为一个施工过程，但如果施工方案中有说明，也可作为两个施工过程。

(6)要考虑工程量的大小和劳动组织特征。施工过程的划分和施工班组、施工习惯及工程量的大小有一定的关系。例如，支模板、扎钢筋、浇混凝土三个施工过程，如果工程量较小(如采用预制楼板，有现浇混凝土构造柱和圈梁的砖混结构工程)，可以将它们合并成一个施工过程即钢筋混凝土工程，组织一个混合施工班组；若为混凝土框架结构工程，则可以将它们分为支模板、扎钢筋、浇混凝土三个施工过程，再对应成立三个专业施工班组(模板班组、钢筋班组和混凝土班组)。再如，地面工程，如果垫层的工程量较小，可以与面层合并为一个施工过程，这样就可以使各个施工过程的工程量大致相等，便于组织流水施工。

(7)要考虑施工过程的内容、工作范围和是否占用工期。施工过程的划分与其工作内容、范围和是否占用工期有关。例如，直接在施工现场与工程对象上进行的施工过程，可以划入流水施工过程，而场内外的运输类施工内容可以不划入流水施工过程。再如，拆模施工过程，若计划占用施工工期，应列入流水施工过程，划入施工进度计划表；若计划不占用工期，则不列入流水施工过程，而将其劳动量一并计入其他工程的劳动量中。

【小提示】 在流水施工中，流水施工过程数用n表示，它是流水施工的主要参数之一。对于一个单位工程而言，通常它不等于计划中包括的全部施工过程数。因为这些施工过程并非都能按流水方式组织施工，可能其中几个阶段是采用流水施工。流水施工中的施工过程数n是指参与该阶段流水施工的施工过程数目。

3. 流水强度

流水强度是指流水施工的某一施工过程在单位时间内所完成的工程量，也称为流水能力或生产能力，以 V_i 表示。它主要与选择的机械或参加作业的人数有关，其计算分为以下两种情况。

(1)机械作业施工过程的流水强度按式(2-1)计算：

$$V_i = \sum_{i=1}^{x} R_i \cdot S_i \qquad (2-1)$$

式中　V_i——某施工过程 i 的机械作业流水强度；

　　　R_i——投入施工过程 i 的某种施工机械台数；

　　　S_i——投入施工过程 i 的某种施工机械产量定额；

　　　x——投入施工过程 i 的施工机械种类数。

(2)人工作业施工过程的流水强度按式(2-2)计算：

$$V_i = R_i \cdot S_i \qquad (2-2)$$

式中　V_i——某施工过程 i 的人工操作流水强度；

　　　R_i——投入施工过程 i 的专业施工班组工人数；

　　　S_i——投入施工过程 i 的专业施工班组平均产量定额。

二、空间参数

空间参数是在组织流水施工时，用以表达流水施工在空间布置上所处状态的参数，包括工作面、施工段和施工层。

1. 工作面

工作面是指供某专业工种的工人或某种施工机械进行施工的活动空间，简单地说，就是某一施工过程要正常施工必须具备的场地大小。工作面的大小表明能安排施工人数或机械台数的多少。每个作业的工人或施工机械所需工作面的大小，取决于单位时间内其完成的工程量和安全施工的要求。由于工作面确定得合理与否直接影响专业施工班组的生产效率，因此必须合理确定工作面。

在确定一个施工过程必要的工作面时，不仅要考虑前一施工过程为这个施工过程所可能提供的工作面的大小，而且要遵守安全技术和施工技术规范的规定。

知识链接

主要工种的工作面参考数据

主要工种的工作面参考数据见表 2-1。

表 2-1　主要工种的工作面参考数据

工作项目	技工的工作面	说明
砖基础施工	7.6 m/人	以1/2砖计，2砖乘0.8，3砖乘0.55
砌砖墙施工	8.5 m/人	以1砖计，3/2砖乘0.71，2砖乘0.57
毛石基础施工	3 m/人	以60 cm计

工作项目	技工的工作面	说明
毛石墙施工	2.3 m/人	以40 cm计
混凝土柱、墙基础施工	8 m³/人	机拌、机捣
现浇钢筋混凝土梁施工	2.2 m³/人	机拌、机捣
现浇钢筋混凝土墙施工	5 m³/人	机拌、机捣
现浇钢筋混凝土楼梯施工	5.3 m³/人	机拌、机捣
预制钢筋混凝土柱施工	2.6 m³/人	机拌、机捣
预制钢筋混凝土梁施工	2.6 m³/人	机拌、机捣
预制钢筋混凝土屋架施工	2.7 m³/人	机拌、机捣
预制钢筋混凝土平板、空心板施工	1.9 m³/人	机拌、机捣
预制钢筋混凝土大型屋面板施工	2.6 m³/人	机拌、机捣
混凝土地坪及面层施工	40 m²/人	机拌、机捣
外墙抹灰	16 m²/人	
内墙抹灰	18.5 m²/人	
卷材屋面施工	18.5 m²/人	
防水水泥砂浆屋面施工	16 m²/人	
门窗安装	11 m²/人	

2. 施工段

将施工对象在平面上划分成若干个劳动量大致相等的施工段。施工段的数目通常用 m 表示,它是流水施工的主要参数之一。注意,若是多层建筑物的施工,则施工段数等于单层划分的施工段数乘以该建筑物的施工层数。

每一个施工段在某一时间段内只能供一个施工过程的专业施工班组使用。

划分施工段的目的是为组织流水施工创造条件,保证不同的施工班组能在不同的施工段上同时进行施工,同一施工班组从一个施工段转移到另一个施工段实现连续施工,相邻的各施工班组按照一定的时间间隔依次投入施工段施工。这样既可消除等待、停歇现象,又互不干扰,同时缩短了工期。

知识链接

划分施工段的注意事项

(1)要考虑结构的整体性,分界线宜在沉降缝、伸缩缝及对结构整体性影响较小的位置,如单元式住宅的单元分界处等,有利于结构的整体性。

(2)尽量使各施工段上的劳动量相等或相近。

(3)各施工段要有足够的工作面。

(4)施工段数不宜过多。

(5)尽量使各专业队(组)连续作业。

在实际工程施工中,有以下几种施工段划分方法可供参考:

(1)按工程量大致相等的原则划分(一般以轴线为界)。

(2)按轴线划分,特别是一些工业厂房可以采用这种方法。

(3)按结构界限划分,如把施工段划分到伸缩缝、沉降缝处。

(4)按房屋单元来划分,这种划分方法在民用单元住宅中经常采用。

(5)按单位工程来划分,当施工的建设任务有两个或两个以上的单位工程时,可以一个单位工程作为一个施工段来考虑组织流水施工。如由几栋塔式住宅楼组成的项目,即可以一栋住宅楼作为一个施工段来组织流水施工。

3. 施工层

(1)施工层划分。在多、高层建筑物的流水施工中,平面上是按照划分的施工段,从一个施工段向另一个施工段逐步进行的;竖直方向上,则是自下而上、逐层进行,第一层的各个施工过程完工后,自然就形成了第二层的工作面,不断循环,直至完成全部工作。这些为满足专业工种对操作和施工工艺要求而划分的操作层称为施工层。例如,在具体组织实施砌筑工程的施工时,施工层高一般为 1.2~1.4 m,即一步脚手架的高度划分为一个施工层,在楼(地面)上砌筑完第一个施工层后,再搭砌筑架砌筑第二个施工层的墙体(但在编制施工进度计划表时,为与其他施工过程统一,砌筑施工过程仍然按一个自然层为一个施工层处理)。室内抹灰、木装饰、油漆、玻璃和水电安装等,可按楼层进行施工层划分。施工层数用 j 表示。

在主体结构分层进行的流水施工中,其施工的进展情况是:各专业施工班组,首先依次投入第一施工层的各施工段施工,完成第一施工层最后一个施工段的任务后,连续地转入第二施工层进行施工,以此类推。各施工班组的工作面,除了同一施工段上,前一个施工过程完成为后一个施工班组提供工作面之外,最前面的施工班组在跨越施工层时,必须等第一施工层对应施工段上最后一个施工过程完成施工,才能为其提供工作面。

(2)施工段数目 m 与施工过程数目 n 的关系对划分施工层进行流水施工的影响。为保证在跨越施工层时,各专业施工班组能够连续地进入下一个施工层的施工段施工,一个施工层施工段的数目应满足何种条件呢?下面通过例 2-2 来说明。

【例 2-2】 某两层现浇钢筋混凝土框架结构工程,由支模板、扎钢筋和浇混凝土 3 个施工过程组成,每一层在平面上分别划分为 2 个、3 个和 4 个施工段,假定在每一种情况下,各施工班组在其各自的施工过程的每一个施工段上的工作时间均为 4 d,要求分别按这三种情况组织流水施工,并讨论分析这三种流水施工的特点与施工段数目和施工过程数目之间的关系。

【解】

(1)施工段数目 m 小于施工过程数目 $n(m<n)$。例如 $m=2$,$n=3$ 的情况,其施工进度安排如图 2-8 所示。

从图 2-8 可以看出,当 $m<n$ 时,尽管施工段上未出现闲置,但各施工班组做完了第一层以后,不能连续进入第二层相应施工段施工,中间停工 4 d,而轮流出现窝工现象,这对一个建筑物组织流水施工是不适宜的。若同一现场有同类型建筑物施工,组织群体大流水施工,也可使专业施工班组连续作业。

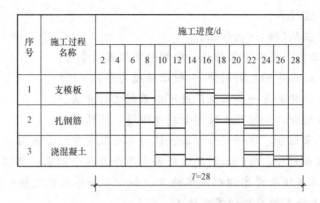

图 2-8　m<n 时的流水施工进度安排

(2)施工段数目 m 等于施工过程数目 n(m=n)。例如 m=3，n=3 的情况，其施工进度安排如图 2-9 所示。

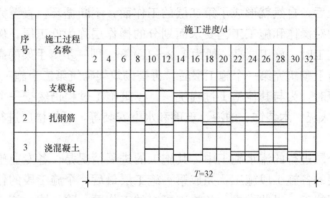

图 2-9　m=n 时的流水施工进度安排

从图 2-9 可以看出，当 m=n 时，专业施工班组均能连续施工，每一施工段上始终有施工班组施工，工作面能充分利用，无停歇现象，也不会产生工人窝工现象，是最理想的流水施工组织情况，但它使施工管理者没有回旋余地，因而它并不是最现实的流水施工组织方法。

(3)施工段数目 m 大于施工过程数目 n (m>n)。例如 m=4，n=3 的情况，其施工进度安排如图 2-10 所示。

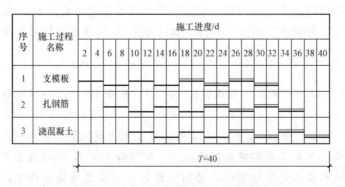

图 2-10　m>n 时的流水施工进度安排

从图 2-10 可以看出，当 $m>n$ 时，各施工班组在完成第一施工层的 4 个施工段的任务后，都连续地进入第二施工层继续施工；但第一层第一施工段浇混凝土后，该施工段却出现停歇，停歇 4 d 后，第二层的第一施工段才开始支模板，即施工段上有闲置。同样，其他施工段上也发生同样的停歇，致使工作面出现闲置。这种工作面的闲置一般是正常的，有时还是必要的，如可以利用闲置的时间做养护、备料、弹线等工作，有时还可以弥补某些意外的拖延时间，使施工管理者在施工组织管理上留有余地，掌握主动权，这才是最现实的最有生命力的流水施工组织方法。

从例 2-2 可知，当层内和层间无技术组织间歇时间时，一个施工层的施工段数 m 和施工过程数 n 之间的关系，对划分施工层进行流水施工的影响有如下特点：

(1)当 $m>n$ 时，各专业队(组)能连续施工，但施工段有闲置。

(2)当 $m=n$ 时，各专业队(组)能连续施工，各施工段上也没有闲置。这是一种理想的流水施工组织方法，但它会使施工管理者没有回旋的余地。

(3)当 $m<n$ 时，对单栋建筑物组织流水施工时，专业队(组)就不能连续施工而产生窝工现象。但在数栋同类型建筑物的建筑群中，可在各建筑物之间组织大流水施工。

三、时间参数

时间参数是指用来表达组织流水施工的各施工过程在时间排列上所处状态的参数。它包括流水节拍、流水步距、间歇时间、平行搭接时间、流水工期等。

1. 流水节拍(t_i)

(1)流水节拍的概念及其计算。流水节拍是指从事某施工过程的施工班组在一个施工段上完成施工任务所需要的时间，用 t_i 来表示。流水节拍的大小可以反映施工速度的快慢。

流水节拍的大小关系到所需投入的劳动力、机械及材料用量的多少，决定着施工的速度和节奏。因此，确定流水节拍对组织流水施工具有重要的意义，通常有以下两种确定方法。

1)定额计算法。这种方法是根据各施工段的工程量和现有能够投入的资源量(劳动力、机械台数和材料量等)，按式(2-3)进行计算。

$$t_i = \frac{Q_i}{S_i R_i z_i} = \frac{Q_i H_i}{R_i z_i} = \frac{P_i}{R_i z_i} \tag{2-3}$$

式中　t_i——施工过程 i 的流水节拍，一般取 0.5 d 的整数倍；

　　　Q_i——施工过程 i 在某施工段上的工程量；

　　　S_i——施工过程 i 的人工或机械产量定额；

　　　R_i——施工过程 i 的施工班组人数或机械的台、套数；

　　　H_i——施工过程 i 的时间定额；

　　　z_i——施工过程 i 施工每天的工作班制数，可取 1~3 班制；

　　　P_i——在一个施工段上完成施工过程 i 所需的劳动量或机械台班量。

如果根据工期要求来确定流水节拍，先设定流水节拍值，就可以用式(2-3)算出所需要的人数或机械台班数。在这种情况下，必须检查劳动力和机械供应的可能性、材料物资供应能否相适应及工作面是否足够等。

2)经验估算法。它是根据以往的施工经验进行估算。为了提高其准确程度，往往先估算出每个施工段流水节拍的最短值(a)、最长值（c）和正常值（b）（最可能值）三种时间，然后据此求出期望时间作为某专业施工班组在某施工段上的流水节拍，可利用下式确定：

$$t_i = \frac{a + 4b + c}{6}$$ (2-4)

这种方法适用于采用新工艺、新方法和新材料等没有定额可循的工程或项目。

（2）确定流水节拍的注意事项。

1）施工班组人数要适宜，既要满足最小劳动组合人数的要求，又要满足最小工作面的要求。

最小劳动组合是指某一施工过程进行正常施工所必需的最低限度的班组人数及其合理组合。如模板安装要按技工和普工的最少人数及合理比例组成施工班组，人数过少或比例不当都将引起劳动生产率的下降。

最小工作面是指施工班组为保证安全生产和有效操作所必需的工作空间。它决定了最高限度可安排多少工人。不能为了缩短工期而无限地增加人数，否则将使工作面不足而产生窝工现象。

2）工作班制要恰当。工作班制的确定要视工作要求、施工过程特点来确定。当工期不紧迫，工艺上又无连续施工要求时，可采用一班制；当组织流水施工时，为了给第二天连续施工创造条件，某些施工过程可考虑在夜班进行，即采用二班制；当工期较紧、工艺上要求连续施工或为了提高施工机械的利用率时，某些项目可考虑三班制施工。例如，梁板混凝土的浇捣，一个施工段上的混凝土必须连续浇捣完毕，不能留施工缝，此时，应考虑安排二班制或三班制进行施工，直至一个施工段上的混凝土全部连续浇捣完毕。

3）机械的台班效率或机械台班产量大小。

4）流水节拍值一般取整数，必要时可保留 0.5 d 的小数值。

2. 流水步距(K)

流水步距是指相邻两个专业班组先后投入施工段开始工作的时间间隔。流水步距用 $K_{i,i+1}$ 表示，它是流水施工的重要参数之一。例如，木工专业施工班组第一天进入第一个施工段工作，5 d 做完该段工作（流水节拍 $t = 5$ d），第六天油漆专业施工班组开始进入第一个施工段工作，木工专业施工班组与油漆专业施工班组先后进入第一个施工段开始施工的时间间隔为 5 d，那么它们的流水步距 $K = 5$ d。

流水步距的基本计算公式为

$$K_{i,i+1} = \begin{cases} t_i + t_j - t_d \ (t_i \leqslant t_{i+1}) \\ mt_i - (m-1)t_{i+1} + t_j - t_d \ (t_i > t_{i+1}) \end{cases}$$ (2-5)

式中　t_j——两个相邻施工过程的技术或组织间歇时间；

　　　t_d——两个相邻施工过程的平行搭接时间。

【小提示】　式(2-5)适用于所有的有节奏流水施工，并且流水施工均为一般流水施工，但不适用于概念引申后的流水施工，即存在次要工序间断流水的情况。

流水步距的大小，反映流水作业的紧凑程度，对工期有很大的影响。在流水段（施工段）不变的条件下，流水步距越大，工期越长；流水步距越小，工期越短。

流水步距的数目取决于参加流水施工的施工过程数。如果施工过程数为 n 个，则流水步距的总数为($n-1$)个。

确定流水步距应考虑以下几种因素：

(1)主要施工队组连续施工的需要。流水步距的最小长度必须使主要施工专业队组进场以后，不发生停工、窝工现象。

(2)施工工艺的要求。保证每个施工段的正常作业流程，不发生前一个施工过程尚未全部完成而后一个施工过程提前介入的现象。

(3)最大限度搭接的要求。流水步距要保证相邻两个专业队在开工时间上最大限度、合理地搭接。

(4)要满足保证工程质量，满足安全生产、成品保护的需要。

3. 间歇时间(t_j)

在组织流水施工时，有些施工过程完成后，后续施工过程不能立即投入施工，必须有足够的间歇时间。间歇时间包括技术间歇时间和组织间歇时间两类。

(1)技术间歇时间。技术间歇时间是指由于施工工艺或施工质量的要求，在相邻两个施工过程之间必须有的时间间隔。如砖混结构的每层圈梁混凝土浇筑以后，必须经过一定的养护时间才能进行其上预制楼板的安装工作；再如屋面找平层完工后，必须经过一定的时间间隔待其养护并干燥后才能铺贴卷材防水层等。

(2)组织间歇时间。组织间歇时间是指由于施工组织方面的因素，在相邻两个施工过程之间留有的时间间隔。这是为对前一施工过程进行检查验收或为后一施工过程的开始做必要的施工组织准备而考虑的间歇时间。如浇混凝土之前要检查钢筋及预埋件并做记录；又如基础混凝土垫层浇筑及养护后，必须进行墙身位置的弹线，才能砌筑基础墙等。

4. 平行搭接时间(t_d)

平行搭接时间是指在同一施工段上，前一施工过程还未施工完毕，后一施工过程便提前投入施工，相邻两施工过程在某个时段上同时进行的施工时间。由于平行搭接时间可使工期缩短，因此应根据需要尽可能进行平行搭接施工。

5. 流水工期(T)

流水工期是指完成一项任务或一个流水组织施工所需的时间，一般采用式(2-6)计算完成一个流水组织的工期。

$$T = \sum K_{i,i+1} + T_n \tag{2-6}$$

式中　$\sum K_{i,i+1}$——流水施工中，相邻施工过程之间的流水步距之和；

T_n——流水施工中，最后一个施工过程在所有施工段上完成施工任务所花的时间，有节奏流水中，$T_n = mt_n$（t_n指最后一个施工过程的流水节拍）。

任务实施

解决"任务描述"中提出的问题。

【解】

(1)计算流水步距。

因为$t_A = 3$ d$< t_B = 4$ d，$t_j = t_d = 0$ d，所以$K_{A,B} = 3 + 0 - 0 = 3$(d)。

因为$t_B = 4$ d$< t_C = 5$ d，$t_j = 2$ d，$t_d = 0$，所以$K_{B,C} = 4 + 2 - 0 = 6$(d)。

因为$t_C = 5$ d$> t_D = 3$ d，$t_j = 0$，$t_d = 1$ d，所以$K_{C,D} = 3 \times 5 - (3-1) \times 3 + 0 - 1 = 8$(d)。

(2)计算工期 T。

$$T = \sum K_{i,i+1} + mt_n = (3+6+8)+3\times3 = 26(\text{d})$$

(3)绘制横道图(图2-11)。

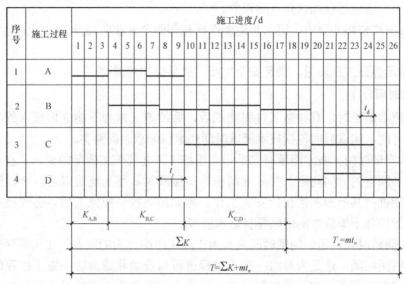

图2-11 某工程一般异节拍流水施工进度计划

任务三 流水施工的组织方法

任务描述

常见的流水施工组织方法有等节奏流水施工、异节奏流水施工、无节奏流水施工,本任务要求学生掌握常见的流水施工组织方式,并完成以下问题:

某工程项目,有Ⅰ、Ⅱ、Ⅲ、Ⅳ、Ⅴ五个施工过程,分四段施工,每个施工过程在各个施工段上的流水节拍见表2-2,规定施工过程Ⅱ完成后,其相应施工段至少要养护2d;施工过程Ⅳ完成后,其相应施工段要留有1d的准备时间,为了尽早完工,允许施工过程Ⅰ和施工过程Ⅱ之间搭接施工1d,试组织流水施工。

表2-2 各施工过程在各施工段上的持续时间   d

施工过程	施工段			
	①	②	③	④
Ⅰ	3	2	2	1
Ⅱ	1	3	5	3
Ⅲ	2	1	3	5
Ⅳ	4	2	2	3
Ⅴ	3	4	2	1

相关知识

一、流水施工的分类

建筑施工流水作业按不同的分类标准可分为不同的类型。

1. 按组织流水作业的范围分类

(1)分项工程流水施工。分项工程流水施工也称为细部流水施工，即一个专业施工班组利用同一生产工具，依次、连续地在各施工段中完成同一施工过程的工作，如室内装饰工程中抹灰班组依次在各施工段上连续完成抹灰工作，即分项工程流水施工。

(2)分部工程流水施工。分部工程流水施工也称为专业流水施工，是在一个分部工程内部、各分项工程之间组织的流水施工，即若干个专业班组依次连续不断地在各施工段上重复完成各自的工作，随着前一个专业班组完成前一个施工过程的工作之后，后一个专业班组来完成下一个施工过程的工作，以此类推，直至所有专业班组都进行了各施工段的工作，即完成了分部工程的流水施工。例如，某办公楼的钢筋混凝土工程是由支模板、扎钢筋、浇混凝土三个在工艺上有密切联系的分项工程组成的分部工程。施工时，将该办公楼的主体部分在平面上划分为几个施工段，组织三个专业施工班组，各专业施工班组依次、连续地在各施工段中完成对应施工过程的工作，即分部工程流水施工。

(3)单位工程流水施工。单位工程流水施工也称为综合流水施工，它是在一个单位工程内部、各分部工程之间组织起来的流水施工。例如一栋办公楼、一个厂房车间等组织的流水施工就是单位工程流水施工。一般土建单位工程流水可由基础工程、主体结构工程、屋面工程和装饰工程四个分部工程流水综合而成。

(4)群体工程流水施工。群体工程流水施工也称为建筑群流水施工。它是在一个个单位工程(多栋建筑物或构筑物)之间组织起来的大流水施工。它是为完成工业或民用建筑群而组织起来的全部单位工程流水施工的总和。

2. 按施工过程的分解程度分类

流水施工按流水施工各施工过程的分解程度分为彻底分解流水施工和局部分解流水施工两大类。

(1)彻底分解流水施工。彻底分解流水施工是指将工程对象的某一分部工程分解成若干个施工过程，且每一个施工过程均为单一工种完成的施工过程，即该过程已不能再分解，如支模板施工过程。

(2)局部分解流水施工。局部分解流水施工是指将工程对象的某一分部工程，根据实际情况进行划分，有的过程已彻底分解，有的过程则不彻底分解。而不彻底分解的施工过程是由混合的施工班组来完成的，如作为一个施工过程的钢筋混凝土工程。

3. 按流水节拍的特征分类

建筑工程流水施工是连续、均衡、有节奏的施工。流水施工的节奏是由流水节拍决定的，按流水节拍的特征，通常可将流水施工划分为三种组织方法，即等节奏流水施工、异节奏流水施工和无节奏流水施工。

二、流水施工的组织方法

(一)等节奏流水施工

等节奏流水施工也叫作全等节拍流水施工或固定节拍流水施工，是指各个工序(施工过程)的流水节拍均相等的一种流水施工方法，即同一施工过程在不同施工段上的流水节拍相等，不同的施工过程之间的流水节拍也相等的一种流水施工方法。

等节奏流水施工的特点：

(1)同一施工过程在不同施工段上的流水节拍相等，不同施工过程之间的流水节拍也相等。

(2)当不存在技术、组织间歇时间和平行搭接施工时间时，各施工过程之间的流水步距相等且等于流水节拍。

(3)当存在技术、组织间歇时间和平行搭接施工时间时，各施工过程之间的流水步距不全相等。

等节奏流水施工的组织特点：

(1)一个施工过程成立对应一个专业施工班组(施工班组数等于施工过程数)。

(2)各专业施工班组能够在不同的施工段上连续作业，工人无窝工。

(3)不同专业工种按工艺关系对施工段连续施工，无作业面闲置。

等节奏流水施工根据流水步距的不同有下列两种情况。

1. 等节拍等步距流水施工

等节拍等步距流水施工即各流水步距值均相等，且等于流水节拍值的一种流水施工方法。各施工过程之间没有技术、组织间歇时间，也不安排相邻施工过程在同一施工段上的搭接施工。有关参数计算如下：

(1)流水步距的计算。等节拍等步距流水施工的流水步距都相等且等于流水节拍，即 $K=t$。

(2)流水工期的计算。

因为

$$T = \sum K_{i,i+1} + T_n = (n-1)K + mt = (m+n-1)t$$

所以

$$T=(m+n-1)t \tag{2-7}$$

【例 2-3】 某五层办公楼的室内装饰工程施工可划分为抹灰、门窗安装、铺地板砖和天棚内墙涂刷 4 个施工过程，一层分为一个施工段共 5 个施工段，流水节拍均为 3 周。试组织等节拍等步距流水施工。

【解】 根据题设条件和要求，该题能组织全等节拍流水施工。

(1)确定流水步距：

$$K=t=3(周)$$

(2)确定计算总工期：

$$T=(m+n-1)t=(5+4-1)\times 3=24(周)$$

(3)绘制流水施工进度图，如图 2-12 所示。

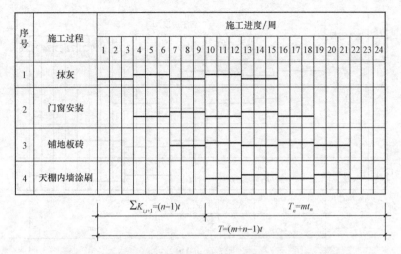

序号	施工过程	施工进度/周
		1 2 3 4 5 6 7 8 9 10 11 12 13 14 15 16 17 18 19 20 21 22 23 24
1	抹灰	
2	门窗安装	
3	铺地板砖	
4	天棚内墙涂刷	

$\sum K_{i,i+1}=(n-1)t$ $T_n=mt_n$

$T=(m+n-1)t$

图 2-12 某室内装饰工程等节拍等步距流水施工进度计划

2. 等节拍不等步距流水施工

等节拍不等步距流水施工即各施工过程的流水节拍全部相等，但各流水步距不相等(有的流水步距等于流水节拍，有的流水步距不等于流水节拍)。这是由于各施工过程之间，有的需要有技术、组织间歇时间，有的可以安排搭接施工。有关参数计算如下：

(1)流水步距的计算。

因为 $K_{i,i+1}=t_i+t_j-t_d=t+t_j-t_d$，所以 $\sum K_{i,i+1}=\sum K=(n-1)t+\sum t_j-\sum t_d$。

(2)流水工期的计算。

因为 $T=\sum K_{i,i+1}+T_n=\sum K+T_n=(n-1)t+\sum t_j-\sum t_d+mt$，所以 $T=(m+n-1)t+\sum t_j-\sum t_d$。

全等节拍流水施工一般只适用于施工对象结构简单、工程规模较小、施工过程数不太多的房屋工程或线型工程，如道路工程、管道工程等。

【例 2-4】 某分部工程划分为 A、B、C、D 4 个施工过程，3 个施工段，流水节拍均为 4 d。其中施工过程 A 完工后需要 2 d 的技术间歇时间。为加快施工进度，施工过程 C 安排与施工过程 B 平行搭接 1 d 施工。试组织等节拍不等步距流水施工。

【解】 根据题设条件和要求，该题能组织等节拍不等步距流水施工。

(1)确定流水步距。

由 $K_{i,i+1}=t_i+t_j-t_d=t+t_j-t_d$ 可得

$K_{A,B}=4+2-0=6(d)$；$K_{B,C}=4+0-1=3(d)$；$K_{C,D}=4+0-0=4(d)$

(2)确定计算总工期。

$$T=(m+n-1)t+\sum t_j-\sum t_d=(3+4-1)4+2-1=25(d)$$

(3)绘制流水施工进度图，如图 2-13 所示。

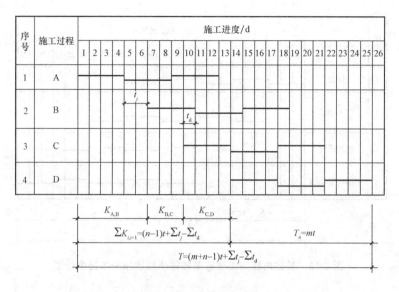

图 2-13 某分部工程等节拍不等步距流水施工进度计划

(二)异节奏流水施工

异节奏流水施工是指同一施工过程在各施工段上的流水节拍相等，不同施工过程之间的流水节拍不一定相等的流水施工组织方法。根据同一施工过程成立的施工班组数不同，可分为一般异节拍流水施工和成倍节拍流水施工。

1. 一般异节拍流水施工

(1)一般异节拍流水施工的特点。

1)同一施工过程的流水节拍相等，不同施工过程之间的流水节拍不一定相等。

2)各施工过程之间的流水步距不一定相等。

(2)一般异节拍流水施工的组织特点。

1)一个施工过程成立一个专业施工班组(施工班组数等于施工过程数)。

2)各专业施工班组能够在不同的施工段上连续作业，工人无窝工。

3)不同专业工种按工艺关系对施工段不能连续施工，会出现作业面闲置现象。

(3)一般异节拍流水施工的流水步距计算。

$$K_{i,i+1}=t_i+t_j-t_d \quad (t_i \leqslant t_{i+1})$$

$$K_{i,i+1}=mt_i-(m-1)t_{i+1}+t_j-t_d \quad (t_i > t_{i+1})$$

(4)一般异节拍流水施工的工期计算。

$$T=\sum K_{i,i+1}+mt_n \tag{2-8}$$

式中 t_n——最后一个施工过程的流水节拍。

【例 2-5】 某分部工程分为 A、B、C、D 4 个施工过程，一个施工过程成立一个专业施工班组，分 4 段流水施工，各施工过程的流水节拍分别为：A 为 3 d，B 为 4 d，C 为 2 d，D 为 3 d。A 施工过程完成之后需有 1 d 技术间歇时间，C 施工过程每段施工可与 B 施工过程平行搭接 1 d 施工。试根据上述条件确定流水施工组织方法；求各施工过程之间的流水步距及该工程的工期，并绘制流水施工进度计划。

【解】

(1)按流水节拍的特征和成立施工班组的特点，可组织一般异节拍流水施工。

(2)计算流水步距。

$$K_{A,B}=t_A+t_j-t_d=3+1-0=4(\text{d})\quad(t_A\leqslant t_B)$$

$$K_{B,C}=mt_B-(m-1)t_C+t_j-t_d=4\times4-(4-1)\times2+0-1=9(\text{d})\quad(t_B>t_C)$$

$$K_{C,D}=t_C+t_j-t_d=2+0-0=2(\text{d})\quad(t_C\leqslant t_D)$$

(3)计算工期。

$$T=\sum K_{i,i+1}+mt_n=(9+4+2)+4\times3=27\,(\text{d})$$

(4)绘制流水施工进度计划，如图 2-14 所示。

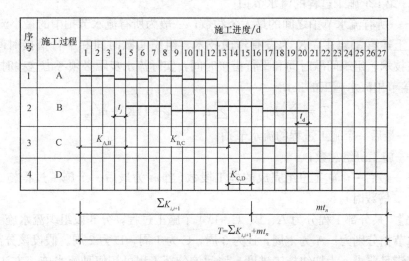

图 2-14　某分部工程一般异节拍流水施工进度计划

一般异节拍流水施工适用于平面形状规整，能均匀划分施工段的建筑工程，如单元住宅楼、矩形办公楼等。

2. 成倍节拍流水施工

在组织流水施工时常常遇到如下问题：如果某施工过程要求尽快完成或某施工过程的劳动量较小，这一施工过程的流水节拍就小；如果某施工过程劳动量很大，由于工作面受限制，一个施工段上又不能投入较多的人力或机械，这一施工过程的流水节拍就大。这就出现了各施工过程的流水节拍不能相等的情况。这时，若组织一般异节拍流水施工，可能工期太长。在资源供应有保障的前提下，即可通过组织成倍节拍流水施工来缩短工期。

成倍节拍流水施工是指同一施工过程在各个施工段的流水节拍相等，不同施工过程之间的流水节拍不完全相等，各流水节拍之间存在最大公约数，流水节拍大的施工过程按最大公约数的倍数成立专业施工班组个数组织施工的流水施工方法。

从理论上来说，异节奏流水施工既可组织一般异节拍流水，又可组织成倍节拍流水。组织成倍节拍流水可大大缩短工期，但它受资源供应等因素的制约，施工管理的难度也相应增加。

(1)成倍节拍流水施工的特点。

1)同一施工过程在各施工段上的流水节拍彼此相等。

2)各施工过程的流水节拍均为它们之间最大公约数的整数倍。

(2)成倍节拍流水施工的组织特点。

1)同一专业工种连续逐渐转移施工，无窝工。

2)不同专业工种按工艺关系对施工段连续施工，无作业面闲置。

3)各流水步距均等于流水节拍的最大公约数，即 $K=t_{\min}$。

4)流水节拍大的工序要成倍增加施工班组，专业施工班组数大于施工过程数。

$$b_i = t_i / t_{\min}$$

式中　b_i——第 i 个施工过程所需的班组数；

　　　t_i——第 i 个施工过程的流水节拍；

　　　$t_{\min}$——所有流水节拍之间的最大公约数，一般为所有流水节拍中的最小流水节拍。

注意：上述第 3)点中，K 为没有考虑技术、组织间歇时间和平行搭接时间的流水步距。若存在技术、组织间歇时间和平行搭接时间，实际流水步距必须考虑这些时间参数。

(3)成倍节拍流水施工的工期。

$$T = \sum K_{i,i+1} + \sum t_n = (n-1)K + m' t_n \qquad (2-9)$$

式中　t_n——最后一个施工过程的流水节拍；

　　　n——施工班组总数；

　　　m'——最后一个施工班组完成的施工段数(当 m 为最后一个施工过程施工班组数的倍数时)。

【例 2-6】　某分部工程分为 A、B、C、D 4 个施工过程，分 6 段组织流水施工，各施工过程的流水节拍分别为：A 为 1 周，B 为 3 周，C 为 1 周，D 为 2 周。假设该分部工程的资源供应能够满足要求，为加快施工进度，请问该分部工程可按何种流水施工方法组织施工？试计算该种流水施工组织方法的工期并绘制施工进度计划横道图。

【解】　为加快工程施工进度，可组织成倍节拍流水施工。

(1)确定最大公约数和流水步距。

$$t_{\min} = 1, \quad K = 1(周)$$

(2)确定各施工过程的班组数。

$$b_1 = \frac{t_1}{t_{\min}} = \frac{1}{1} = 1(组), \quad b_2 = \frac{t_2}{t_{\min}} = \frac{3}{1} = 3(组)$$

$$b_3 = \frac{t_3}{t_{\min}} = \frac{1}{1} = 1(组), \quad b_4 = \frac{t_4}{t_{\min}} = \frac{2}{1} = 2(组)$$

施工班组总数 $n = \sum b_i = b_1 + b_2 + b_3 + b_4 = 1 + 3 + 1 + 2 = 7(组)$。

(3)计算总工期。

$$T = (n-1)K + m' t_4 = (7-1) \times 1 + 3 \times 2 = 6 + 6 = 12(周)$$

(4)绘制流水施工进度计划，如图 2-15 所示。

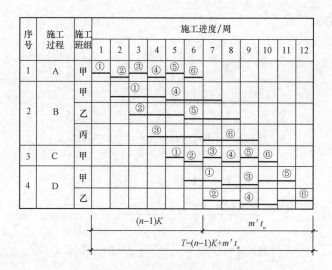

图 2-15 某分部工程成倍节拍流水施工进度计划

(三)无节奏流水施工

无节奏流水施工又称为分别流水施工,是指同一施工过程在各施工段上的流水节拍不全相等,不同施工过程之间的流水节拍也不全相等的一种流水施工。这种组织施工的方法,在进度安排上比较自由、灵活,是实际工程施工组织应用最为普遍的一种方法。

1. 无节奏流水施工的特点

(1)同一施工过程(工序)在各施工段上的流水节拍不全相等。

(2)不同施工过程(工序)之间的流水节拍也不全相等。

2. 无节奏流水施工的组织特点

(1)同一专业工种连续逐渐转移施工,无窝工。

(2)有作业面闲置。

(3)一个施工过程成立一个专业施工班组。

3. 流水步距的计算

组织无节奏流水施工时,为保证各施工专业队(组)连续施工,关键在于确定适当的流水步距,常用的方法是"累加错位相减取大差",即"累加数列,错位相减,取大差值",就是将每一施工过程在各施工段上的流水节拍累加成一个数列,两个相邻施工过程的累加数列错一位相减,在几个差值中取一个最大的,即这两个相邻施工过程的流水步距。若存在技术、组织间歇或平行搭接时间,则其流水步距的值应为大差值加上 t_j,再减去 t_d。

4. 流水工期的计算

无节奏流水施工的工期可按式(2-6)计算。

任务实施

解决"任务描述"中提出的问题。

【解】 由所给资料可知,各施工过程在不同的施工段上流水节拍不相等,故可组织无节奏流水施工。

(1)计算流水步距。

1)$K_{I,II}$。

$$
\begin{array}{rrrr}
3 & 5 & 7 & 8 \\
- & 1 & 4 & 9 & 12 \\
\hline
3 & 4 & 3 & -1 & -12
\end{array}
$$

$$K_{I,II}=4+t_j-t_d=4+0-1=3(d)$$

2)$K_{II,III}$。

$$
\begin{array}{rrrr}
1 & 4 & 9 & 12 \\
- & 2 & 3 & 6 & 11 \\
\hline
1 & 2 & 6 & 6 & -11
\end{array}
$$

$$K_{II,III}=6+t_j-t_d=6+2-0=8(d)$$

3)$K_{III,IV}$。

$$
\begin{array}{rrrr}
2 & 3 & 6 & 11 \\
- & 4 & 6 & 9 & 12 \\
\hline
2 & -1 & 0 & 2 & -12
\end{array}
$$

$$K_{III,IV}=2+t_j-t_d=2+0-0=2(d)$$

4)$K_{IV,V}$。

$$
\begin{array}{rrrr}
4 & 6 & 9 & 12 \\
- & 3 & 7 & 9 & 10 \\
\hline
4 & 3 & 2 & 3 & -10
\end{array}
$$

$$K_{IV,V}=4+t_j-t_d=4+1-0=5(d)$$

(2)计算工期。

$$T=\sum K_{i,i+1}+T_n=(3+8+2+5)+(3+4+2+1)=28(d)$$

(3)绘制流水施工进度计划,如图 2-16 所示。

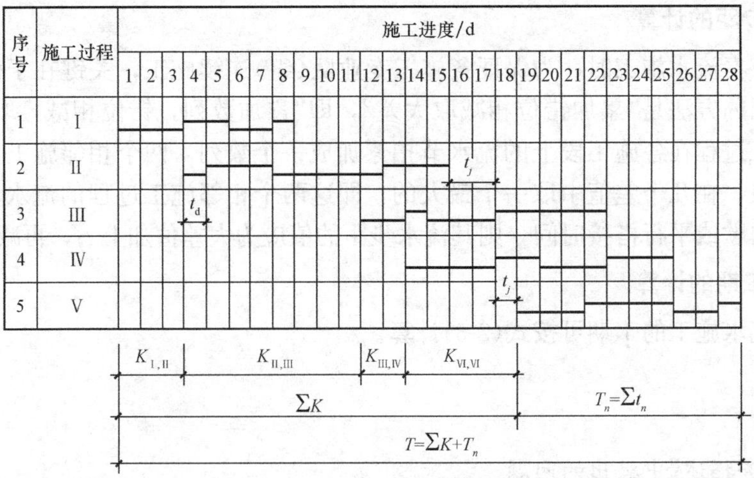

图 2-16　某工程无节奏流水施工进度计划

任务四　流水施工应用实例

任务三中已阐述全等节拍、成倍节拍、一般异节拍和无节奏等四种流水施工方法。如何正确选用流水施工方法,需根据工程的具体情况而定。通常的做法是将单位工程流水先分解为分部工程流水,然后根据分部工程的工期、各施工过程劳动量的大小、施工段的划分情况、提供的施工班组人数等来选择流水施工方法。下面用实例来阐述流水施工的应用(开、竣工日期有调整)。

实例概况:某住宅楼工程,平面为 4 个标准单元组合,位于湖南某市区,施工采用组合钢模板及钢管脚手架,垂直运输机械采用井字架。该工程为砖混结构,建筑面积3 300 m²;建筑层数为 5 层;钢筋混凝土条形基础。主体工程:楼板及屋面板均采用预制空心板,设构造柱和圈梁。装修工程:铝合金窗、胶合板门,外墙面砖,规格为 150 mm×75 mm;内墙中级抹灰加 106 涂料。屋面工程:屋面板上做厚度为 20 mm 的水泥砂浆找平层,再用热熔法做 SBS 防水层。

本工程开工日期为 2015 年 5 月 3 日,竣工日期为 2015 年 9 月 30 日(工期可以提前,但不能拖后)。

请按流水施工方法组织施工并绘制单位工程进度计划横道图。

其工程量、时间定额及劳动量见表 2-3。

表 2-3　某住宅楼工程工程量、时间定额及劳动量一览表

序号	分部分项工程名称	工程量			分项时间定额	时间定额	劳动量/工日或台班
		单位	数量	分项数量			
一	基础工程						
1	人工挖基槽	m³	594.00			0.536	318.38
2	做垫层	m³	90.30			0.810	73.14
3	砌砖基础	m³	200.40			0.937	187.77
4	做钢筋混凝土地圈梁	m³	19.80	160 1.5 19.8	1.970 10.800 1.790	4.200	83.16
5	基础及室内回填土	m³	428.50			0.182	77.99
二	主体工程						
6	搭拆脚手架、井字架						
7	砌砖墙	m³	1 504.10			1.020	1 534.18
8	做钢筋混凝土圈梁	m³	118.40	98.66 8 118.4	1.970 10.800 1.790	4.161	492.66

序号	分部分项工程名称	工程量			分项时间定额	时间定额	劳动量/工日或台班
		单位	数量	分项数量			
9	楼板安装、灌缝	块/m³	1 520/13.5				10(工日)/20.27(台班)
三	屋面工程						
10	做水泥砂浆找平层	10 m²	64.04			0.427	27.35
11	做 SBS 防水层	10 m²	64.04			0.200	12.81
四	装饰工程						
12	天棚抹灰	10 m²	320.20			1.270	406.65
13	内墙抹灰	10 m²	569.98			1.071	610.45
14	铝合金门/窗安装	樘	480.00	180 300	1.000 0.556	1.156	554.88
15	贴厨、厕瓷砖	10 m²	65.06			3.276	213.14
16	贴厨、厕地面马赛克	10 m²	28.00			3.470	97.16
17	楼地面铺贴地板砖	10 m²	265.14			2.233	592.06
18	天棚、内墙刷涂料	10 m²	890.15			0.500	445.08
19	贴外墙面砖	10 m²	266.64			4.873	1 299.34
20	散水、台阶压抹	10 m²	15.35	13.66 1.69	0.638 1.460	0.729	11.19
21	其他					15%劳动量	1 058.65
22	水、电、卫安装工程						

注：1. 钢筋混凝土地圈梁和圈梁均由支模板、扎钢筋和浇混凝土 3 道工序构成，其工程量单位分别为 10 m²、t 和 m³。

2. 井字架安装楼板产量定额为 75 块/台班，灌缝为 1.4 m³/工日。

本工程由基础工程、主体工程、屋面工程、装饰工程和水电安装工程组成。首先，应按各分部工程分别组织流水施工，即先分别组织各分部的流水施工，再考虑各分部之间的相互搭接施工，最后综合形成单位工程流水施工。因各施工过程之间的劳动量差异较大，不能组织等节拍流水施工；又因为本工程为单元住宅楼，可均衡划分施工段，能保证每个施工过程在各个施工段上的劳动量相等，因而可组织一般异节拍流水施工。下面就具体的组织方法和横道图编制步骤进行介绍。

（1）根据表 2-3 确定施工过程及其顺序，如图 2-17 所示。本实例中，基础工程中的做钢筋混凝土地圈梁和主体工程中的做钢筋混凝土圈梁都是由支模板、扎钢筋和浇混凝土 3 道工序组成的，考虑到各工序的劳动量较小，可合并为一个施工过程。楼板安装灌缝、散水和台阶等施工过程也是类似情况。

（2）划分施工段：基础工程划分为 2 个施工段施工；主体工程每层划分为 2 个施工段，共 10 个施工段；室内装饰工程一层一个施工段，从上往下施工；外墙装饰和屋面工程不分段，依次施工。

（3）计算每个施工过程的劳动量 P 和每个施工段的劳动量 P_i。

第 1 个施工过程为人工挖基槽，其工程量 $Q=594.00$ m³，时间定额 $H=0.536$ 工日/m³，则其劳动量 $P=Q×H=594.00×0.536=318.38$（工日），其每段劳动量 $P_i=P/m=318.38/2=159.19$（工日）。

第 4 个施工过程为做钢筋混凝土地圈梁，有支模板、扎钢筋和浇混凝土 3 道工序，其各自的工程量分别为 160 m²、1.5 t、19.8 m³，其相应的时间定额分别为 1.97 工日/10 m²、10.8 工日/t、1.79 工日/m³，则地圈梁总的劳动量 $P=(160/10)×1.97+1.5×10.8+19.8×1.79=83.16$（工日），其每段劳动量 $P_i=P/m=83.16/2=41.58$（工日）。

第 7 个施工过程为主体工程的砌砖墙，主体工程施工段为 10 段，其工程量 $Q=1 504.10$ m³，时间定额 $H=1.020$ 工日/m³，则其劳动量 $P=Q×H=1 504.10×1.020=1 534.18$（工日），其每段劳动量 $P_i=P/m=1 534.18/10=153.42$（工日）。

按上述方法完成全部施工过程的计算，其计算结果如图 2-17 所示。

（4）按工期和经验设定 t_i（主要施工过程连续施工，其他可安排间断施工）。

工期确定：该工程要求工期日历天数为 151 d，计划工期提前天数控制在要求工期的 10%～15% 比较合适，因此，计划工期可安排在 129～136 d。横道图先按每个分部工程（基础、主体、屋面、装饰）工期试排，合适后再搭接组成单位工程横道图。

每个分部工程试排工期安排：基础工程 25 d 左右；主体工程 70 d 左右；装饰工程 35 d 左右；屋面工程 12 d 左右。注意，屋面工程水泥砂浆找平层施工完毕后可考虑安排 6 d 养护和干燥，应抓紧时间进行防水层施工。工期可以适当提前，但是不能延后。

根据上述条件和要求，本工程各施工过程的流水节拍依次设定为 $t_1=7$ d，$t_2=2$ d，$t_3=5$ d，$t_4=2$ d，$t_5=2$ d，$t_7=6$ d，$t_8=2$ d，$t_9=3$ d，$t_{12}=2$ d，$t_{13}=3$ d，$t_{14}=3$ d，$t_{15}=1$ d，$t_{16}=1$ d，$t_{17}=3$ d，$t_{18}=3$ d。其他施工过程为不分段依次施工。

室外装饰工程待外墙砌筑完成并间歇 14 d 后开始从上往下施工，工期安排为 30 d。

（5）按设定的各个 t_i，试排各分部工程的进度，各分部工程工期初步满足要求后，试排单位工程进度，调整计算工期直至满足要求。

按上述设定的流水节拍试排后，工期满足要求，单位工程计划工期为 130 d，其中，基础工程为 25 d，主体工程为 66 d，屋面工程为 9 d，装饰工程为 31 d。其具体进度计划安排如图 2-17 所示。

（6）确定工作班制 z_i，本工程一般可考虑一班制，根据 z_i、P_i 和 t_i，计算班组人数 R_i：

$$R_i=P_i/(t_i×z_i)$$

如第 4 个施工过程做钢筋混凝土地圈梁，班组人数 $R_4=P_4/(t_4×z_4)=41.58/(2×1)=21$（人）。

其余各个班组人数安排如图 2-17 所示。

（7）计算工作延续天数并填入施工进度计划表。该工程每项工作的延续天数为流水节拍与施工段数的乘积，即工作延续天数$=t_i×m$，具体如图 2-17 所示。

（8）检查，调整，正式绘制单位工程进度计划表。

该工程单位工程进度计划表如图 2-17 所示。

施工进度计划表

序号	分部分项工程名称	工程量			时间定额	劳动量或台班	工作天数	延续天数	每天工作班数	每班工人数	施工进度计划/d
		单位	数量		时间定额	劳动量或台班	工作天数	延续工作天数	每天工作班数	每班工人数	
一	基础工程										
1	人工挖基槽	m³	594.00		0.536	318.38	14	1	23		
2	做垫层	m³	90.30		0.810	73.14	4	1	18		
3	砌砖基础	m³	200.40		0.937	188.77	10	1	19		
4	做钢筋混凝土地圈梁	m³	19.80		4.200	83.16	4	1	21		
5	基础及室内回填土	m³	428.50		0.182	77.99	4	1	20		
二	主体工程										
6	搭外脚手架、井字架										
7	砌砖内墙	m³	1 504.10		1.020	1 534.18	60	1	26		
8	做钢筋混凝土圈梁	m³	118.40		4.161	492.66	20	1	25		
9	楼板安装、灌缝	块或m³	1 520/13.5		10[灌缝] 2027[安装]		30	1	12		
三	屋面工程										
10	做水泥砂浆找平层	10 m²	64.04		0.427	27.35	2	1	14		
11	做SBS防水层	10 m²	64.04		0.200	12.81	1	1	13		
四	装饰工程										
12	天棚抹灰	10 m²	320.20		1.270	406.65	10	1	29		
13	内墙抹灰	10 m²	569.98		1.071	610.45	15	1	41		
14	铝合金门窗安装	樘	480.00		1.156	554.88	15	1	37		
15	贴墙、顶瓷砖	10 m²	65.06		3.276	213.14	5	1	43		
16	轴顶、斜楼面骨架刷发	10 m²	28.00		3.470	97.16	5	1	20		
17	地面铺设瓷砖	10 m²	265.14		2.233	592.06	15	1	40		
18	天棚、内墙刷涂料	10 m²	890.15		0.500	445.08	15	1	30		
19	贴外墙面砖	10 m²	266.64		4.873	1 299.34	30	1	43		
20	散水、台阶压顶	10 m²	15.35		0.729	11.19	1	1	12		
21	其他										
22	水、电、卫安装工程					159[劳动量]1 058.65					

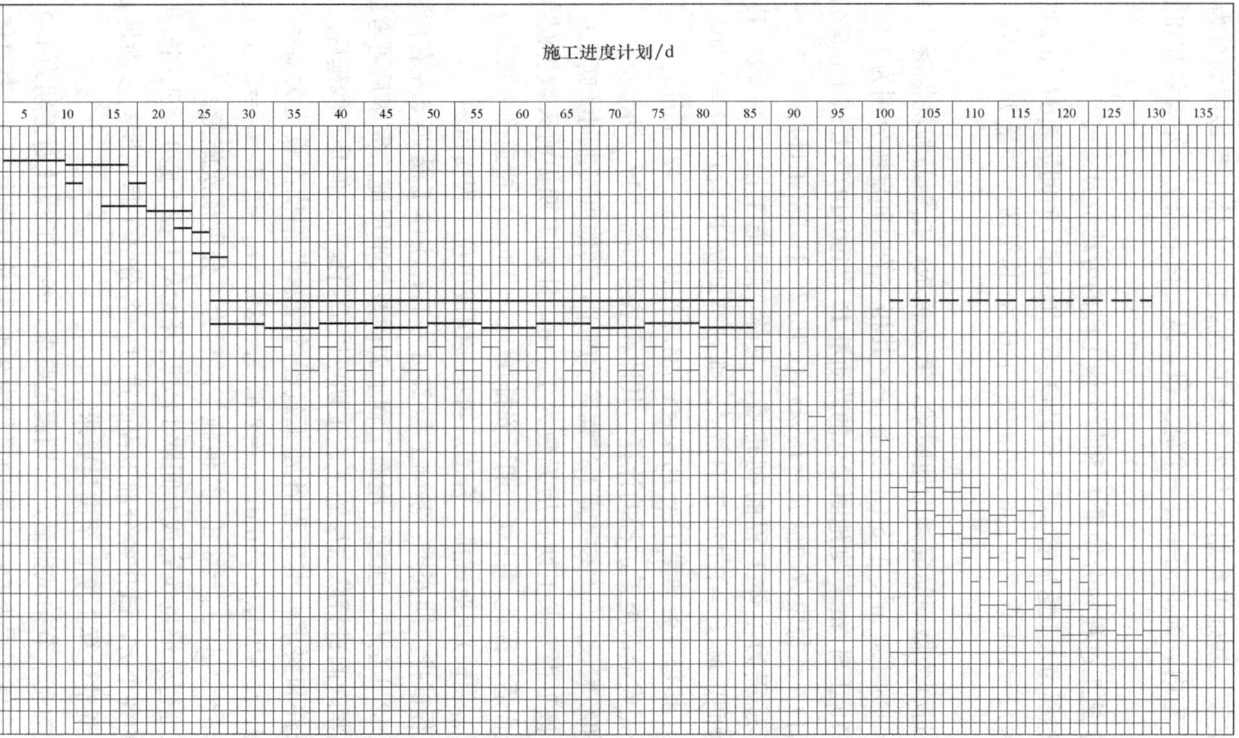

图 2-17　某住宅楼工程流水施工进度计划表

 项目小结

组织施工可以采用依次施工、平行施工、流水施工三种方式。流水施工的表达方式一般有横道图、斜线图和网络图三种。流水施工参数按性质不同，一般分为工艺参数、空间参数和时间参数三种。流水施工的组织方法有等节奏流水施工、异节奏流水施工和无节奏流水施工。

思考与练习

1. 什么是流水节拍？如何确定流水节拍？

2. 什么是施工段？划分施工段的原则是什么？

3. 如何组织一般异节拍流水施工？如何组织成倍节拍流水施工？

4. 流水施工常用的组织方法有哪些？阐述它们各自的适用范围。

5. 一座房屋的土建工程施工按施工部位一般可分为哪几个分部工程？它们各自适合采用哪种施工组织方式？

6. 某三层住宅楼室内装饰工程划分为天棚内墙抹灰(A)、门窗安装(B)、地面和墙面贴瓷砖(C)、天棚内墙涂刷(D)4 个施工过程，每个施工过程均按一层一段划分为 3 个施工段，设 $t_A=2$ 周，$t_B=1$ 周，$t_C=3$ 周，$t_D=2$ 周，试分别组织依次施工、平行施工和流水施工，绘出各自的横道图施工进度计划，并确定工期。

7. 已知某工程任务划分为 A、B、C、D、E 5 个施工过程，4 个施工段进行流水施工，流水节拍均为 3 d，在 A 施工过程结束后有 2 d 技术、组织间歇时间，C 与 D 施工过程平行搭接 1 d 施工。试组织流水施工，计算工期并绘制横道图。

8. 某分部工程，已知施工过程 $n=4$，施工段数 $m=4$，各施工过程在各施工段的流水节拍如表 2-4 所示，且在基础和土方回填之间要求技术间歇为 2 d。试组织流水施工，计算流水步距和工期，并绘制横道图。

表 2-4 各施工段流水节拍   d

序号	工序	施工段			
		①	②	③	④
1	挖土方	3	3	3	3
2	做垫层	1	1	1	1
3	做基础	4	4	4	4
4	回填土	2	2	2	2

9. 某两层现浇钢筋混凝土框架结构工程，框架平面尺寸为 17.4 m×144 m，沿长度方向每隔 48 m 留一道伸缩缝。主体结构施工可分为支模板、扎钢筋、浇混凝土 3 个施工过程，一个施工过程成立一个专业班组，已知 $t_模=4$ d，$t_筋=2$ d，$t_{混凝土}=2$ d，层间间歇时间为 4 d。试组织流水施工，计算工期并绘制横道图。

10. 某混凝土道路工程长为900 m，宽为15 m，每50 m长为一个施工段，要求先挖去表层土0.2 m并压实一遍，再用砂石三合土回填0.3 m并压实两遍；上面为强度等级C25的混凝土路面，厚度为0.20 m。设该工程分为挖土方、回填土、浇混凝土3个施工过程，其时间定额及流水节拍分别为：挖土方0.197工日/m³，$t_1=2$ d，回填土0.333工日/m³，$t_2=4$ d；浇混凝土1.429工日/m³，$t_3=6$ d。试组织成倍节拍流水施工并绘制横道图和劳动力动态变化曲线图。

11. 某分部工程，各施工过程在各施工段的流水节拍见表2-5，试组织流水施工，计算流水步距和工期，并绘制横道图。

表2-5 各施工段流水节拍   d

序号	工序	施工段				
		①	②	③	④	⑤
1	A	3	3	6	6	3
2	B	1	1	2	2	1
3	C	2	2	4	4	2
4	D	1	1	2	2	1

项目三　网络计划技术

通过本项目的学习，了解网络计划技术的基本原理和特点；熟悉单、双代号网络计划图的组成和绘制；掌握网络计划的分类，单、双代号网络计划时间参数的计算，双代号时标网络计划图的绘制方法和时间参数的计算，工期优化、费用优化和资源优化网络计划的优化方法。

能够绘制单、双代号网络计划图，并对其进行计算；能够绘制双代号时标网络计划图，并对其进行计算；能够进行网络计划的优化，选择最优的网络施工计划。

任务一　网络计划技术概述

网络计划技术是 20 世纪 50 年代后期为了适应工业生产发展和复杂科学研究工作需要开展而发展起来的一种科学管理方法，它是目前最先进的计划管理方法。由于这种方法逻辑严密，主要矛盾突出，主要用于进度计划编制和实施控制，有利于计划的优化调整和计算机的应用。我国于 20 世纪 60 年代开始引进和应用这种方法，目前网络计划技术已经广泛应用于投标、签订合同及进度和造价控制。本任务即对网络计划技术进行概要介绍。

一、基本概念

1. 网络图
网络图是指由箭线和节点组成，用来表示工作流程的有向、有序的网状图形。

2. 网络计划
网络计划是指用网络图表达任务构成、工作顺序并加注工作时间参数的进度计划，因此，要提出一项具体工程任务的网络计划安排方案，就必须首先绘制网络图。

3. 网络计划技术

网络计划技术是指利用网络图的形式表达各项工作之间的相互制约和相互依赖关系，并分析其内在规律，从而寻求最优方案的方法。

4. 工艺关系

工艺关系是指生产工艺上客观存在的先后顺序关系，或者是非生产性工作之间由工作程序决定的先后顺序关系。

5. 组织关系

组织关系是指工作之间由于组织安排需要或资源（劳动力、原材料、施工机具等）调配需要而规定的先后顺序关系。

6. 紧前工作

在网络图中，相对于某工作而言，紧排在该工作之前的工作称为该工作的紧前工作。该工作与其紧前工作之间可能存在虚工作。

7. 紧后工作

在网络图中，相对于某工作而言，紧排在该工作之后的工作称为该工作的紧后工作。在双代号网络图中，该工作与其紧后工作之间也可能存在虚工作。

8. 平行工作

在网络图中，相对于某工作而言，可以与该工作同时进行的工作即该工作的平行工作。

9. 先行工作

相对于某工作而言，从网络图的第一个节点（起点节点）开始，顺箭头方向经过一系列箭线与节点到达该工作为止的各条通路上的所有工作，都称为该工作的先行工作。

10. 后续工作

相对于某工作而言，从该工作之后开始，顺箭头方向经过一系列箭线与节点到网络图最后一个节点（终点节点）的各条通路上的所有工作，都称为该工作的后续工作。

二、网络计划的作用和特点

1. 网络计划的作用

（1）利用网络图的形式表达一项工程计划方案中各项工作之间的相互关系和先后顺序关系。

（2）通过网络图各项时间参数的计算，找出计划中的关键工作、关键线路和计算工期。

（3）通过网络计划优化，不断改进网络计划的初始安排，找到最优的方案。

（4）在计划实施过程中采取有效措施对其进行控制，以合理使用资源，高效、优质、低耗地完成预定任务。

2. 网络计划的特点

（1）网络计划的优点。

1）网络图把施工过程中的各有关工作组成了一个有机的整体，能全面而明确地表达出各项工作开展的先后顺序，反映出各项工作之间相互制约和相互依赖的关系。

2）能进行各种时间参数的计算。

3)在名目繁多、错综复杂的计划中找出决定工程进度的关键工作，便于计划管理者集中力量抓主要矛盾，确保工期，避免盲目施工。

4)能够从许多可行方案中选出最优方案。

5)在计划的执行过程中，某一工作由于某种原因推迟或者提前完成时，可以预见它对整个计划的影响程度，而且能根据变化的情况迅速进行调整，保证自始至终对计划进行有效的控制与监督。

6)利用网络计划中反映出的各项工作的时间储备，可以更好地调配人力、物力，以达到降低成本的目的。

7)网络计划技术的出现与发展使现代化的计算工具——计算机，在建筑施工计划管理中得以应用。

(2)网络计划的缺点。

1)表达计划不直观、不形象，从图上很难看出流水作业的情况。

2)很难依据普通网络计划(非时标网络计划)计算资源的日用量，但时标网络计划可以克服这一缺点。

3)编制较难，绘制较麻烦。

三、网络计划的分类

1. 按照绘图符号不同分类

(1)双代号网络计划。双代号网络计划即用双代号网络图表示的网络计划。双代号网络图是以箭线及其两端节点的编号表示工作的网络图。

(2)单代号网络计划。单代号网络计划是指用单代号网络图表示的网络计划。单代号网络图是以节点及其编号表示工作，以箭线表示工作之间逻辑关系的网络图。

2. 按照网络计划目标分类

(1)单目标网络计划。单目标网络计划是指只有一个终点节点的网络计划，即网络图只具有一个最终目标。如一个建筑物的施工进度计划只具有一个工期目标的网络计划。

(2)多目标网络计划。多目标网络计划是指终点节点不止一个的网络计划。此种网络计划具有若干个独立的最终目标。

3. 按照网络计划时间表达方式分类

(1)时标网络计划。时标网络计划是指以时间坐标为尺度绘制的网络计划。在网络图中，每项工作箭线的水平投影长度与其持续时间成正比。如编制资源优化的网络计划即时标网络计划。

(2)非时标网络计划。非时标网络计划是指不按时间坐标绘制的网络计划。在网络图中，工作箭线长度与持续时间无关，可按需要绘制。通常绘制的网络计划都是非时标网络计划。

4. 按照网络计划层次分类

(1)局部网络计划。以一个分部工程或施工段为对象编制的网络计划称为局部网络计划。

(2)单位工程网络计划。以一个单位工程为对象编制的网络计划称为单位工程网络计划。

(3)综合网络计划。以一个建筑项目或建筑群为对象编制的网络计划称为综合网络计划。

5. 按照工作衔接特点分类

(1)普通网络计划。工作间关系均按首尾衔接关系绘制的网络计划称为普通网络计划，如单代号、双代号和概率网络计划。

(2)搭接网络计划。按照各种规定的搭接时距绘制的网络计划称为搭接网络计划，网络图中既能反映各种搭接关系，又能反映相互衔接关系，如前导网络计划。

(3)流水网络计划。充分反映流水施工特点的网络计划称为流水网络计划，包括横道流水网络计划、搭接流水网络计划和双代号流水网络计划。

任务实施

根据上述"相关知识"的内容学习，对网络计划技术的概念、作用、特点和分类有初步的认识。

任务二　双代号网络计划

任务描述

双代号网络图是目前应用较为普遍的一种网络计划形式，它用圆圈、箭线表达计划内所要完成的各项工作的先后顺序和相互关系。其中，箭线表示一个施工过程，施工过程名称写在箭线上方，施工持续时间写在箭线下方；箭尾表示施工过程开始；箭头表示施工过程结束。箭线两端的圆圈称为节点，在节点内进行编号，用箭尾节点号码 i 和箭头节点号码 j 作为这个施工过程的代号，如图 3-1 所示。由于各施工过程均用两个代号表示，所以叫作双代号法，用此办法绘制的网络图叫作双代号网络图。

本任务要求学生掌握绘制双代号网络图的方法，能根据双代号网络图计算时间参数，并完成以下问题。

试按图算法计算图 3-2 所示双代号网络计划的各项时间参数。

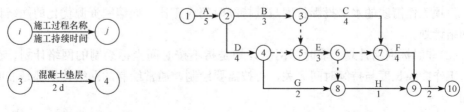

图 3-1　双代号网络图
　　　　的表示方法

图 3-2　双代号网络图

一、双代号网络图的组成

双代号网络图由箭线、节点、节点编号、虚箭线、线路五个基本要素组成。

1. 箭线

(1)箭线的概念。网络图中一端带箭头的实线即箭线,一般可分为内向箭线和外向箭线两种。

(2)箭线的表示方法。

1)在双代号网络图中,一条箭线表示一项工作,如图 3-3 所示。

2)每一项工作都要消耗一定的时间和资源。凡是消耗一定时间的施工过程都可作为一项工作。各施工过程用实箭线表示。

3)箭线的箭尾节点表示一项工作的开始,而箭头节点表示工作的结束。工作的名称(或字母代号)标注在箭线上方,该工作的持续时间标注于箭线下方。如果箭线以垂直线的形式出现,工作的名称通常标注于箭线左方,而工作的持续时间则填写于箭线的右方,如图 3-4 所示。

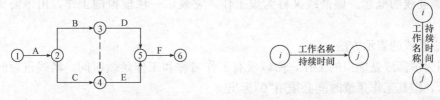

图 3-3　双代号网络图　　　　图 3-4　双代号网络图工作表示法

4)在非时标网络图中,箭线的长度不直接反映工作所占用的时间长短。箭线宜画成水平直线,也可画成折线或斜线。水平直线投影的方向应自左向右,表示工作的进行方向。

(3)箭线的作用。在双代号网络图中,一条箭线表示一项工作,又称为工序、作业或活动,如砌墙、抹灰等。而工作所包括的范围可大可小,既可以是一道工序,也可以是一个分项工程或一个分部工程,甚至是一个单位工程。

2. 节点

(1)节点的概念。在网络图中,箭线的出发和交汇处通常画上圆圈,用以标志该圆圈前面一项或若干项工作的结束和允许后面一项或若干项工作的开始的时间点,称为节点(也称为结点、事件)。

(2)节点的表示方法。

1)在网络图中,节点不同于工作,它只标志着工作的结束和开始的瞬间,具有承上启下的衔接作用,而不需要消耗时间或资源。

2)节点分起点节点、终点节点和中间节点。网络图的第一个节点为起点节点,表示一项计划的开始;网络图的最后一个节点称为终点节点,表示一项计划的结束;其余节点都称为中间节点。任何一个中间节点既是其紧前各施工过程的结束节点,又是其紧后各施工过程的开始节点。

（3）节点的作用。在双代号网络图中，节点代表一项工作的开始或结束，用圆圈表示。

3. 节点编号

（1）节点编号的概念。网络图中的每个节点都要编号。

（2）节点编号的表示方法。

1）节点编号的顺序是：每条箭线的箭尾节点代号 i 必须小于箭头节点代号 j，且所有节点代号都是唯一的，如图 3-5 所示。

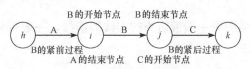

图 3-5　开始节点与结束节点

2）节点编号宜在绘图完成、检查无误后，顺着箭头方向依次进行。当网络图中的箭线均为由左向右和由上至下时，可采取每行由左向右、由上至下逐行编号的水平编号法；也可采取每列由上至下、由左向右逐列编号的垂直编号法。为了便于修改和调整，可隔号编号。

4. 虚箭线

（1）虚箭线的概念。虚箭线又称为虚工作，它表示一项虚拟的工作，用带箭头的虚线表示。

（2）虚箭线的表示方法。

1）因为虚箭线是虚拟的工作，所以没有工作名称和工作延续时间。箭线过短时可用实箭线表示，但其工作延续时间必须用"0"标出。

2）因为虚箭线是虚拟的工作，所以既不消耗时间，也不消耗资源。

（3）虚箭线的作用。虚箭线可起到联系、区分和断路作用，是双代号网络图中表达一些工作之间相互联系、相互制约关系，保证逻辑关系正确的必要手段。

5. 线路

（1）线路的概念。网络图中将从起点节点开始，沿箭头方向顺序通过一系列箭线与节点，最后到达终点节点的通路，称为线路。

（2）线路的表示方法。

1）线路时间是指每条线路都有自己确定的完成时间，它等于该线路上各项工作持续时间的总和。

2）根据每条线路的线路时间长短，网络图的线路可分为关键线路和非关键线路两种。

3）关键线路是指网络图中线路时间最长的线路，其线路时间代表整个网络图的计算总工期。关键线路至少有一条，并以粗箭线或双箭线表示。关键线路上的工作，都是关键工作，关键工作都没有时间储备。

4）在网络图中关键线路有时不止一条，可能同时存在几条关键线路，即这几条线路上的持续时间相同且是线路持续时间的最大值。但从管理的角度出发，为了实行重点管理，一般不希望出现太多的关键线路。

5）关键线路并不是一成不变的。在一定的条件下，关键线路和非关键线路可以相互转化。例如，当采用一定的技术组织措施，缩短了关键线路上各工作的持续时间时就有可能使关键线路发生转移，使原来的关键线路变成非关键线路，而原来的非关键线路就变成关键线路。

6）位于非关键线路的工作，除关键工作外，其余称为非关键工作，它具有机动时间（即时差）。非关键工作也不是一成不变的，它可以转化为关键工作；利用非关键工作的机动时间可以科学、合理地调配资源和对网络计划进行优化。以图 3-6 所示为例，列表计算线路时间，见表 3-1。

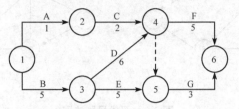

图 3-6　双代号网络示意图

表 3-1　线路时间

序号	线路	线长	序号	线路	线长
1	①→₁②→₂④→₅⑥	8	4	①→₅③→₆④→₀⑤→₃⑥	14
2	①→₁②→₂④→₀⑤→₃⑥	6	5	①→₅③→₅⑤→₃⑥	13
3	①→₅③→₆④→₅⑥	16			

7）由表 3-1 可知，图 3-6 中共有五条线路，其中第三条线路即①——→③——→④——→⑥的时间最长，为 16 d，这条线路即关键线路，该线路上的工作即关键工作。

二、双代号网络图的绘制

1. 双代号网络图绘制的基本原则

在绘制双代号网络图时，一般应遵循以下基本原则：

（1）双代号网络图必须正确表达已定的逻辑关系。由于网络图是有向、有序的网状图形，所以必须严格按照工作之间的逻辑关系绘制，这也是保证工程质量和资源优化配置及合理使用所必需的。例如，已知工作之间的逻辑关系见表 3-2，若绘出网络图 3-7(a)则是错误的，因为工作 A 不是工作 D 的紧前工作。此时，可用虚箭线将工作 A 和工作 D 的联系断开，如图 3-7(b)所示。

表 3-2　逻辑关系

工作	紧前工作
A	—
B	—
C	A、B
D	B

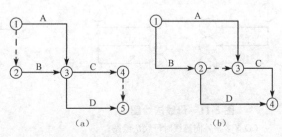

图 3-7　双代号网络图
(a)错误画法；(b)正确画法

(2)在双代号网络图中严禁出现循环回路。在网络图中，从一个节点出发沿着某一条线路移动，又回到原出发节点，即在网络图中出现了闭合的循环路线，称为循环回路。如图 3-8(a)中的②——>③——>⑤——>②，就是循环回路。它所表示的网络图在逻辑关系上是错误的，在工艺关系上是矛盾的。

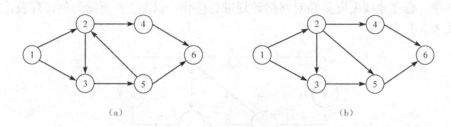

图 3-8　双代号网络图

(a)错误画法；(b)正确画法

(3)双代号网络图中，在节点之间严禁出现双向箭头和无箭头的连线。如图 3-9 所示即错误的工作箭线画法，因为工作进行的方向不明确，所以不能达到网络图有向的要求。

(4)双代号网络图中严禁出现没有箭头节点的箭线或没有箭尾节点的箭线。如图 3-10 所示即错误的工作箭线画法。

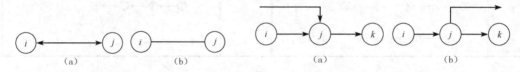

图 3-9　错误的工作箭线画法

(a)双向箭头；(b)无箭头

图 3-10　错误的工作箭线画法

(a)存在没有箭尾节点的箭线；(b)存在没有箭头节点的箭线

(5)当双代号网络图的某些节点有多条外向箭线或多条内向箭线时，在保证一项工作有唯一的一条箭线和对应的一对节点编号的前提下，可使用母线法绘图。当箭线线型不同时，可在从母线上引出的支线上标出，如图 3-11 所示。

(6)绘制网络图时，箭线不宜交叉，当交叉不可避免时，可采用过桥法或指向法，如图 3-12所示。

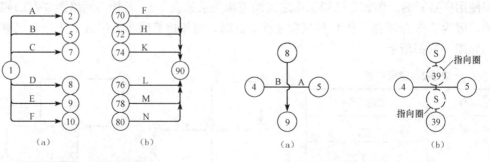

图 3-11　母线法绘图

(a)有多条外向箭线时母线法绘图；

(b)有多条内向箭线时母线法绘图

图 3-12　箭线交叉的表示方法

(a)过桥法；(b)指向法

(7)双代号网络图是由许多条线路组成的、环环相套的封闭图形，应只有一个起点节点，在不分期完成任务的网络图中，应只有一个终点节点，而其他所有节点均是中间节点（既有指向它的箭线，又有背离它的箭线）。如图 3-13(a)所示网络图中有两个起点节点①和②，两个终点节点⑦和⑧。该网络图的正确画法如图 3-13(b)所示，即将节点①和②合并为一个起点节点，将节点⑦和⑧合并为一个终点节点。

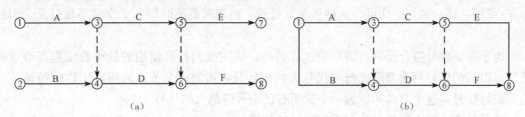

图 3-13　存在多个起点节点和多个终点节点的网络图
(a)错误画法；(b)正确画法

2. 双代号网络图绘制的方法

当已知每项工作的紧前工作时，可按下述步骤绘制双代号网络图。

(1)绘制没有紧前工作的工作箭线，使它们具有相同的开始节点，以保证网络图只有一个起点节点。

(2)依次绘制其他工作箭线。这些工作箭线的绘制条件是其所有紧前工作箭线都已经绘制出来。在绘制这些工作箭线时，应按下列原则进行。

1)当所要绘制的工作只有一项紧前工作时，则将该工作箭线直接画在其紧前工作箭线之后即可。

2)当所要绘制的工作有多项紧前工作时，应按以下四种情况分别予以考虑。

①对于所要绘制的工作(本工作)而言，如果在其紧前工作中存在一项只作为本工作紧前工作的工作(即在紧前工作栏目中，该紧前工作只出现一次)，则应将本工作箭线直接画在该紧前工作箭线之后，然后用虚箭线将其他紧前工作箭线的箭头节点与本工作箭线的箭尾节点分别相连，以表达它们之间的逻辑关系。

②对于所要绘制的工作(本工作)而言，如果在其紧前工作中存在多项只作为本工作紧前工作的工作，应先将这些紧前工作箭线的箭头节点合并，再从合并后的节点开始，画出本工作箭线，最后用虚箭线将其他紧前工作箭线的箭头节点与本工作箭线的箭尾节点分别相连，以表达它们之间的逻辑关系。

③对于所要绘制的工作(本工作)而言，如果不存在情况①和情况②，应判断本工作的所有紧前工作是否都同时作为其他工作的紧前工作(即在紧前工作栏目中，这几项紧前工作是否均同时出现若干次)。如果上述条件成立，应先将这些紧前工作箭线的箭头节点合并，再从合并后的节点开始画出本工作箭线。

④对于所要绘制的工作(本工作)而言，如果既不存在情况①和情况②，也不存在情况③，则应将本工作箭线单独画在其紧前工作箭线之后的中部，然后用虚箭线将其各紧前工作箭线的箭头节点与本工作箭线的箭尾节点分别相连，以表达它们之间的逻辑关系。

(3)当各项工作箭线都绘制出来之后，应合并那些没有紧后工作的工作箭线的箭头节点，以保证网络图只有一个终点节点(多目标网络计划除外)。

(4)按照各道工作的逻辑顺序将网络图绘好以后，就要给节点进行编号。编号的目的是赋予每道工作一个代号，以便于进行网络图时间参数的计算。当采用电子计算机进行计算时，工作代号就显得尤为必要。

编号的基本要求是：箭尾节点的号码应小于箭头节点的号码（即 $i<j$），同时任何号码不得在同一张网络图中重复出现。但是号码可以不连续，即中间可以跳号，如编成 1，3，5，…或10，15，20，…均可。这样做的好处是，将来需要临时加入工作时不致打乱全图的编号。

为了保证编号符合要求，编号应这样进行：先用我们打算使用的最小数编起点节点的代号，以后的编号每次都应比前一代号大，而且只有指向一个节点的所有工作的箭尾节点全部编好代号，这个节点才能编一个比所有已编号码都大的代号。

编号的方法有水平编号法和垂直编号法两种。

1)水平编号法就是从起点节点开始由上到下逐行编号，每行则自左向右按顺序编排，如图 3-14 所示。

2)垂直编号法就是从起点节点开始自左向右逐列编号，每列则根据编号规则的要求，或自上而下，或自下而上，或先上下后中间，或先中间后上下进行编排，如图 3-15 所示。

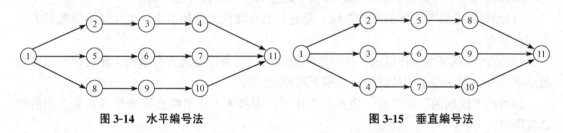

图 3-14　水平编号法　　　　　　　　　　图 3-15　垂直编号法

【小提示】　以上所述是已知每项工作的紧前工作时的绘图方法，当已知每项工作的紧后工作时，也可按类似的方法进行网络图的绘制，只是其绘图顺序由前述的从左向右改为从右向左。

3. 双代号网络图常见错误画法

在双代号网络图绘制过程中，容易出现的错误画法见表 3-3。

表 3-3　双代号网络图常见错误画法

工作约束关系	错误画法	正确画法
A、B、C 都完成后 D 才能开始，C 完成后 E 即可开始		
A、B 都完成后 H 才能开始；B、C、D 都完成后 F 才能开始，C、D 都完成后 G 即可开始		

工作约束关系	错误画法	正确画法
A、B 两项工作，分三段施工	A₁ B₁ / A₂ B₂ / A₃ B₃	A₁ B₁ / A₂ B₂ / A₃ B₃
某混凝土工程，分三段施工	支模1 支模2 支模3 / 扎筋1 扎筋2 扎筋3 / 浇筑1 浇筑2 浇筑3	支模1 支模2 支模3 / 扎筋1 扎筋2 扎筋3 / 浇筑1 浇筑2 浇筑3
装修工程在三个楼层交叉施工	抹灰 油漆 / 抹灰 油漆 / 抹灰 油漆	抹灰 油漆 / 抹灰 油漆 / 抹灰 油漆
A、B、C 三项工作同时开始，都结束后 H 才能开始	A / B / C — H	A / B / C — H

4. 绘制双代号网络图应注意的问题

(1)在保证网络逻辑关系正确的前提下，图面布局要合理，层次要清晰，重点要突出。

(2)密切相关的工作尽可能相邻布置，以减少箭线交叉；当无法避免箭线交叉时，可采用过桥法表示。

(3)尽量采用水平箭线或折线箭线；关键工作及关键线路，要以粗箭线或双箭线表示。

(4)正确使用网络图断路方法，将没有逻辑关系的有关工作用虚工作加以隔断。

(5)为使图面清晰，要尽可能地减少不必要的虚工作。

(6)在正式画图之前，应先画一个草图。对该草图不求整齐美观，只要求工作之间的逻辑关系能够得到正确的表达，线条长短曲直、穿插迂回都可不必计较。经过检查无误之后，就可进行图面的设计。安排好节点的位置，注意箭线的长度，尽量减少交叉，除虚箭线外，所有箭线均采用水平直线或带部分水平直线的折线，保持图面匀称、清晰、美观。最后进行节点编号。

5. 建筑工程施工网络图的排列方法

为使网络计划能更确切地反映建筑工程施工特点，绘图时可根据不同的工程情况、施工组织和使用要求灵活排列，以简化层次，使各项工作在工艺上和组织上的逻辑关系更清晰，便于计算和调整。建筑工程施工网络图主要有以下几种排列方法：

(1)混合排列法。混合排列法是根据施工顺序和逻辑关系将各施工过程对称排列，如图 3-16 所示。

(2)按施工段排列法。按施工段排列法是将同一施工段的各项工作排列在同一水平线上的方法，如图 3-17 所示。此时网络计划突出表示工作面的连续或工作队的连续。

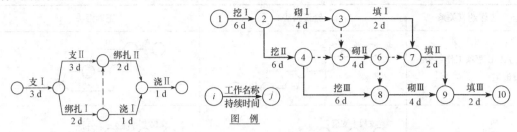

图 3-16　混合排列法示意图　　　　图 3-17　按施工段排列法示意图

(3)按施工层排列法。如果在流水作业中，若干个不同工种工作沿着建筑物的楼层展开时，可以把同一楼层的各项工作排在同一水平线上。图 3-18 所示为内装修工程的三项工作按施工层(以楼层为施工层)自上而下的流向进行施工的网络图。

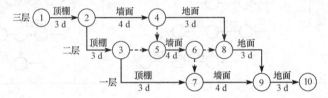

图 3-18　按施工层排列法示意图

(4)按工种排列法。按工种排列法是将同一工种的各项工作排列在同一水平方向上的方法，如图 3-19 所示。此时网络计划突出表示工种的连续作业。

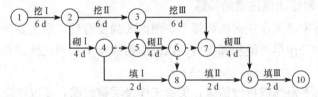

图 3-19　按工种排列法示意图

必须指出，上述几种排列方法往往在一个单位工程的施工进度网络计划中同时出现。此外，还有按施工或专业单位排列法、按栋号排列法、按分部工程排列法等。原理与前面几种排列法一样，在此不一一赘述。在实际工作中，可以按使用要求灵活地选用以上几种网络计划的排列方法。

6. 双代号网络图画法举例

【例 3-1】　根据表 3-4 中各施工过程的逻辑关系，绘制双代号网络图。

表 3-4　某工程各施工过程的逻辑关系

施工过程名称	A	B	C	D	E	F	G	H
紧前过程	—	—	—	A	A、B	A、B、C	D、E	E、F
紧后过程	D、E、F	E、F	F	G	G、H	H	I	I

【解】　绘制该网络图，可按下面要点进行：

(1)由于 A、B、C 均无紧前工作，A、B、C 必然为平行开工的三个过程。

(2)D 只受 A 控制，E 同时受 A、B 控制，F 同时受 A、B、C 控制，故 D 可直接排在 A 后，E 排在 B 后，但用虚箭线与 A 相连，F 排在 C 后，用虚箭线与 A、B 相连。

(3)G 在 D 后，但又受控于 E，故 E 与 G 应用虚箭线相连，H 在 F 后，但也受控于 E，故 E 与 H 应用虚箭线相连。

(4)G、H 交汇于 I。

综上所述，绘出其网络图，如图 3-20 所示。

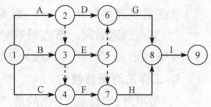

图 3-20　网络图的绘制

三、双代号网络计划时间参数计算

双代号网络计划时间参数计算的目的在于，通过计算各项工作的时间参数，确定网络计划的关键工作、关键线路和计算工期。只有确定关键线路，在工作中才能抓住主要矛盾，向关键线路要时间；计算非关键线路上的富余时间，明确其存在多少机动时间，向非关键线路要劳动力、要资源；为网络计划的优化、调整和执行提供明确的时间参数和依据。双代号网络计划时间参数的计算方法很多，一般常用的有按工作计算法和按节点计算法；在计算方式上又有分析计算法、图上计算法、表上计算法、矩阵计算法和计算机计算法等。

(一)时间参数的基本概念

1. 工作持续时间

工作持续时间是指一项工作从开始到完成的时间。在双代号网络计划中，工作 $i-j$ 的持续时间用 D_{i-j} 表示。

2. 工期

工期泛指完成一项任务所需要的时间。在网络计划中，工期一般有以下三种：

(1)计算工期。计算工期是根据网络计划时间参数计算而得到的工期，用 T_c 表示。

(2)要求工期。要求工期是任务委托人所提出的指令性工期，用 T_r 表示。

(3)计划工期。计划工期是指根据要求工期和计算工期所确定的作为实施目标的工期，用 T_p 表示。

1)当已规定了要求工期时，计划工期不应超过要求工期，即

$$T_p \leqslant T_r$$

2)当未规定要求工期时，可令计划工期等于计算工期，即

$$T_p = T_c$$

3. 时间参数的计算内容

(1)节点时间计算：逐一计算每个节点的最早和最迟时间(时刻)，同时得到计划总工期，包括两种时间参数的计算。

(2)工作时间计算：逐一计算每项工作的最早与最迟开始时间(时刻)和最早与最迟完成时间(时刻)，包括四种时间参数的计算。

(3)时差(机动时间)计算：时差有多种类型，本书介绍工作总时差和工作自由时差的计算。

4. 节点的两个时间参数

(1)节点最早时间。节点最早时间是指在双代号网络计划中，以该节点为开始节点的各项工作的最早开始时间。节点 i 的最早时间用 ET_i 表示。

(2)节点最迟时间。节点最迟时间是指在双代号网络计划中，以该节点为完成节点的各项工作的最迟完成时间。节点 i 的最迟时间用 LT_i 表示。

5. 工作的时间参数

(1)最早开始时间。工作的最早开始时间是指在其所有紧前工作全部完成后，本工作有可能开始的最早时刻。工作 $i-j$ 的最早开始时间用 ES_{i-j} 表示。

(2)最早完成时间。工作的最早完成时间是指在其所有紧前工作全部完成后，本工作有可能完成的最早时刻。工作的最早完成时间等于本工作的最早开始时间与其持续时间之和。工作 $i-j$ 的最早完成时间用 EF_{i-j} 表示。

(3)最迟完成时间。工作的最迟完成时间是指在不影响整个任务按期完成的前提下，本工作必须完成的最迟时刻。工作 $i-j$ 的最迟完成时间用 LF_{i-j} 表示。

(4)最迟开始时间。工作的最迟开始时间是指在不影响整个任务按期完成的前提下，本工作必须开始的最迟时刻。工作的最迟开始时间等于本工作的最迟完成时间与其持续时间之差。工作 $i-j$ 的最迟开始时间用 LS_{i-j} 表示。

(5)总时差。工作的总时差是指在不影响总工期的前提下，本工作可以利用的机动时间。但是在网络计划的执行过程中，如果利用某项工作的总时差，则有可能使该工作后续工作的总时差减小。工作 $i-j$ 的总时差用 TF_{i-j} 表示。

(6)自由时差。工作的自由时差是指在不影响其紧后工作最早开始时间的前提下，本工作可以利用的机动时间。在网络计划的执行过程中，工作的自由时差是该工作可以自由使用的时间。工作 $i-j$ 的自由时差用 FF_{i-j} 表示。

(二)时间参数的计算方法

1. 分析计算法

分析计算法是根据各项时间参数计算公式，列式计算时间参数的方法。

(1)节点时间参数的计算。

1)节点最早时间(ET)的计算。节点最早时间是指从该节点开始的各工作可能的最早开始时间，等于以该节点为结束点的各工作可能最早完成时间的最大值。节点最早时间可以统一表明以该节点为开始节点的所有工作最早的可能开工时间。

节点 i 的最早时间 ET_i 应从网络计划的起点节点开始，顺着箭线方向，依次逐项计算，并应符合下列规定。

①起点节点 i 如未规定最早时间 ET_i，其值应等于零，即

$$ET_i = 0 \, (i=1) \tag{3-1}$$

②当节点 j 只有一条内向箭线时，其最早时间为

$$ET_j = ET_i + D_{i-j} \tag{3-2}$$

③当节点 j 有多条内向箭线时，其最早时间 ET_j 应为

$$ET_j = \max\{ET_i + D_{i-j}\} \tag{3-3}$$

式中　　ET_i——工作 $i-j$ 的开始节点 i 的最早时间；

ET_j——工作 $i-j$ 的完成节点 j 的最早时间；

D_{i-j}——工作 $i-j$ 的持续时间。

2)节点最迟时间(LT)的计算。节点最迟时间是指以某一节点为结束点的所有工作必须全部完成的最迟时间,也就是在不影响计划总工期的条件下,该节点必须完成的时间。由于它可以统一表示到该节点结束的任一工作必须完成的最迟时间,但却不能统一表示从该节点开始的各不同工作最迟必须开始的时间,所以也可以把它看作节点的各紧前工作最迟必须完成的时间。

①节点 i 的最迟时间 LT_i 应从网络计划的终点节点开始,逆着箭线方向依次逐项计算,当部分工作分期完成时,有关节点的最迟时间必须从分期完成节点开始逆向逐项计算。

②终点节点 n 的最迟时间应按网络计划的计划工期 T_p 确定,即

$$LT_n = T_p \tag{3-4}$$

分期完成节点的最迟时间应等于该节点规定的分期完成时间。

③其他节点 i 的最迟时间 LT_i 应为

$$LT_i = \min\{LT_j - D_{i-j}\} \tag{3-5}$$

式中　LT_i——工作 $i-j$ 开始节点 i 的最迟时间;

　　　LT_j——工作 $i-j$ 完成节点 j 的最迟时间;

　　　D_{i-j}——工作 $i-j$ 的持续时间。

(2)工作时间参数的计算。工作时间是指各工作的开始时间和完成时间。其共有四个参数,即最早可能开始时间、最早可能完成时间、最迟必须开始时间、最迟必须完成时间。

工作时间是以工作为对象计算的。计算工作时间必须包括网络图中的所有工作,对虚工作最好也进行计算,否则容易产生错误,给以后分析时差带来不便。

1)工作最早开始时间(ES)的计算。工作最早开始时间是指各紧前工作(紧排在本工作之前的工作)全部完成后,本工作有可能开始的最早时刻。工作 $i-j$ 的最早开始时间 ES_{i-j} 的计算应符合下列规定。

①工作 $i-j$ 的最早开始时间 ES_{i-j} 应从网络计划的起点节点开始,顺着箭线方向依次逐项计算。

②以起点节点 i 为箭尾节点的工作 $i-j$,当未规定其最早开始时间 ES_{i-j} 时,其值应等于零,即

$$ES_{i-j} = 0 \ (i=1) \tag{3-6}$$

③当工作 $i-j$ 只有一项紧前工作 $h-i$ 时,其最早开始时间 ES_{i-j} 应为

$$ES_{i-j} = ES_{h-i} + D_{h-i} \tag{3-7}$$

④当工作 $i-j$ 有多项紧前工作时,其最早开始时间 ES_{i-j} 为

$$ES_{i-j} = \max\{ES_{h-i} + D_{h-i}\} \tag{3-8}$$

式中　ES_{i-j}——工作 $i-j$ 的最早开始时间;

　　　ES_{h-i}——工作 $i-j$ 的紧前工作 $h-i$ 的最早开始时间;

　　　D_{h-i}——工作 $i-j$ 的紧前工作 $h-i$ 的持续时间。

2)工作最早完成时间(EF)的计算。工作最早完成时间是指各紧前工作完成后,本工作有可能完成的最早时刻。工作 $i-j$ 的最早完成时间 EF_{i-j} 应按下式进行计算:

$$EF_{i-j} = ES_{i-j} + D_{i-j} \tag{3-9}$$

3)工作最迟完成时间(LF)的计算。工作最迟完成时间是指在不影响整个任务按期完成的前提下,工作必须完成的最迟时刻。

①工作 $i-j$ 的最迟完成时间 LF_{i-j} 应从网络计划的终点节点开始，逆着箭线方向依次逐项计算。

②以终点节点 $(j=n)$ 为箭头节点的工作最迟完成时间 LF_{i-n}，应按网络计划的计划工期 T_p 确定，即

$$LF_{i-n}=T_p \tag{3-10}$$

③其他工作 $i-j$ 的最迟完成时间 LF_{i-j} 应按下式计算：

$$LF_{i-j}=\min\{LF_{j-k}-D_{j-k}\} \tag{3-11}$$

式中 LF_{j-k}——工作 $i-j$ 的各项紧后工作 $j-k$ 的最迟完成时间；

D_{j-k}——工作 $i-j$ 的各项紧后工作(紧排在本工作之后的工作)的持续时间。

4)工作最迟开始时间(LS)的计算。工作最迟开始时间是指在不影响整个任务按期完成的前提下，工作必须开始的最迟时刻。工作 $i-j$ 的最迟开始时间 LS_{i-j} 应按下式计算：

$$LS_{i-j}=LF_{i-j}-D_{i-j} \tag{3-12}$$

(3)时差计算。时差就是一项工作在施工过程中可以灵活机动使用而又不致影响总工期的一段时间。在双代号网络图中，节点是前后工作的交接点，它本身是不占用任何时间的，所以也就无时差可言。所谓时差，就是指工作的时差，只有工作才有时差。任何一个工作都只能在下述两个条件所限制的时间范围内活动：工作有了应有的工作面和人力、设备，因而有了可能开始工作的条件；工作的最后完工不致影响其紧后工作按时完工，从而得以保证整个工作按期完成。

下面介绍较常用的工作总时差和自由时差的计算。

1)总时差(TF)的计算。在网络图中，工作只能在最早开始时间与最迟完成时间内活动。在这段时间内，除了满足本工作作业时间所需之外还可能有富余的时间，这些富余的时间是工作可以灵活机动使用的总时间，称为工作的总时差。由此可知，工作的总时差是不影响本工作按最迟开始时间开工而形成的机动时间，其计算公式为

$$TF_{i-j}=LF_{i-j}-EF_{i-j}=LS_{i-j}-ES_{i-j}$$
$$=LT_j-(ET_i+D_{i-j}) \tag{3-13}$$

式中 TF_{i-j}——工作 $i-j$ 的总时差。

其余符号意义同前。

2)自由时差(FF)的计算。自由时差就是在不影响其紧后工作最早开始时间的条件下，某工作所具有的机动时间。某工作利用自由时差，变动其开始时间或增加其工作持续时间均不影响其紧后工作的最早开始时间。工作自由时差的计算应按以下两种情况分别考虑。

①对于有紧后工作的工作，其自由时差等于本工作的紧后工作最早开始时间与本工作最早完成时间之差的最小值，即

$$FF_{i-j}=\min\{ES_{j-k}-EF_{i-j}\}$$
$$=\min\{ES_{j-k}-ES_{i-j}-D_{i-j}\} \tag{3-14}$$

式中 FF_{i-j}——工作 $i-j$ 的自由时差。

其余符号意义同前。

②对于无紧后工作的工作，也就是以网络计划终点节点为完成节点的工作，其自由时差等于计划工期与本工作最早完成时间之差，即

$$FF_{i-n}=T_p-EF_{i-n}=T_p-ES_{i-n}-D_{i-n} \tag{3-15}$$

式中 FF_{i-n}——以网络计划终点节点 n 为完成节点的工作 $i-n$ 的自由时差；

T_p——网络计划的计划工期；

EF_{i-n}——以网络计划终点节点 n 为完成节点的工作 $i-n$ 的最早完成时间；

ES_{i-n}——以网络计划终点节点 n 为完成节点的工作 $i-n$ 的最早开始时间；

D_{i-n}——以网络计划终点节点 n 为完成节点的工作 $i-n$ 的持续时间。

【小提示】 对于网络计划中以终点节点为完成节点的工作，其自由时差与总时差相等。此外，由于工作的自由时差是其总时差的构成部分，所以，当工作的总时差为零时，其自由时差必然为零，可不必进行专门计算。

（4）关键工作和关键线路的确定。在网络计划中，总时差最小的工作应为关键工作。当计划工期等于计算工期时，总时差为零（$TF_{i-j}=0$）的工作为关键工作。

在网络计划中，自始至终全部由关键工作组成的线路或线路上总的工作持续时间最长的线路应为关键线路。在关键线路上可能有虚工作存在。

关键线路在网络图上应用粗线、双线或彩色线标注。关键线路上各项工作的持续时间总和应等于网络计划的计算工期，这一特点也是判断关键线路是否正确的准则。

（5）分析计算法示例。

【例 3-2】 某工程由挖基槽、砌基础和回填土三个分项工程组成，它在平面上划分为Ⅰ、Ⅱ、Ⅲ三个施工段，各分项工程在各个施工段的持续时间如图 3-21 所示。试计算该网络图的各项时间参数。

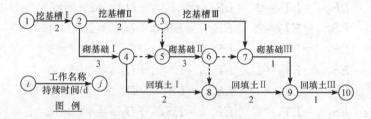

图 3-21 某工程双代号网络图

【解】 1）计算 ET_i。假定 $ET_1=0$，按式（3-2）、式（3-3）可得

$$ET_2=ET_1+D_{1-2}=0+2=2$$

$$ET_3=ET_2+D_{2-3}=2+2=4$$

$$ET_4=ET_2+D_{2-4}=2+3=5$$

$$ET_5=\max\begin{Bmatrix}ET_3+D_{3-5}\\ET_4+D_{4-5}\end{Bmatrix}=\max\begin{Bmatrix}4+0\\5+0\end{Bmatrix}=5$$

$$ET_6=ET_5+D_{5-6}=5+3=8$$

$$ET_7=\max\begin{Bmatrix}ET_3+D_{3-7}\\ET_6+D_{6-7}\end{Bmatrix}=\max\begin{Bmatrix}4+1\\8+0\end{Bmatrix}=8$$

$$ET_8=\max\begin{Bmatrix}ET_4+D_{4-8}\\ET_6+D_{6-8}\end{Bmatrix}=\max\begin{Bmatrix}5+2\\8+0\end{Bmatrix}=8$$

$$ET_9=\max\begin{Bmatrix}ET_7+D_{7-9}\\ET_8+D_{8-9}\end{Bmatrix}=\max\begin{Bmatrix}8+1\\8+2\end{Bmatrix}=10$$

$$ET_{10}=ET_9+D_{9-10}=10+1=11$$

2)计算LT_i。因本计划无规定工期，所以假定$LT_{10}=ET_{10}=11$，按式(3-5)可得

$$LT_9=LT_{10}-D_{9-10}=11-1=10$$

$$LT_8=LT_9-D_{8-9}=10-2=8$$

$$LT_7=LT_9-D_{7-9}=10-1=9$$

$$LT_6=\min\begin{Bmatrix}LT_7-D_{6-7}\\LT_8-D_{6-8}\end{Bmatrix}=\min\begin{Bmatrix}9-0\\8-0\end{Bmatrix}=8$$

$$LT_5=LT_6-D_{5-6}=8-3=5$$

$$LT_4=\min\begin{Bmatrix}LT_5-D_{4-5}\\LT_8-D_{4-8}\end{Bmatrix}=\min\begin{Bmatrix}5-0\\8-2\end{Bmatrix}=5$$

$$LT_3=\min\begin{Bmatrix}LT_7-D_{3-7}\\LT_5-D_{3-5}\end{Bmatrix}=\min\begin{Bmatrix}9-1\\5-0\end{Bmatrix}=5$$

$$LT_2=\min\begin{Bmatrix}LT_3-D_{2-3}\\LT_4-D_{2-4}\end{Bmatrix}=\min\begin{Bmatrix}5-2\\5-3\end{Bmatrix}=2$$

$$LT_1=LT_2-D_{1-2}=2-2=0$$

3)计算工作时间参数ES_{i-j}、EF_{i-j}、LF_{i-j}和LS_{i-j}。分别按式(3-6)~式(3-12)计算可得：

工作 1—2： $ES_{1-2}=ET_1=0$ $EF_{1-2}=ES_{1-2}+D_{1-2}=0+2=2$

$LF_{1-2}=LT_2=2$ $LS_{1-2}=LF_{1-2}-D_{1-2}=2-2=0$

工作 2—3： $ES_{2-3}=ET_2=2$ $EF_{2-3}=ES_{2-3}+D_{2-3}=2+2=4$

$LF_{2-3}=LT_3=5$ $LS_{2-3}=LF_{2-3}-D_{2-3}=5-2=3$

工作 2—4： $ES_{2-4}=ET_2=2$ $EF_{2-4}=ES_{2-4}+D_{2-4}=2+3=5$

$LF_{2-4}=LT_4=5$ $LS_{2-4}=LF_{2-4}-D_{2-4}=5-3=2$

工作 3—5： $ES_{3-5}=ET_3=4$ $EF_{3-5}=ES_{3-5}+D_{3-5}=4+0=4$

$LF_{3-5}=LT_5=5$ $LS_{3-5}=LF_{3-5}-D_{3-5}=5-0=5$

工作 3—7： $ES_{3-7}=ET_3=4$ $EF_{3-7}=ES_{3-7}+D_{3-7}=4+1=5$

$LF_{3-7}=LT_7=9$ $LS_{3-7}=LF_{3-7}-D_{3-7}=9-1=8$

工作 4—5： $ES_{4-5}=ET_4=5$ $EF_{4-5}=ES_{4-5}+D_{4-5}=5+0=5$

$LF_{4-5}=LT_5=5$ $LS_{4-5}=LF_{4-5}-D_{4-5}=5-0=5$

工作 4—8： $ES_{4-8}=ET_4=5$ $EF_{4-8}=ES_{4-8}+D_{4-8}=5+2=7$

$LF_{4-8}=LT_8=8$ $LS_{4-8}=LF_{4-8}-D_{4-8}=8-2=6$

工作 5—6： $ES_{5-6}=ET_5=5$ $EF_{5-6}=ES_{5-6}+D_{5-6}=5+3=8$

$LF_{5-6}=LT_6=8$ $LS_{5-6}=LF_{5-6}-D_{5-6}=8-3=5$

工作 6—7： $ES_{6-7}=ET_6=8$ $EF_{6-7}=ES_{6-7}+D_{6-7}=8+0=8$

$LF_{6-7}=LT_7=9$ $LS_{6-7}=LF_{6-7}-D_{6-7}=9-0=9$

工作 6—8： $ES_{6-8}=ET_6=8$ $EF_{6-8}=ES_{6-8}+D_{6-8}=8+0=8$

$LF_{6-8}=LT_8=8$ $LS_{6-8}=LF_{6-8}-D_{6-8}=8-0=8$

工作 7—9： $ES_{7-9}=ET_7=8$ $EF_{7-9}=ES_{7-9}+D_{7-9}=8+1=9$

$LF_{7-9}=LT_9=10$ $LS_{7-9}=LF_{7-9}-D_{7-9}=10-1=9$

工作 8—9： $ES_{8-9}=ET_8=8$ $EF_{8-9}=ES_{8-9}+D_{8-9}=8+2=10$

$LF_{8-9}=LT_9=10$ $LS_{8-9}=LF_{8-9}-D_{8-9}=10-2=8$

工作 9—10：$ES_{9-10}=ET_9=10$ $EF_{9-10}=ES_{9-10}+D_{9-10}=10+1=11$

$LF_{9-10}=LT_{10}=11$ $LS_{9-10}=LF_{9-10}-D_{9-10}=11-1=10$

4）计算总时差 TF_{i-j} 和自由时差 FF_{i-j}。按式(3-13)和式(3-14)可得：

工作 1—2：$TF_{1-2}=LS_{1-2}-ES_{1-2}=2-2=0$

$FF_{1-2}=ET_2-EF_{1-2}=2-2=0$

工作 2—3：$TF_{2-3}=LS_{2-3}-ES_{2-3}=3-2=1$

$FF_{2-3}=ET_3-EF_{2-3}=4-4=0$

工作 2—4：$TF_{2-4}=LS_{2-4}-ES_{2-4}=2-2=0$

$FF_{2-4}=ET_4-EF_{2-4}=5-5=0$

工作 3—5：$TF_{3-5}=LS_{3-5}-ES_{3-5}=5-4=1$

$FF_{3-5}=ET_5-EF_{3-5}=5-4=1$

工作 3—7：$TF_{3-7}=LS_{3-7}-ES_{3-7}=8-4=4$

$FF_{3-7}=ET_7-EF_{3-7}=8-5=3$

工作 4—5：$TF_{4-5}=LS_{4-5}-ES_{4-5}=5-5=0$

$FF_{4-5}=ET_5-ET_{4-5}=5-5=0$

工作 4—8：$TF_{4-8}=LS_{4-8}-ES_{4-8}=6-5=1$

$FF_{4-8}=ET_8-EF_{4-8}=8-7=1$

工作 5—6：$TF_{5-6}=LS_{5-6}-ES_{5-6}=5-5=0$

$FF_{5-6}=ET_6-EF_{5-6}=8-8=0$

工作 6—7：$TF_{6-7}=LS_{6-7}-ES_{6-7}=9-8=1$

$FF_{6-7}=ET_7-EF_{6-7}=8-8=0$

工作 6—8：$TF_{6-8}=LS_{6-8}-ES_{6-8}=8-8=0$

$FF_{6-8}=ET_8-EF_{6-8}=8-8=0$

工作 7—9：$TF_{7-9}=LS_{7-9}-ES_{7-9}=9-8=1$

$FF_{7-9}=ET_9-EF_{7-9}=10-9=1$

工作 8—9：$TF_{8-9}=LS_{8-9}-ES_{8-9}=8-8=0$

$FF_{8-9}=ET_9-EF_{8-9}=10-10=0$

工作 9—10：$TF_{9-10}=LS_{9-10}-ES_{9-10}=10-10=0$

$FF_{9-10}=ET_{10}-EF_{9-10}=11-11=0$

5）判断关键工作和关键线路。由 $TF_{i-j}=0$ 可知，工作 1—2、工作 2—4、虚工作 4—5、工作 5—6、虚工作 6—8、工作 8—9、工作 9—10 为关键工作，由这些关键工作所组成的线路①→②→④→⑤→⑥→⑧→⑨→⑩为关键线路。

6）确定计划总工期：$T=ET_n=LT_n=11$ d。

2. 图上计算法

图上计算法简称图算法，是指按照各项时间参数计算公式的程序，直接在网络图上计算时间参数的方法。由于计算过程在网络图上直接进行，无须列计算公式，既快捷又不易出错，计算结果直接标注在网络图上，一目了然，同时也便于检查和修改，因此比较常用。

（1）各种时间参数在图上的表示方法。节点时间参数通常标注在节点的上方或下方，其标注方法如图 3-22(a)所示。工作时间参数通常标注在工作箭线的上方或左侧，如图 3-22(b)所示。

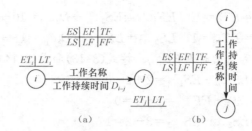

图 3-22　双代号网络图时间参数标注方法

(a)节点时间参数标准；(b)工作时间参数标准

(2)计算方法。

1)计算节点最早时间(ET)。与分析计算法一样，从起点节点顺着箭头方向逐节点计算，起点节点的最早时间规定为零，其他节点的最早时间可采用"沿线累加、逢圈取大"的计算方法。也就是从网络的起点节点开始，沿着每条线路将各工作的作业时间累加起来，在每个圆圈(即节点)处选取到达该圆圈的各条线路累计时间的最大值，这个最大值就是该节点最早的开始时间。终点节点的最早时间是网络图的计划工期，为醒目起见，将计划工期标在终点节点边的方框中。

2)计算节点最迟时间(LT)。与分析计算法一样，从终点节点逆着箭头方向逐节点计算，终点节点最迟时间等于网络图的计划工期，其他节点的最迟时间可采用"逆线累减、逢圈取小"的计算方法。也就是从网络图的终点节点开始逆着每条线路将计划总工期依次减去各工作的作业时间，在每个圆圈处取其后续线路累减时间的最小值，就是该节点的最迟时间。

3)工作时间参数与时差的计算方法与分析计算法相同，计算时将计算结果填入图中相应位置即可。

(3)计算时间参数。

1)计算工作的最早开始时间和最早完成时间。工作最早开始时间和最早完成时间的计算应从网络计划的起点节点开始，顺着箭线方向依次进行，其计算步骤如下：

①以网络计划起点节点为开始节点的工作，当未规定其最早开始时间时，其最早开始时间为零。

②工作的最早完成时间可利用式(3-16)进行计算：

$$EF_{i-j} = ES_{i-j} + D_{i-j} \tag{3-16}$$

式中　EF_{i-j}——工作 $i-j$ 的最早完成时间；

　　　ES_{i-j}——工作 $i-j$ 的最早开始时间；

　　　D_{i-j}——工作 $i-j$ 的持续时间。

③其他工作的最早开始时间应等于其紧前工作(包括虚工作)最早完成时间的最大值，按式(3-17)计算：

$$ES_{i-j} = \max\{EF_{h-i}\} = \max\{ES_{h-i} + D_{h-i}\} \tag{3-17}$$

式中　ES_{i-j}——工作 $i-j$ 的最早开始时间；

　　　EF_{h-i}——工作 $i-j$ 的紧前工作 $h-i$ 的最早完成时间；

　　　ES_{h-i}——工作 $i-j$ 的紧前工作 $h-i$ 的最早开始时间；

　　　D_{h-i}——工作 $i-j$ 的紧前工作 $h-i$ 的持续时间。

④网络计划的计算工期应等于以网络计划终点节点为完成节点的工作的最早完成时间的最大值，按式(3-18)计算：

$$T_c = \max\{EF_{i-n}\} = \max\{ES_{i-n} + D_{i-n}\} \tag{3-18}$$

式中　T_c——网络计划的计算工期；

　　　EF_{i-n}——以网络计划终点节点 n 为完成节点的工作的最早完成时间；

　　　ES_{i-n}——以网络计划终点节点 n 为完成节点的工作的最早开始时间；

　　　D_{i-n}——以网络计划终点节点 n 为完成节点的工作的持续时间。

2)确定网络计划的计划工期。网络计划的计划工期应按式 $T_p \leqslant T_r$ 或 $T_p = T_c$ 确定。

3)计算工作的最迟完成时间和最迟开始时间。工作最迟完成时间和最迟开始时间的计算应从网络计划的终点节点开始，逆着箭线方向依次进行，其计算步骤如下：

①以网络计划终点节点为完成节点的工作，其最迟完成时间等于网络计划的计划工期，按式(3-19)计算：

$$LF_{i-n} = T_p \tag{3-19}$$

式中　LF_{i-n}——以网络计划终点节点 n 为完成节点的工作最迟完成时间；

　　　T_p——网络计划的计划工期。

②工作的最迟开始时间可利用式(3-20)进行计算：

$$LS_{i-j} = LF_{i-j} - D_{i-j} \tag{3-20}$$

式中　LS_{i-j}——工作 $i-j$ 的最迟开始时间；

　　　LF_{i-j}——工作 $i-j$ 的最迟完成时间；

　　　D_{i-j}——工作 $i-j$ 的持续时间。

③其他工作的最迟完成时间应等于其紧后工作(包括虚工作)最迟开始时间的最小值，即

$$LF_{i-j} = \min\{LS_{j-k}\} = \min\{LF_{j-k} - D_{j-k}\} \tag{3-21}$$

式中　LF_{i-j}——工作 $i-j$ 的最迟完成时间；

　　　LS_{j-k}——工作 $i-j$ 的紧后工作 $j-k$ 的最迟开始时间；

　　　LF_{j-k}——工作 $i-j$ 的紧后工作 $j-k$ 的最迟完成时间；

　　　D_{j-k}——工作 $i-j$ 的紧后工作 $j-k$ 的持续时间。

4)计算工作的总时差。工作的总时差是指在不影响总工期的前提下，本工作可以利用的机动时间。

工作的总时差等于该工作最迟完成时间与最早完成时间之差，或该工作最迟开始时间与最早开始时间之差，按式(3-22)计算：

$$TF_{i-j} = LF_{i-j} - EF_{i-j} = LS_{i-j} - ES_{i-j} \tag{3-22}$$

式中　TF_{i-j}——工作 $i-j$ 的总时差。

其余符号同前。

5)计算工作的自由时差。工作的自由时差是指在不影响其紧后工作最早开始时间的前提下，本工作可以利用的机动时间。工作自由时差的计算应按以下两种情况分别考虑。

①对于有紧后工作的工作，其自由时差等于本工作之紧后工作最早开始时间减本工作最早完成时间之差，即

$$FF_{i-j} = ES_{j-k} - EF_{i-j} = ES_{j-k} - ES_{i-j} - D_{i-j} \tag{3-23}$$

式中　FF_{i-j}——工作 $i-j$ 的自由时差；

ES_{j-k}——工作 $i-j$ 的紧后工作 $j-k$ 的最早开始时间；

EF_{i-j}——工作 $i-j$ 的最早完成时间；

ES_{i-j}——工作 $i-j$ 的最早开始时间；

D_{i-j}——工作 $i-j$ 的持续时间。

②对于无紧后工作的工作，也就是以网络计划终点节点为完成节点的工作，其自由时差等于计划工期与本工作最早完成时间之差，即

$$FF_{i-n}=T_p-EF_{i-n}=T_p-ES_{i-n}-D_{i-n} \tag{3-24}$$

式中　FF_{i-n}——以网络计划终点节点 n 为完成节点的工作 $i-n$ 的自由时差；

　　　T_p——网络计划的计划工期；

　　　EF_{i-n}——以网络计划终点节点 n 为完成节点的工作 $i-n$ 的最早完成时间。

其余符号同前。

需要指出的是，对于网络计划中以终点节点为完成节点的工作，其自由时差与总时差相等。此外，由于工作的自由时差是其总时差的构成部分，所以，当工作的总时差为零时，其自由时差必然为零，可不必进行专门计算。

6)确定关键工作和关键线路。在网络图计划中，总时差最小的工作为关键工作。当网络计划的计划工期等于计算工期时，总时差为零的工作就是关键工作。

找出关键工作之后，将这些关键工作首尾相连，便至少构成一条从起点节点到终点节点的通路，通路上各项工作的持续时间总和最大的就是关键线路。在关键线路上可能有虚工作存在。

关键线路一般用粗箭线或双线箭线标出，也可以用彩色箭线标出。关键线路上各项工作的持续时间总和应等于网络计划的计算工期，这一特点也是判别关键线路是否正确的准则。

(4)图上计算法示例。

【例 3-3】 按图上计算法计算图 3-23 所示的双代号网络计划的各项时间参数。

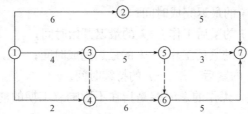

图 3-23　双代号网络计划

【解】 1)计算工作的最早开始时间和最早完成时间。

①工作 1—2、工作 1—3 和工作 1—4 的最早开始时间都为零，即

$$ES_{1-2}=ES_{1-3}=ES_{1-4}=0$$

②工作 1—2、工作 1—3 和工作 1—4 的最早完成时间分别为

工作 1—2：$EF_{1-2}=ES_{1-2}+D_{1-2}=0+6=6$

工作 1—3：$EF_{1-3}=ES_{1-3}+D_{1-3}=0+4=4$

工作 1—4：$EF_{1-4}=ES_{1-4}+D_{1-4}=0+2=2$

③工作 3—5 和工作 4—6 的最早开始时间分别为

$$ES_{3-5}=EF_{1-3}=4$$

$$ES_{4-6}=\max\{EF_{3-4}, EF_{1-4}\}=\{4, 2\}=4$$

④网络计划的计算工期为

$$T_c = \max\{EF_{2-7}, EF_{5-7}, EF_{6-7}\} = \max\{11, 12, 15\} = 15$$

2)确定网络计划的计划工期。假设未规定要求工期，则其计划工期就等于计算工期，即

$$T_p = T_c = 15$$

计划工期应标注在网络计划终点节点的右上方，如图 3-23 所示。

3)计算工作的最迟完成时间和最迟开始时间。

①工作 2—7、工作 5—7 和工作 6—7 的最迟完成时间为

$$LF_{2-7} = LF_{5-7} = LF_{6-7} = T_p = 15$$

②工作 2—7、工作 5—7 和工作 6—7 的最迟开始时间分别为

$$LS_{2-7} = LF_{2-7} - D_{2-7} = 15 - 5 = 10$$
$$LS_{5-7} = LF_{5-7} - D_{5-7} = 15 - 3 = 12$$
$$LS_{6-7} = LF_{6-7} - D_{6-7} = 15 - 5 = 10$$

③工作 3—5 和工作 4—6 的最迟完成时间分别为

$$LF_{3-5} = \min\{LS_{5-7}, LS_{5-6}\} = \min\{12, 10\} = 10$$
$$LF_{4-6} = LS_{6-7} = 10$$

4)计算工作的总时差。工作 3—5 的总时差为

$$TF_{3-5} = LF_{3-5} - EF_{3-5} = 10 - 9 = 1$$

或

$$TF_{3-5} = LS_{3-5} - ES_{3-5} = 5 - 4 = 1$$

5)计算工作的自由时差。

①工作 1—4 和工作 5—6 的自由时差分别为

$$FF_{1-4} = ES_{4-6} - EF_{1-4} = 4 - 2 = 2$$
$$FF_{5-6} = ES_{6-7} - EF_{5-6} = 10 - 9 = 1$$

②工作 2—7、工作 5—7 和工作 6—7 的自由时差分别为

$$FF_{2-7} = T_p - EF_{2-7} = 15 - 11 = 4$$
$$FF_{5-7} = T_p - EF_{5-7} = 15 - 12 = 3$$
$$FF_{6-7} = T_p - EF_{6-7} = 15 - 15 = 0$$

工作 1—3、工作 4—6 和工作 6—7 的总时差全部为零，故其自由时差也全部为零。

6)关键工作。工作 1—3、工作 4—6 和工作 6—7 的总时差全部为零，故它们都是关键工作。

7)关键线路。线路①—③—④—⑥—⑦即关键线路。

8)确定计划总工期并标在图上，如图 3-24 所示。

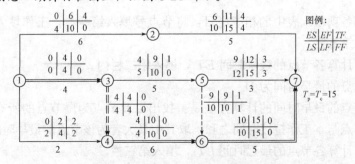

图 3-24　双代号网络计划(六时标注法)

3. 表上计算法

(1)表上计算法概念。表上计算法简称表算法，是指采用各项时间参数计算表格，按照时间参数相应计算公式和程序，直接在表格上进行时间参数计算的方法。表算法的规律性很强，其计算过程很容易用算法语言进行描述，是由手算法向电算法过渡的一种方法。

(2)表上计算法示例。现以图 3-25 所示的网络计划为例，说明表上计算法的步骤(表 3-5)。

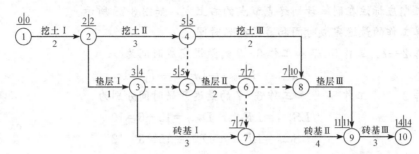

图 3-25　网络图节点时间参数的计算

表 3-5　表上计算法

节点号码	ET_i	LT_i	工作代码	D_{i-j}	ES_{i-j}	EF_{i-j}	LS_{i-j}	LF_{i-j}	TF_{i-j}	FF_{i-j}
1	0	0	1—2	2	0	2	0	2	0	0
2	2	2	2—3	1	2	3	3	4	1	0
			2—4	3	2	5	2	5	0	0
3	3	4	3—5	0	3	5	5	5	2	2
			3—7	3	3	6	4	7	1	1
4	5	5	4—5	0	5	5	5	5	0	0
			4—8	2	5	7	8	10	3	0
5	5	5	5—6	2	5	7	5	7	0	0
6	7	7	6—7	0	7	7	7	7	0	0
			6—8	0	7	7	10	10	3	0
7	7	7	7—9	4	7	11	7	11	0	0
8	7	10	8—9	1	7	8	10	11	3	3
9	11	11	9—10	3	11	14	11	14	0	0
10	14	14								

1)将网络图各项填入表中的相应栏目：将节点号填入第一栏，工作填入第四栏，工作的持续时间填入第五栏。

2)自上而下计算各节点的最早时间 ET_i，填入第二栏内。

①设起点节点的最早时间为 D。

②其后各节点的最早时间的计算方法是：找出以此节点为尾节点的所有工作，计算这些工作的开始节点与本工作持续时间之和，取其中最大者为该节点的最早时间。

3)自下而上计算各节点的最迟时间 LT_i，填入第三栏。

①设终点节点的最迟时间等于其最早时间，即 $LT_n = ET_n$。

②前面各节点的最迟时间的计算方法是：找出以该节点为开始节点的所有工作，计算这些工作的尾节点的最迟时间与本工作持续时间之差，取其中最小者为该节点的最迟时间。

4)计算各工作的最早可能开始时间 ES_{i-j} 及最早可能完成时间 EF_{i-j}，分别填入第六、第七栏。

①工作 $i-j$ 的最早可能开始时间等于其开始节点的最早时间，可从第二栏相应节点中查出。

②工作 $i-j$ 的最早可能完成时间等于其最早可能开始时间加上工作的持续时间，可以由第六栏的工作最早可能开始时间加上该行第五栏的工作持续时间求得。

5)计算各工作的最迟必须开始时间 LS_{i-j} 和最迟必须完成时间 LF_{i-j}，分别填入第八、第九栏。

①工作的最迟必须完成时间等于其结束节点的最迟时间，可从第三栏相应节点中找出。

②工作的最迟必须开始时间等于其最迟必须完成时间减去工作持续时间，可由第九栏的工作最迟必须完成时间减去第五栏的工作持续时间求得。

6)计算工作的总时差 TF_{i-j}，填入第十栏。工作的总时差等于其最迟必须开始时间减去最早可能开始时间，可由第八栏的 LS_{i-j} 减去对应第六栏的 ES_{i-j} 而得。

7)计算各工作的自由时差 FF_{i-j}，填入第十一栏。工作的自由时差等于其紧后工作的最早可能开始时间 ES_{j-k} 减去本工作的最早可能完成时间 EF_{i-j}。

任务实施

解决"任务描述"中提出的问题。

【解】 (1)画出各项时间参数计算图例，并标注在网络图上。

(2)计算节点时间参数。

1)节点最早时间 ET。假定 $ET_1=0$，利用式(3-2)、式(3-3)，按节点编号递增顺序，从前向后计算，并随时将计算结果标注在图例中 ET 所示位置。

2)节点最迟时间 LT。假定 $LT_{10}=ET_{10}=11$，利用式(3-4)、式(3-5)，按节点编号递减顺序，由后向前计算，并随时将结果标注在图例中 LT 所示位置。

3)工作时间参数。工作时间参数可根据时间参数，分别利用式(3-6)～式(3-12)计算出来，并分别标在图例中所示相应位置。

(3)确定计划总工期，标在图 3-26 上。

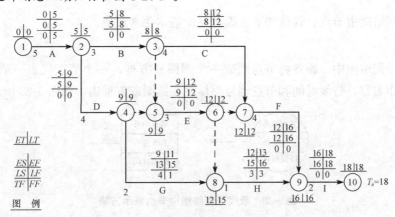

图 3-26 双代号网络图时间参数的计算

任务三　单代号网络计划

单代号网络计划是在工作流程图的基础上演绎而成的网络计划形式。由于它具有绘图简便、逻辑关系明确、易于修改等优点，因此，在国内外日益受到重视，其应用范围和表达功能也在不断发展和壮大。单代号网络图与双代号网络图一样，均由节点和箭线两种基本符号组成。不同的是，单代号网络图用节点表示工序，用箭线表达工序之间的逻辑关系。在单代号网络图中，每一个节点表示一道工序，且有唯一的编号，因此，可用一个节点编号表示唯一的工序。

本任务要求学生掌握绘制单代号网络图的方法，能根据单代号网络图计算时间参数，并完成以下问题：

试用分析计算法计算图 3-27 所示单代号网络图的时间参数。

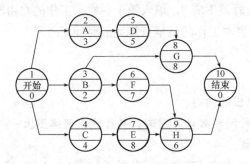

图 3-27　单代号网络图

一、单代号网络图的组成

单代号网络图由节点、箭线和节点编号三个基本要素组成。

1. 节点

在单代号网络图中，通常将节点画成一个圆圈或方框，一个节点代表一项工作。节点所表示的工作名称、持续时间和节点编号都标注在圆圈或方框内，如图 3-28 所示。

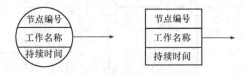

图 3-28　单代号网络图中节点表示方法

2. 箭线

在单代号网络图中，箭线既不占用时间，也不消耗资源，只表示紧邻工作之间的逻辑关系，箭线应画成水平直线、折线或斜线，箭线的箭头指向为工作进行方向，箭尾节点表示的工作为箭头节点工作的紧前工作。单代号网络图中无虚箭线。

3. 节点编号

单代号网络图的节点编号用一个单独编号表示一项工作，编号原则和双代号相同，也应从小到大，从左往右，箭头编号大于箭尾编号；一项工作只能有一个编号，不得重号，如图 3-29 所示。

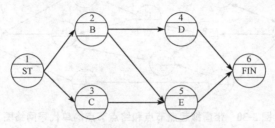

图 3-29　单代号网络图节点编号

ST——开始节点；FIN——完成节点

二、单代号网络图的绘制

1. 单代号网络图绘制的基本原则

在绘制单代号网络图时，一般应遵循以下基本原则：

(1)正确表达已定的逻辑关系。在单代号网络图中，工作之间逻辑关系的表示方法比较简单，表 3-6 所示为几种常见单代号网络图逻辑关系。

表 3-6　单代号网络图逻辑关系表示方法

序号	工作间的逻辑关系	单代号网络图的表示方法
1	A、B、C 三项工作依次完成	A → B → C
2	A、B 完成后进行 D	A、B → D
3	A 完成后，B、C 同时开始	A → B，A → C
4	A 完成后进行 C，A、B 完成后进行 D	A → C，A → D，B → D

(2)单代号网络图中，严禁出现循环回路。

(3)单代号网络图中，严禁出现双向箭头或无箭头的连线。

(4)单代号网络图中，严禁出现没有箭尾节点的箭线和没有箭头节点的箭线。

(5)绘制网络图时，箭线不宜交叉。当交叉不可避免时，可采用过桥法和指向法绘制。

(6)单代号网络图应只有一个起点节点和一个终点节点；当网络图中有多个起点节点或多个终点节点时，应在网络图的两端分别设置一项虚工作，作为该网络图的起点节点和终点节点，如图 3-30 所示。网络图中再无任何其他虚工作。

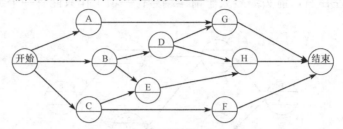

图 3-30 带虚拟起点节点和终点节点的单代号网络图

2. 单代号网络图绘制的基本方法

(1)在保证网络逻辑关系正确的前提下，图面布局要合理，层次要清晰，重点要突出。

(2)尽量避免交叉箭线。交叉箭线容易造成线路逻辑关系混乱，绘图时应尽量避免。无法避免时，对于较简单的相交箭线，可采用过桥法处理。如图 3-31(a)所示，ⓒ、Ⓓ是Ⓐ、Ⓑ的紧后工作，不可避免地出现了交叉，用过桥法处理后网络图如图 3-31(b)所示。对于较复杂的相交线路，可采用增加中间虚拟节点的方法进行处理，以简化图面。如图 3-32(a)所示，Ⓓ、Ⓕ、Ⓖ是Ⓐ、Ⓑ、ⓒ的紧后工作，出现了较复杂的交叉箭线，这时可增加一个中间虚拟节点(一个空圈)，化解交叉箭线，如图 3-32(b)所示。

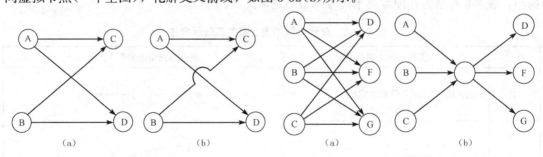

图 3-31 用过桥法处理交叉箭线
(a)处理前；(b)处理后

图 3-32 用虚拟中间节点处理交叉箭线
(a)处理前；(b)处理后

3. 单代号网络图绘制示例

【例 3-4】 已知各工作之间的逻辑关系，见表 3-7，试绘制单代号网络图。

表 3-7 工作逻辑关系

工作	A	B	C	D	E	G	H	I
紧前工作	—	—	—	—	A、B	B、C、D	C、D	E、G、H

【**解**】 绘制单代号网络图的过程如图 3-33 所示。

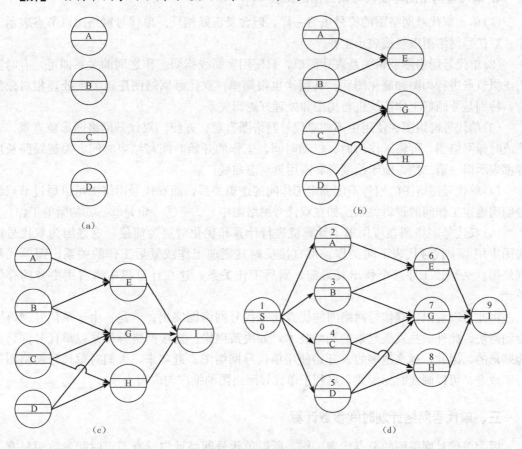

图 3-33 单代号网络图绘图过程

(a)绘制起始工作 A、B、C、D；(b)绘制紧后工作 E、G、H；
(c)绘制虚拟终点节点；(d)绘制虚拟起点节点

【**例 3-5**】 某大型钢筋混凝土基础工程，分三段施工，包括支模板、绑扎钢筋、浇筑混凝土三道工序，每道工序安排一个施工队进行施工，且各工作在一个施工段上的作业时间分别为 3 d、2 d、1 d，试绘制单代号网络图。

【**解**】 通过作图绘成的单代号网络图如图 3-34 所示。

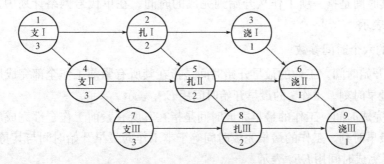

图 3-34 单代号网络图绘制示例

4. 单代号网络图与双代号网络图的比较

(1)单、双代号网络图的符号虽然一样，但含义正好相反。单代号网络图以节点表示工作；双代号网络图以箭线表示工作。

(2)单代号网络图逻辑关系表达简单，只使用实箭线指明工作之间的关系即可，有时要用虚拟节点进行构图和简化图面，其用法也很简单；双代号网络图逻辑关系处理相对较复杂，特别是要画好工作箭线进行构图和处理好逻辑关系。

(3)单代号网络图在使用中不如双代号网络图直观、方便。双代号网络图形象直观，若绘成时标网络图，可将工作历时、机动时间、工作的开始时间与结束时间、关键线路长度等都表示得一清二楚，便于绘制资源需用量动态曲线。

(4)单代号网络图的编号不能确定工作间的逻辑关系，而双代号网络图可以通过节点编号明确确定工作间的逻辑关系。如在双代号网络图中，②—③一定是③—⑥的紧前工作。

(5)双代号网络图在应用电子计算机进行计算和优化时更为简便。这是因为双代号网络图中用两个代号代表不同工作，可直接反映其紧前工作或紧后工作的关系。而单代号网络图就必须按工序逐个列出其紧前、紧后工作关系，这在计算机中需占用更多的存储单元。

由此可以看出，双代号网络图的优点比单代号网络图突出。但是，由于单代号网络图绘制简便，此外一些发展起来的网络技术，如决策网络、搭接网络等都是以单代号网络图为基础的，因此，越来越多的人开始使用单代号网络图。近年来，人们对单代号网络图进行了改进，可以画成时标形式，更利于单代号网络图的推广与应用。

三、单代号网络计划时间参数计算

因为单代号网络图的节点代表工作，所以单代号网络计划没有节点时间参数而只有工作时间参数和工作时差，即工作 i 的最早开始时间(ES_i)、最早完成时间(EF_i)、最迟开始时间(LS_i)、最迟完成时间(LF_i)、总时差(TF_i)和自由时差(FF_i)。单代号网络计划时间参数的计算方法和顺序与双代号网络计划的工作时间参数计算相同，同样，单代号网络计划的时间参数计算应在确定工作持续时间之后进行。

(一)时间参数的基本概念

1. 工作持续时间

工作持续时间是指一项工作从开始到完成的时间。在单代号网络计划中，工作 i 的持续时间用 D_i 表示。

2. 工作的六个时间参数

(1)最早开始时间。工作的最早开始时间是指在其所有紧前工作全部完成后，本工作有可能开始的最早时刻。工作 i 的最早开始时间用 ES_i 表示。

(2)最早完成时间。工作的最早完成时间是指在其所有紧前工作全部完成后，本工作有可能完成的最早时刻。工作的最早完成时间等于本工作的最早开始时间与其持续时间之和。工作 i 的最早完成时间用 EF_i 表示。

(3)最迟开始时间。工作的最迟开始时间是指在不影响整个任务按期完成的前提下，本工作必须开始的最迟时刻。工作的最迟开始时间等于本工作的最迟完成时间与其持续时间之差。工作 i 的最迟开始时间用 LS_i 表示。

（4）最迟完成时间。工作的最迟完成时间是指在不影响整个任务按期完成的前提下，本工作必须完成的最迟时刻。工作 i 的最迟完成时间用 LF_i 表示。

（5）总时差。工作的总时差是指在不影响总工期的前提下，本工作可以利用的机动时间。但是在网络计划的执行过程中，如果利用某项工作的总时差，则有可能使该工作后续工作的总时差减小。工作 i 的总时差用 TF_i 表示。

（6）自由时差。工作的自由时差是指在不影响其紧后工作最早开始时间的前提下，本工作可以利用的机动时间。在网络计划的执行过程中，工作的自由时差是该工作可以自由使用的时间。工作 i 的自由时差用 FF_i 表示。

(二)时间参数的计算方法

1. 分析计算法

（1）工作最早可能开始时间和最早可能结束时间的计算。

1）工作 i 的最早开始时间 ES_i 应从网络计划的起点节点开始，顺着箭线方向依次逐项计算。

2）起点节点 i 的最早开始时间 ES_i 如无规定，其值应等于零，即

$$ES_i = 0 \ (i=1) \tag{3-25}$$

3）各项工作最早开始和结束时间的计算公式为

$$ES_j = \max\{ES_i + D_i\} = \max\{EF_i\}$$
$$EF_j = ES_j + D_j \tag{3-26}$$

式中　ES_j——工作 j 最早可能开始时间；

EF_j——工作 j 最早可能结束时间；

D_j——工作 j 的持续时间；

ES_i——工作 j 的紧前工作 i 最早可能开始时间；

EF_i——工作 j 的紧前工作 i 最早可能结束时间；

D_i——工作 j 的紧前工作 i 的持续时间。

（2）相邻两项工作之间时间间隔的计算。相邻两项工作之间存在着时间间隔，i 工作与 j 工作的时间间隔记为 $LAG_{i,j}$。时间间隔指相邻两项工作之间，后项工作的最早开始时间与前项工作的最早完成时间之差，其计算公式为

$$LAG_{i,j} = ES_j - EF_i \tag{3-27}$$

式中　$LAG_{i,j}$——工作 i 与其紧后工作 j 之间的时间间隔；

ES_j——工作 i 的紧后工作 j 的最早开始时间；

EF_i——工作 i 的最早完成时间。

（3）工作总时差的计算。工作总时差的计算应从网络计划的终点节点开始，逆着箭线方向按节点编号从大到小的顺序依次进行。

1）网络计划终点节点 n 所代表的工作总时差（TF_n）应等于计划工期 T_p 与计算工期 T_c 之差，即

$$TF_n = T_p - T_c \tag{3-28}$$

当计划工期等于计算工期时，该工作的总时差为零。

2）其他工作的总时差应等于本工作与其各紧后工作之间的时间间隔加该紧后工作的总

时差所得之和的最小值，即

$$TF_i = \min\{LAG_{i,j} + TF_j\} \tag{3-29}$$

式中　TF_i——工作 i 的总时差；

　　　$LAG_{i,j}$——工作 i 与其紧后工作 j 之间的时间间隔；

　　　TF_j——工作 i 的紧后工作 j 的总时差。

（4）自由时差的计算。工作 i 的自由时差 FF_i 的计算应符合下列规定。

1）终点节点所代表的工作 n 的自由时差 FF_n 应为

$$FF_n = T_p - EF_n \tag{3-30}$$

式中　FF_n——终点节点 n 所代表的工作的自由时差；

　　　T_p——网络计划的计划工期；

　　　EF_n——终点节点 n 所代表的工作的最早完成时间（即计算工期）。

2）其他工作 i 的自由时差 FF_i 应为

$$FF_i = \min\{LAG_{i,j}\} \tag{3-31}$$

（5）工作最迟完成时间的计算。

1）工作 i 的最迟完成时间 LF_i 应从网络计划的终点节点开始，逆着箭线方向依次逐项计算。当部分工作分期完成时，有关工作的最迟完成时间应从分期完成的节点开始，逆向逐项计算。

2）终点节点所代表的工作 n 的最迟完成时间 LF_n，应按网络计划的计划工期 T_p 确定，即

$$LF_n = T_p \tag{3-32}$$

3）其他工作 i 的最迟完成时间 LF_i 应为

$$LF_i = \min\{LS_j\} \tag{3-33}$$

或

$$LF_i = EF_i + TF_i \tag{3-34}$$

式中　LF_i——工作 j 的紧前工作 i 的最迟完成时间；

　　　LS_j——工作 i 的紧后工作 j 的最迟开始时间；

　　　EF_i——工作 i 的最早完成时间；

　　　TF_i——工作 i 的总时差。

（6）工作最迟开始时间的计算。工作 i 的最迟开始时间的计算公式为

$$LS_i = LF_i - D_i \tag{3-35}$$

式中　LS_i——工作 i 的最迟开始时间；

　　　LF_i——工作 i 的最迟完成时间；

　　　D_i——工作 i 的持续时间。

（7）关键工作和关键线路的确定。

1）单代号网络图关键工作的确定与双代号网络图一样。

2）利用关键工作确定关键线路。如前所述，总时差最小的工作为关键工作。将这些关键工作相连，并保证相邻两项关键工作之间的时间间隔为零而构成的线路就是关键线路。

3）利用相邻两项工作之间的时间间隔确定关键线路。从网络计划的终点节点开始，逆着箭线方向依次找出相邻两项工作之间时间间隔为零的线路就是关键线路。

2. 图上计算法

单代号网络计划时间参数在网络图上的标注方法如图 3-35 所示。

图 3-35　单代号网络图节点标注方法
ES—最早开始时间；EF—最早结束时间；
LS—最迟开始时间；LF—最迟结束时间；
TF—总时差；FF—自由时差

现以图 3-36 所示单代号网络计划图为例来说明用图上计算法计算单代号网络计划时间参数的步骤。

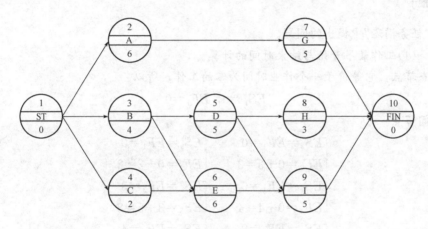

图 3-36　单代号网络计划图

(1)计算 ES_i 和 EF_i。由起点节点开始，首先假定整个网络计划的开始时间为零，此处 $ES_1=0$，然后从左至右按工作(节点)编号递增的顺序，根据式(3-25)和式(3-26)逐个进行计算，直到终点节点为止，并随时将计算结果填入图中的相应位置。

(2)计算 LF_i 和 LS_i。由终点节点开始，假定终点节点的最迟完成时间 $LF_{10}=EF_{10}=15$，根据式(3-33)~式(3-35)从右至左按工作编号递减顺序逐个计算，直到起点节点为止，并随时将计算结果填入图中的相应位置。

(3)计算 TF_i 和 FF_i。从起点节点开始，根据式(3-28)~式(3-31)，逐个工作进行计算，并随时将计算结果填入图中的相应位置。

(4)判断关键工作和关键线路。根据 $TF_i=0$ 进行判断，用双箭线标出关键线路。

(5)确定计划总工期。本例计划总工期为 15 d，计算结果如图 3-37 所示。

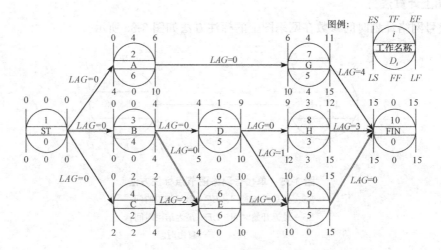

图 3-37　单代号网络计划的时间参数计算结果

任务实施

解决"任务描述"中提出的问题。

【解】　(1)工作最早开始与结束时间的计算。

1)起点节点：它等价于一个作业时间为零的工作，所以

$$ES_1=0,\ EF_1=0$$

2)中间节点：

$$\begin{cases}ES_2=EF_1=0\\EF_2=0+3=3\end{cases}\quad\begin{cases}ES_3=EF_1=0\\EF_3=0+2=2\end{cases}$$

$$\begin{cases}ES_4=EF_1=0\\EF_4=0+4=4\end{cases}\quad\begin{cases}ES_5=EF_2=3\\EF_5=3+5=8\end{cases}$$

$$\begin{cases}ES_6=EF_3=2\\EF_6=2+7=9\end{cases}\quad\begin{cases}ES_7=EF_4=4\\EF_7=4+8=12\end{cases}$$

$$\begin{cases}ES_8=\max\{EF_5,\ EF_3\}=\max\{8,\ 2\}=8\\EF_8=8+8=16\end{cases}$$

$$\begin{cases}ES_9=\max\{EF_6,\ EF_7\}=\max\{9,\ 12\}=12\\EF_9=12+6=18\end{cases}$$

3)终点节点：它等价于一个作业时间为零的工作，所以

$$ES_{10}=EF_{10}=\max\{EF_8,\ EF_9\}=\max\{16,\ 18\}=18$$

(2)工作最迟开始与结束时间的计算。

1)终点节点：如无指令工期(T_{ap})，则令 LF_n 为计划工期，即

$$LF_{10}=EF_{10}=18,\ LS_{10}=LF_{10}-D_{10}=18$$

2)中间节点：

$$\begin{cases}LF_9=LS_{10}=18\\LS_9=18-6=12\end{cases}\quad\begin{cases}LF_8=LS_{10}=18\\LS_8=18-8=10\end{cases}$$

$$\begin{cases} LF_7 = LS_9 = 12 \\ LS_7 = 12 - 8 = 4 \end{cases} \qquad \begin{cases} LF_6 = LS_9 = 12 \\ LS_6 = 12 - 7 = 5 \end{cases}$$

$$\begin{cases} LF_5 = LS_8 = 10 \\ LS_5 = 10 - 5 = 5 \end{cases} \qquad \begin{cases} LF_4 = LS_7 = 4 \\ LS_4 = 4 - 4 = 0 \end{cases}$$

$$\begin{cases} LF_3 = \min\{LS_6, LS_8\} = \min\{5, 10\} = 5 \\ LS_3 = 5 - 2 = 3 \end{cases}$$

$$\begin{cases} LF_2 = LS_5 = 5 \\ LS_2 = 5 - 3 = 2 \end{cases}$$

3)起点节点：

$$LF_1 = LS_1 = \min\{2, 3, 0\} = 0$$

(3)工作时差的计算。工作总时差的计算与双代号网络图相同，不再重复。其自由时差计算如下：

$$FF_2 = LS_5 - EF_2 = 3 - 3 = 0$$

$$FF_3 = \min\{ES_8, ES_6\} - EF_3$$
$$\quad = \min\{8, 2\} - 2 = 0$$

$$FF_4 = 4 - 4 = 0 \qquad FF_5 = 8 - 8 = 0$$

$$FF_6 = 12 - 9 = 3 \qquad FF_7 = 12 - 12 = 0$$

$$FF_8 = 18 - 16 = 2 \qquad FF_9 = 18 - 18 = 0$$

任务四　双代号时标网络计划

任务描述

双代号时标网络计划(简称时标网络计划)是以时间坐标为尺度表示工作时间的网络计划。时标的时间单位应根据需要在编制网络计划之前确定，可为小时、天、周、月或季度等。由于时标网络计划具有形象直观、计算量小的突出优点，在工程实践中应用比较普遍。

本任务要求学生掌握绘制双代号时标网络计划的方法，能根据双代号时标网络计划计算时间参数，并完成以下问题：

根据图 3-38 所示，求双代号时标网络计划中各项时间参数。

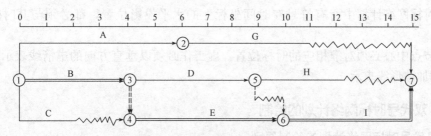

图 3-38　双代号时标网络计划

一、双代号时标网络计划的含义

因前面所介绍的双代号网络计划通过标注在箭线下方的数字来表示工作持续时间，所以在绘制双代号网络图时，并不强调箭线长短的比例关系，这样的双代号网络图必须通过计算各个时间参数才能反映出各个工作进展的具体时间情况。由于网络计划图中没有时间坐标，所以称其为非时标网络计划。如果将横道图中的时间坐标引入非时标网络计划，就可以很直观地从网络图中看出工作最早开始时间、自由时差及总工期等时间参数，它结合了横道图与网络图的优点，应用起来更加方便、直观。我们称这种以时间坐标为尺度编制的网络计划为时标网络计划。

二、双代号时标网络计划的特点及适用范围

1. 双代号时标网络计划的特点

(1)双代号时标网络计划兼有网络计划与横道计划两者的优点，能够清楚地表明计划的时间进程。

(2)双代号时标网络计划能在图上直接显示各项工作的开始与完成时间、工作自由时差及关键线路。

(3)由于双代号时标网络计划在绘制中受到时间坐标的限制，因此不易产生循环回路之类的逻辑错误。

(4)利用双代号时标网络计划图可以直接统计资源的需用量，以便进行资源优化和调整。

(5)因为箭线受时标的约束，故绘图不易，修改也较困难，往往要重新绘图。不过在使用计算机以后，这一问题较易解决。

2. 双代号时标网络计划的适用范围

(1)工作项目较少，且工艺过程比较简单的施工计划，能快速绘制与调整。

(2)年、季度、月等周期性网络计划。

(3)作业性网络计划。

(4)局部网络计划。

(5)使用实际进度前锋线进行进度控制的网络计划。

3. 双代号时标网络计划的一般规定

(1)时标网络计划应以实箭线表示工作，以虚箭线表示虚工作，以波形线表示工作的自由时差。

(2)时标网络计划中所有符号在时间坐标上的水平投影位置，都必须与其时间参数相对应。

(3)节点中心必须对准相应的时标位置。虚工作必须以垂直方向的虚箭线表示，有自由时差时则加波形线表示。

三、双代号时标网络计划的绘制

1. 双代号时标网络计划的绘制原则

(1)双代号时标网络计划应以实箭线表示工作，以虚箭线表示虚工作，以波形线表示工

作的自由时差。无论哪一种箭线，均应在其末端绘出箭头。

(2)当工作中有时差时，按图 3-39 所示的方式表达，波形线紧接在实箭线的末端；当虚工作有时差时，按图 3-40 方式表达，不得在波形线之后画实线。

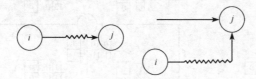

图 3-39 时标网络计划的箭线画法

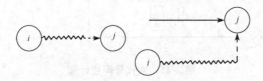

图 3-40 虚工作含有时差时的表示方法

(3)双代号时标网络计划中所有符号在时间坐标上的水平投影位置，都必须与其时间参数相对应。节点中心必须对准相应的时标位置。虚工作必须以垂直方向的虚箭线表示，有自由时差时加波形线表示。

2. 双代号时标网络计划的绘制方法

双代号时标网络计划宜按各项工作的最早开始时间编制。为此，在编制时标网络计划时应使每一个节点和每一项工作(包括虚工作)尽量向左靠，直至不出现从右向左的逆向箭线为止。在编制时标网络计划之前，应先按已经确定的时间单位绘制时标网络计划表。时间坐标可以标注在时标网络计划表的顶部或底部。当网络计划的规模比较大，且比较复杂时，可以在时标网络计划表的顶部和底部同时标注时间坐标。必要时，还可以在顶部时间坐标之上或底部时间坐标之下同时加注日历时间。时标网络计划表见表 3-8。表中部的刻度线宜为细线。为使图面清晰简洁，此线也可不画或少画。

表 3-8 时标网络计划表

日历																
(时间单位)	1	2	3	4	5	6	7	8	9	10	11	12	13	14	15	16
网络计划																
(时间单位)	1	2	3	4	5	6	7	8	9	10	11	12	13	14	15	16

(1)间接绘制法。间接绘制法是先计算网络计划的时间参数，再根据时间参数在时间坐标上进行绘制的方法。现以图 3-41 所示网络图为例来说明间接绘制法绘制时标网络计划的步骤。

1)按逻辑关系绘制双代号网络计划草图，如图 3-41 所示。

2)计算工作最早时间。

3)绘制时标表。时标表如图 3-42 所示。

5|10 / 6|11 1 / 0
10|13 / 13|16 3 / 3
10|10 / 11|11 1 / 1
0|5 / 0|5 0 / 0
5|11 / 5|11 0 / 0
11|16 / 11|16 0 / 0
16|16
0|1 / 3|4 3
1|8 / 4|11 3 / 3
1
2
3
4
5
6

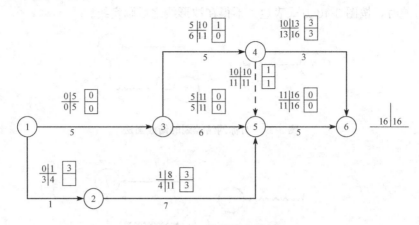

图 3-41 双代号网络计划

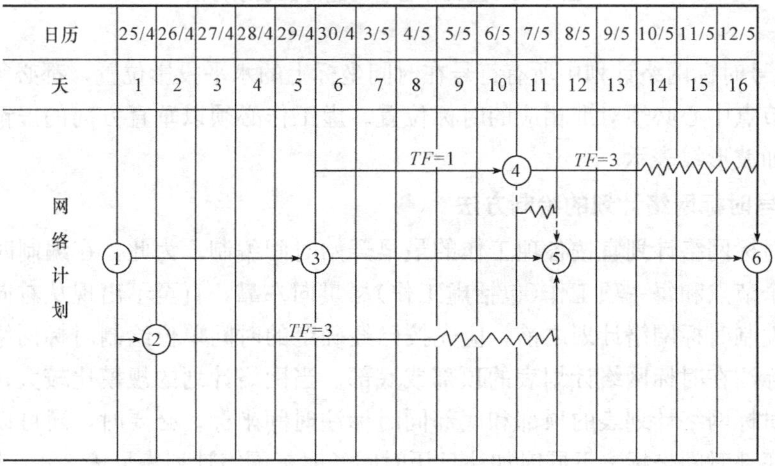

日历
25/4
26/4
27/4
28/4
29/4
30/4
3/5
4/5
5/5
6/5
7/5
8/5
9/5
10/5
11/5
12/5
天
1
2
3
4
5
6
7
8
9
10
11
12
13
14
15
16
网络计划
TF=1
TF=3
TF=3

图 3-42 时标表

4)在时标表上，按最早开始时间确定每项工作的开始节点位置(图形尽量与草图一致)。

5)按各工作的时间长度绘制相应工作的实线部分，使其在时间坐标上的水平投影长度等于工作时间；虚工作因为不占时间，故只能以垂直虚线表示。

6)用波形线把实线部分与其紧后工作的开始节点连接起来，以表示自由时差。完成后的时标网络计划如图 3-42 所示。

(2)直接绘制法。直接绘制法是不计算网络计划的时间参数，直接按草图在时标表上编绘。现以图 3-43 所示网络图为例，说明直接绘制法绘制时标网络计划的步骤。

1)将网络计划的起点节点定位在时标网络计划表的起始刻度线上。如图 3-44 所示，节点①就是定位在时标网络计划表的起始刻度线“0”位置上。

2)按工作的持续时间绘制以网络计划起点节点为开始节点的工作箭线。如图 3-44 所示，分别绘出工作箭线 A、B 和 C。

3)除网络计划的起点节点外，其他节点必须在所有以该节点为完成节点的工作箭线均绘出后，定位在这些工作箭线中最迟的箭线末端。当某些工作箭线的长度不足以到达该节点时，需用波形线补足，箭头画在与该节点的连接处。在本例中，节点②直接定位在工作箭线 A 的末端；节点③直接定位在工作箭线 B 的末端；节点④的位置需要在绘出虚箭线 3—4 之后，定位在工作箭线 C 和虚箭线 3—4 中最迟的箭线末端，即坐标"4"的位置上。此时，工作箭线 C 的长度不足以到达节点④，因而用波形线补足，如图 3-45 所示。

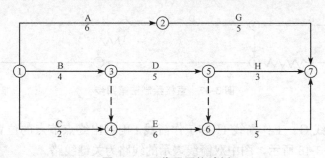

图 3-43　双代号网络计划

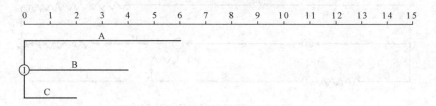

图 3-44　直接绘制法第一步

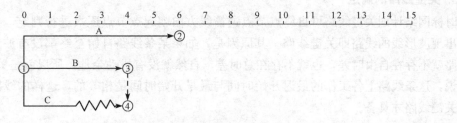

图 3-45　直接绘制法第二步

4）当某个节点的位置确定之后，即可绘制以该节点为开始节点的工作箭线。在本例中，在图 3-45 的基础之上，可以分别以节点②、节点③和节点④为开始节点绘制工作箭线 G、工作箭线 D 和工作箭线 E，如图 3-46 所示。

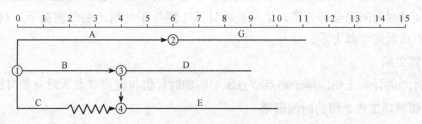

图 3-46　直接绘制法第三步

5)利用上述方法从左至右依次确定其他各个节点的位置，直至绘出网络计划的终点节点。在本例中，在图 3-46 基础之上，可以分别确定节点⑤和节点⑥的位置，并在它们之后分别绘制工作箭线 H 和工作箭线 I，如图 3-47 所示。

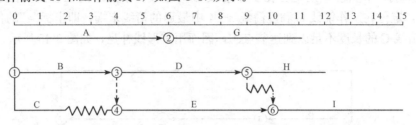

图 3-47　直接绘制法第四步

6)根据工作箭线 G、工作箭线 H 和工作箭线 I 确定出终点节点的位置。本例所对应的时标网络计划如图 3-48 所示，图中双箭线表示的线路为关键线路。

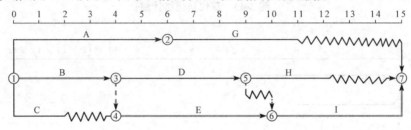

图 3-48　双代号时标网络计划

3. 关键线路的确定

时标网络计划关键线路可自终点节点逆箭线方向朝起点节点逐次进行判定，自始至终都不出现波形线的线路即关键线路。其原因是，如果某条线路自始至终都没有波形线，这条线路就不存在自由时差，也就不存在总时差，自然就没有机动余地，所以就是关键线路。或者说，这条线路上各工作的最迟开始时间与最早开始时间是相等的，这样的线路特征也只有关键线路才具备。

四、双代号时标网络计划时间参数的计算

1. 关键线路

时标网络计划中的关键线路可从网络计划的终点节点开始，逆着箭线方向进行判定，凡自始至终不出现波形线的线路即关键线路。不出现波形线，就说明在这条线路上相邻两项工作之间的时间间隔全部为零，也就是在计算工期等于计划工期的前提下，这些工作的总时差和自由时差全部为零。

2. 计算工期

网络计划的计算工期应等于终点节点所对应的时标值与起点节点所对应的时标值之差。

3. 相邻两项工作之间的时间间隔

除以终点节点为完成节点的工作外，工作箭线中波形线的水平投影长度表示工作与其紧后工作之间的时间间隔。

4. 工作的时间参数

(1)工作最早开始时间和最早完成时间。工作箭线左端节点中心所对应的时标值为该工作的最早开始时间。当工作箭线中不存在波形线时，其右端节点中心所对应的时标值为该工作的最早完成时间；当工作箭线中存在波形线时，工作箭线实线部分右端点所对应的时标值为该工作的最早完成时间。

(2)工作总时差。工作总时差的判定应从网络计划的终点节点开始，逆着箭线方向依次进行。

1)以终点节点为完成节点的工作，其总时差应等于计划工期与本工作最早完成时间之差，即

$$TF_{i-n} = T_p - EF_{i-n} \tag{3-36}$$

式中　TF_{i-n}——以网络计划终点节点 n 为完成节点的工作的总时差；

T_p——网络计划的计划工期；

EF_{i-n}——以网络计划终点节点 n 为完成节点的工作的最早完成时间。

2)其他工作的总时差等于其紧后工作的总时差加本工作与该紧后工作之间的时间间隔所得之和的最小值，即

$$TF_{i-j} = \min\{TF_{j-k} + LAG_{i-j,j-k}\} \tag{3-37}$$

式中　TF_{i-j}——工作 $i-j$ 的总时差；

TF_{j-k}——工作 $i-j$ 的紧后工作 $j-k$（非虚工作）的总时差；

$LAG_{i-j,j-k}$——工作 $i-j$ 与其紧后工作 $j-k$（非虚工作）之间的时间间隔。

(3)工作自由时差。

1)以终点节点为完成节点的工作，其自由时差应等于计划工期与本工作最早完成时间之差，即

$$FF_{i-n} = T_p - EF_{i-n} \tag{3-38}$$

式中　FF_{i-n}——以网络计划终点节点 n 为完成节点的工作的总时差；

T_p——网络计划的计划工期；

EF_{i-n}——以网络计划终点节点 n 为完成节点的工作的最早完成时间。

2)其他工作的自由时差就是该工作箭线中波形线的水平投影长度。但当工作之后只紧接虚工作时，则该工作箭线上一定不存在波形线，而其紧接的虚箭线中波形线水平投影长度的最短者为该工作的自由时差。

(4)工作最迟开始时间和最迟完成时间。

1)工作的最迟开始时间等于本工作的最早开始时间与其总时差之和，即

$$LS_{i-j} = ES_{i-j} + TF_{i-j} \tag{3-39}$$

式中　LS_{i-j}——工作 $i-j$ 的最迟开始时间；

ES_{i-j}——工作 $i-j$ 的最早开始时间；

TF_{i-j}——工作 $i-j$ 的总时差。

2)工作的最迟完成时间等于本工作的最早完成时间与其总时差之和，即

$$LF_{i-j} = EF_{i-j} + TF_{i-j} \tag{3-40}$$

式中　LF_{i-j}——工作 $i-j$ 的最迟完成时间；

EF_{i-j}——工作 $i-j$ 的最早完成时间；

TF_{i-j}——工作 $i-j$ 的总时差。

5. 时标网络计划的坐标体系

时标网络计划的坐标体系分为计算坐标体系、工作日坐标体系和日历坐标体系三种。

(1)计算坐标体系。计算坐标体系主要用作网络计划时间参数的计算。采用该坐标体系便于时间参数的计算，但不够明确。如按照计算坐标体系，网络计划所表示的计划任务从第 0 天开始，就不容易理解。实际上应为从第 1 天开始或明确表示出开始日期。

(2)工作日坐标体系。工作日坐标体系可明确示出各项工作在整个工程开工后第几天（上班时刻）开始和第几天（下班时刻）完成，但不能示出整个工程的开工日期和完工日期以及各项工作的开始日期和完成日期。

在工作日坐标体系中，整个工程的开工日期和各项工作的开始日期分别等于计算坐标体系中整个工程的开工日期和各项工作的开始日期加 1；而整个工程的完工日期和各项工作的完成日期就等于计算坐标体系中整个工程的完工日期和各项工作的完成日期。

(3)日历坐标体系。日历坐标体系可以明确示出整个工程的开工日期和完工日期以及各项工作的开始日期和完成日期，同时还可以考虑扣除节假日休息时间。

图 3-49 中的时标网络计划同时标出了三种坐标体系。其中上面为计算坐标体系，中间为工作日坐标体系，下面为日历坐标体系。这里假定 4 月 24 日（星期三）开工，星期六、星期日和"五一"国际劳动节休息。

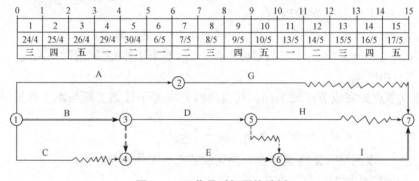

图 3-49 双代号时标网络计划

任务实施

解决"任务描述"中提出的问题。

【解】 (1)关键线路。在时标网络计划中，关键线路为①—③—④—⑥—⑦。

(2)工期。$T_c = 15 - 0 = 15$ d。

(3)相邻两项工作之间的时间间隔。在时标网络计划中，工作 C 和工作 E 之间的时间间隔为 2；工作 D 和工作 I 之间的时间间隔为 1；其他工作之间的时间间隔均为零。

(4)工作最早开始时间和最早完成时间。在时标网络计划中，工作 A 和工作 H 的最早开始时间分别为 0 和 9，而它们的最早完成时间分别为 6 和 12。

(5)工作总时差。

1)在时标网络计划中，假设计划工期为 15，则工作 G、工作 H 和工作 I 的总时差分别为

$$TF_{2-7} = T_p - EF_{2-7} = 15 - 11 = 4$$

$$TF_{5-7} = T_p - EF_{5-7} = 15 - 12 = 3$$

$$TF_{6-7}=T_p-EF_{6-7}=15-15=0$$

2)在时标网络计划中，工作 A、工作 C 和工作 D 的总时差分别为

$$TF_{1-2}=TF_{2-7}+LAG_{1-2,2-7}=4+0=4$$
$$TF_{1-4}=TF_{4-6}+LAG_{1-4,4-6}=0+2=2$$
$$TF_{3-5}=\min\{TF_{5-7}+LAG_{3-5,5-7}，TF_{6-7}+LAG_{3-5,6-7}\}$$
$$=\min\{3+0，0+1\}$$
$$=1$$

(6)工作自由时差。

1)在时标网络计划中，工作 G、工作 H 和工作 J 的自由时差分别为

$$FF_{2-7}=T_p-EF_{2-7}=15-11=4$$
$$FF_{5-7}=T_p-EF_{5-7}=15-12=3$$
$$FF_{6-7}=T_p-EF_{6-7}=15-15=0$$

2)在时标网络计划中，工作 A、工作 B、工作 D 和工作 E 的自由时差均为零，而工作 C 的自由时差为 2。

(7)工作最迟开始时间和最迟完成时间。

1)在时标网络计划中，工作 A、工作 C、工作 D、工作 G 和工作 H 的最迟开始时间分别为

$$LS_{1-2}=ES_{1-2}+TF_{1-2}=0+4=4$$
$$LS_{1-4}=ES_{1-4}+TF_{1-4}=0+2=2$$
$$LS_{3-5}=ES_{3-5}+TF_{3-5}=4+1=5$$
$$LS_{2-7}=ES_{2-7}+TF_{2-7}=6+4=10$$
$$LS_{5-7}=ES_{5-7}+TF_{5-7}=9+3=12$$

2)在时标网络计划中，工作 A、工作 C、工作 D、工作 G 和工作 H 的最迟完成时间分别为

$$LF_{1-2}=EF_{1-2}+TF_{1-2}=6+4=10$$
$$LF_{1-4}=EF_{1-4}+TF_{1-4}=2+2=4$$
$$LF_{3-5}=EF_{3-5}+TF_{3-5}=9+1=10$$
$$LF_{2-7}=EF_{2-7}+TF_{2-7}=11+4=15$$
$$LF_{5-7}=EF_{5-7}+TF_{5-7}=12+3=15$$

任务五　网络计划优化

任务描述

网络计划的优化是指在一定约束条件下，按既定目标对网络计划进行不断改进，以寻求满意方案的过程。网络计划的优化目标应按计划任务的需要和条件选定，包括工期目标、资源目标和费用目标。根据优化目标的不同，网络计划的优化可分为工期优化、费用优化和资源优化三种。

本任务要求学生掌握网络计划优化的方法，按照需要进行工期、资源和费用的优化。

相关知识

一、工期优化

网络计划的工期优化，是指当计算工期不能满足要求工期时，可通过压缩关键工作的持续时间来满足工期要求的过程。但在优化过程中不能将关键工作压缩成为非关键工作；优化过程中出现多条关键线路时，必须同时压缩各条关键线路的持续时间，否则不能有效地缩短工期。

1. 工期优化的步骤

(1)计算网络计划时间参数，确定关键工作与关键线路。

(2)根据计划工期，确定应缩短时间。即

$$\Delta T = T_c - T_r \tag{3-41}$$

式中　　T_c——网络计划的计算工期；

　　　　T_r——要求工期。

(3)把选择的关键工作压缩到最短的持续时间，重新计算工期，找出关键线路。此时，必须注意两点才能达到缩短工期的目的：一是不能把关键工作变成非关键工作；二是出现多条关键线路时，其总的持续时间应相等。

(4)若计算工期仍超过计划工期，则重复上述步骤，直至满足工期要求或工期已不可能再压缩为止。

(5)当所有关键工作的持续时间都压缩到极限，工期仍不能满足要求时，应对计划的原技术方案、组织方案进行调整或对要求工期重新审定。

2. 工期优化的计算方法

由于在优化过程中，不一定需要全部时间参数值，只需寻求出关键线路，为此介绍关键线路直接寻求法之一的标号法。根据计算节点最早时间的原理，设网络计划起点节点①的标号值为 0，即 $b_1 = 0$；中间节点 j 的标号值 b_j 等于该节点的所有内向工作(即指向该节点的工作)的开始节点 i 的标号值 b_i 与该工作的持续时间 $D_{i,j}$ 之和的最大值，即

$$b_j = \max[b_i + D_{i,j}] \tag{3-42}$$

我们称能求得最大值的节点 i 为节点 j 的源节点，将源节点及 b_j 标注于节点上，直至最后一个节点。从网络计划终点开始，自右向左按源节点寻求关键线路，终节点的标号值即网络计划的计算工期。

3. 工期优化的示例

【例 3-6】 已知网络计划如图 3-50 所示，当要求工期为 40 d 时，试进行优化。

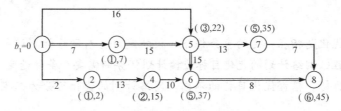

图 3-50　优化前的网络计划

【解】 (1)用标号法确定关键线路及正常工期。

(2)计算应缩短的时间：

$$\Delta T = T_c - T_r = 45 - 40 = 5(d)$$

(3)缩短关键工作的持续时间。先将⑤——⑥缩短 5 d，即由 15 d 缩至 10 d，用标号法计算，计算工期为 42 d，如图 3-51 所示，总工期仍有 42 d，故⑤——⑥工作只需缩短 3 d，其网络图用标号法计算，如图 3-52 所示，可知有两条关键线路，两条线路上均需缩短 42 - 40 = 2(d)。

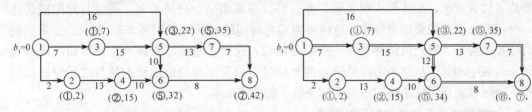

图 3-51　第一次优化后的网络计划　　　　　图 3-52　第二次优化后的网络计划

(4)进一步缩短关键工作的持续时间。将③——⑤工作缩短 2 d，即由 15 d 缩至 13 d，则两条线路均缩短 2 d。用标号法计算后得工期为 40 d，满足要求。优化后的网络计划如图 3-53 所示。

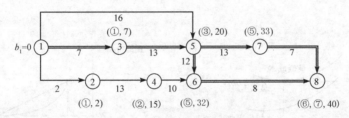

图 3-53　优化后的网络计划

二、费用优化

费用优化是以满足工期要求的施工费用最低为目标的施工计划方案的调整过程。通常在寻求网络计划的最佳工期大于规定工期或在执行计划时需要加快施工进度时，需要进行工期与成本优化。

(一)费用与工期的关系

在建设工程施工过程中，完成一项工作通常可以采用多种施工方法和组织方法，而不同的施工方法和组织方法又会有不同的持续时间和费用。由于一项建设工程往往包含许多工作，所以在安排建设工程进度计划时就会出现许多方案。进度方案不同，所对应的总工期和总费用也就不同。为了能从多种方案中找出总成本最低的方案，必须首先分析费用和时间之间的关系。

1. 工期与成本的关系

时间(工期)和成本之间的关系是十分密切的。对同一工程来说，施工时间长短不同，其成本(费用)也不会一样，二者之间在一定范围内是呈反比关系的，即工期越短则成本越高。工期缩短到一定程度之后，再继续增加人力、物力和费用也不一定能使之再短，而工期过长则非但不能相应地降低成本，反而会造成浪费，增加成本，这是就整个工程的总成本而言的。如果具体分析成本的构成要素，则它们与时间的关系又各有其自身的变化规律。一般的情况是材料、人工、机具等称作直接费用的开支项目，将随着工期的缩短而增加，因为工期越压缩则增加的额外费用也必定越多。如果改变施工方法，改用费用更昂贵的设备，就会额外地增加材料或设备费用；实行多班制施工，就会额外地增加许多夜班支出，如照明费、夜餐费等，甚至工作效率也会有所降低。工期缩短，则这些额外费用的开支可能急剧增加。但是，如果工期缩短得不算太紧，增加的费用还是较低的。对于通常称作间接费的那部分费用，如管理人员工资、办公费、房屋租金、仓储费等，则是与时间成正比的，时间越长则花的费用也越多。这两种费用与时间的关系可以用图 3-54 表示。如果把两种费用叠加起来，我们就能够得到一条新的曲线，这就是总成本曲线。总成本曲线的特点是两头高而中间低。从这条曲线最低点的坐标可以找到工程的最低成本及与之相应的最佳工期，同时也能利用它来确定不同工期条件下的相应成本。

2. 工作直接费用与持续时间的关系

我们知道，在网络计划中，工期的长短取决于关键线路的持续时间，而关键线路是由许多持续时间和费用各不相同的工作所构成的。为此必须研究各项工作的持续时间与直接费用的关系。一般情况下，随着工作时间的缩短，费用的逐渐增加，则会形成图 3-55 所示的连续曲线。

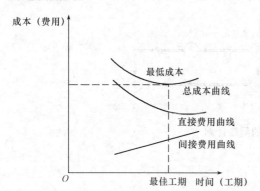
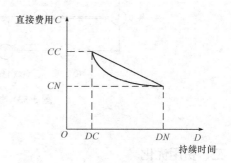

图 3-54　工程成本-工期关系曲线　　　　图 3-55　直接费用-持续时间曲线

DN—工作的正常持续时间；
CN—按正常持续时间完成工作时所需的直接费用；
DC—工作的最短持续时间；
CC—按最短持续时间完成工作时所需的直接费用

实际上直接费用曲线并不像图中那样圆滑，而是由一系列线段所组成的折线，并且越接近最高费用(极限费用，用 CC 表示)，其曲线越陡。确定曲线是一件很麻烦的事情，而且就工程而言，也不需要如此精确，所以，为了简化计算，一般将曲线近似表示为直线，其斜率称为费用斜率，表示单位时间内直接费用的增加(或减少)量。

直接费用率可按式(3-43)计算：

$$\Delta C_{i-j} = \frac{CC_{i-j} - CN_{i-j}}{DN_{i-j} - DC_{i-j}} \qquad (3-43)$$

式中　ΔC_{i-j}——工作 $i-j$ 的直接费用率；

　　　CC_{i-j}——按最短持续时间完成工作 $i-j$ 时所需的直接费用；

　　　CN_{i-j}——按正常持续时间完成工作 $i-j$ 时所需的直接费用；

DN_{i-j}——工作 $i-j$ 的正常持续时间；

DC_{i-j}——工作 $i-j$ 的最短持续时间。

从式(3-43)可以看出，工作的直接费用率越大，说明将该工作的持续时间缩短一个时间单位所需增加的直接费用就越多；反之，将该工作的持续时间缩短一个时间单位所需增加的直接费用就越少。因此，在压缩关键工作的持续时间以达到缩短工期的目的时，应将直接费用率最小的关键工作作为压缩对象。当有多条关键线路出现而需要同时压缩多项关键工作的持续时间时，应将它们的直接费用率之和(组合直接费用率)最小者作为压缩对象。

(二)费用优化的方法

费用优化的基本方法就是从组成网络计划的各项工作的持续时间与费用关系，找出能使计划工期缩短而又能使直接费用增加最少的工作，不断地缩短其持续时间，然后考虑间接费用随着工期缩短而减少的影响，把不同工期下的直接费用和间接费用分别叠加起来，即可求得工程成本最低时的相应最优工期和工期一定时相应的最低工程成本。

费用优化的步骤如下：

(1)按工作正常持续时间找出关键工作及关键线路。

(2)按规定计算各项工作的费用率。

(3)在网络计划中找出费用率(或组合费用率)最低的一项关键工作或一组关键工作，作为缩短持续时间的对象。

(4)当需要缩短关键工作的持续时间时，其缩短值的确定必须符合下列两条原则：

1)缩短后工作的持续时间不能小于其最短持续时间。

2)缩短持续时间的工作不能变成非关键工作。

(5)计算相应的费用增加值。

(6)考虑工期变化带来的间接费用及其他损益，在此基础上计算总费用。

(7)重复上述步骤(3)~(6)，直到总费用降至最低为止。

(三)费用优化示例

【例 3-7】 已知网络计划如图 3-56 所示，试求出费用最少的工期。图中，箭线上方为工作的正常费用和最短时间的费用(以千元为单位)；箭线下方为工作的正常持续时间和最短的持续时间。已知间接费率为 120 元/d。

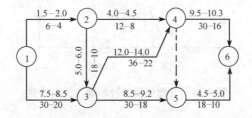

图 3-56　待优化网络计划

【解】 (1)简化网络图。简化网络图的目的是在缩短工期过程中，删去那些不能变成关键工作的非关键工作，使网络图简化，减少计算工作量。

首先按持续时间计算，找出关键线路及关键工作，如图 3-57 所示。

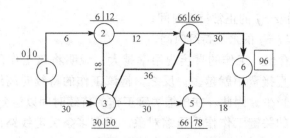

图 3-57 按正常持续时间计算的网络计划

其次,从图 3-57 看,关键线路为①──→③──→④──→⑥,关键工作为 1—3、3—4、4—6。用最短的持续时间置换那些关键工作的正常持续时间,重新计算,找出关键线路及关键工作。重复本步骤,直至不能增加新的关键线路为止。

经计算,图 3-57 中的工作 2—4 不能转变为关键工作,故删去它,重新整理成新的网络计划,如图 3-58 所示。

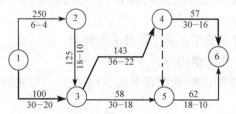

图 3-58 新的网络计划

(2)计算各工作费用率。按式(4-43)计算工作 1—2 的费用率 ΔC_{1-2} 为

$$\Delta C_{1-2}=\frac{CC_{1-2}-CN_{1-2}}{DN_{1-2}-DC_{1-2}}=\frac{2\,000-1\,500}{6-4}=250(元/d)$$

其他工作费用率均按式(3-43)计算,将它们标注在图 3-58 中的箭线上方。

(3)找出关键线路上工作费用率最低的关键工作。在图 3-59 中,关键线路为①──→③──→④──→⑥,工作费用率最低的关键工作是 4—6。

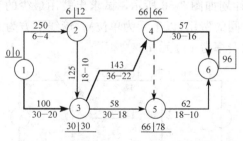

图 3-59 按新的网络计划确定关键线路

(4)确定缩短时间大小的原则是原关键线路不能变为非关键线路。已知关键工作 4—6 的持续时间可缩短 14 d,由于工作 5—6 的总时差只有 12 d(96−18−66=12),因此,第一次缩短只能是 12 d,工作 4—6 的持续时间应改为 18 d。计算第一次缩短工期后增加费用 C_1 为

$$C_1=57\times12=684(元)$$

通过第一次缩短后，在图 3-60 中关键线路变成两条，即①──→③──→④──→⑥和①──→③──→④──→⑤──→⑥。如果使该图的工期再缩短，必须同时缩短两条关键线路上的时间。为了减少计算次数，关键工作 1—3、4—6 及 5—6 都缩短时间，工作 5—6 持续时间只能允许再缩短 2 d，故该工作的持续时间缩短 2 d。工作 1—3 持续时间可允许缩短 10 d，但考虑工作 1—2 和 2—3 的总时差有 6 d（12−0−6＝6 或 30−18−6＝6），因此，工作 1—3 持续时间缩短 6 d，共计缩短 8 d，计算第二次缩短工期后增加的费用 C_2 为

$$C_2＝C_1＋100×6＋(57＋62)×2＝684＋600＋238＝1\ 522(元)$$

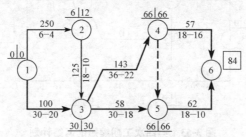

图 3-60　第一次工期缩短的网络计划

(5) 第三次缩短：从图 3-61 上看，工作 4—6 的持续时间不能再缩短，工作费用率用∞表示，关键工作 3—4 的持续时间缩短 6 d，因工作 3—5 的总时差为 6 d（60−30−24＝6），计算第三次缩短工期后，增加的费用 C_3 为

$$C_3＝C_2＋143×6＝1\ 522＋858＝2\ 380(元)$$

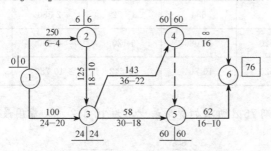

图 3-61　第二次工期缩短的网络计划

(6) 第四次缩短：从图 3-62 上看，缩短工作 3—4 和 3—5 持续时间为 8 d，因为工作 3—4 最短的持续时间为 22 d，第四次缩短工期后增加的费用 C_4 为

$$C_4＝C_3＋(143＋58)×8＝2\ 380＋201×8＝3\ 988(元)$$

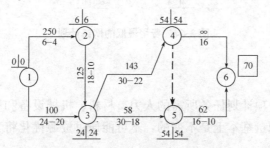

图 3-62　第三次工期缩短的网络计划

(7)第五次缩短：从图3-63上看，关键线路有4条，只能在关键工作1—2、1—3、2—3中选择，只有缩短工作1—3和2—3(工作费用率为125+100)，持续时间为4 d。工作1—3的持续时间已达到最短，不能再缩短，经过五次缩短工期，不能再减少了，不同工期增加直接费用计算结束，第五次缩短工期后共增加费用 C_5 为

$$C_5 = C_4 + (125 + 100) \times 4 = 3\,988 + 900 = 4\,888(元)$$

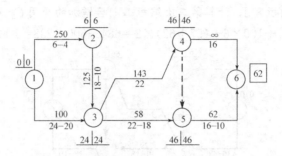

图3-63　第四次工期缩短的网络计划

考虑不同工期增加费用及间接费用影响，见表3-9，选择其中组合费用最低的工期作为最佳方案。

表3-9　不同工期组合费用

不同工期/d	96	84	76	70	62	58
增加直接费用/元	0	684	1 522	2 380	3 988	4 888
间接费用/元	11 520	10 080	9 120	8 400	7 440	6 960
合计费用/元	11 520	10 764	10 642	10 780	11 428	11 848

从表3-9中看，工期76 d所增加费用最少，为10 642元。费用最低方案如图3-64所示。

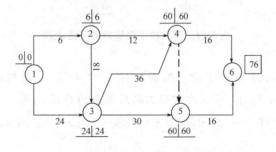

图3-64　费用最低的网络计划

三、资源优化

资源是指为完成一项计划任务所需的人力、材料、机械设备和资金等的统称。完成一项工程任务所需的资源量基本上是不变的，不可能通过资源优化将其减少，更不可能通过资源优化将其减至最少。

在资源计划安排时有两种情况：一种情况是网络计划所需要的资源受到限制，如果不

增加资源数量(例如劳动力),有时会迫使工程的工期延长,资源优化的目的是使工期延长最少;另一种情况是在一定时间内如何安排各工作活动时间,使可供使用的资源均衡地消耗。因此,资源优化主要有"资源有限,工期最短"和"工期固定,资源均衡"两种。以下主要介绍"资源有限,工期最短"的优化。

1. 优化步骤

(1)"资源有限,工期最短"的优化宜对"时间单位"作资源检查,当出现第 t 个时间单位资源需用量 R_t 大于资源限量 R_a 时,应进行计划调整。

调整计划时,应对资源冲突的诸工作作出新的顺序安排。顺序安排的选择标准是"工期延长时间最短",其值应按下列公式计算。

1)对双代号网络计划:

$$\Delta D_{m'-n',i'-j'} = \min\{\Delta D_{m-n,i-j}\} \tag{3-44}$$

$$\Delta D_{m-n,i-j} = EF_{m-n} - LS_{i-j} \tag{3-45}$$

式中　$\Delta D_{m'-n',i'-j'}$——在各种顺序安排中,最佳顺序安排所对应的工期延长时间的最小值,它要求将 $LS_{i'-j'}$ 最大的工作 $i'-j'$ 安排在 $EF_{m'-n'}$ 最小的工作 $m'-n'$ 之后进行;

$\Delta D_{m-n,i-j}$——在资源冲突的诸工作中,工作 $i-j$ 安排在工作 $m-n$ 之后进行时工期所延长的时间。

2)对单代号网络计划:

$$\Delta D_{m',i'} = \min\{\Delta D_{m,i}\} \tag{3-46}$$

$$\Delta D_{m,i} = EF_m - LS_i \tag{3-47}$$

式中　$\Delta D_{m',i'}$——在各种顺序安排中,最佳顺序安排所对应的工期延长时间的最小值;

$\Delta D_{m,i}$——在资源冲突的诸工作中,工作 i 安排在工作 m 之后进行时工期所延长的时间。

(2)"资源有限,工期最短"的优化,应按下述规定步骤调整工作的最早开始时间。

1)计算网络计划每"时间单位"的资源需用量。

2)从计划开始日期起,逐个检查每个时间单位资源需用量是否超过资源限量,如果在整个工期内每个"时间单位"均能满足资源限量的要求,可行优化方案就编制完成了。否则必须进行计划调整。

3)分析超过资源限量的时段(每"时间单位"资源需用量相同的时间区段),按式(3-44)计算 $\Delta D_{m'-n',i'-j'}$ 值或按式(3-46)计算 $\Delta D_{m',i'}$ 值,从而确定新的安排顺序。

4)对调整后的网络计划安排重新计算每个时间单位的资源需用量。

5)重复上述步骤2)~4),直至网络计划整个工期范围内每个时间单位的资源需用量均满足资源限量为止。

2. 资源优化示例

【例3-8】 已知某工程双代号网络计划如图3-65所示,图中箭线上方数字为工作的资源强度,箭线下方数字为工作的持续时间。假定资源限量 $R_a = 12$,试对其进行"资源有限,工期最短"的优化。

【解】 该网络计划"资源有限,工期最短"的优化可按以下步骤进行。

(1)计算网络计划每个时间单位的资源需用量,绘出资源需用量动态曲线,如图3-66下方曲线所示。

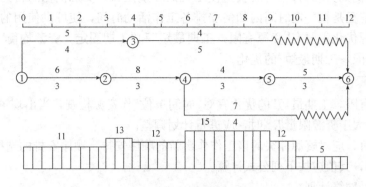

图 3-65 初始网络计划

（2）从计划开始日期起，经检查发现第二个时段[3，4]存在资源冲突，即资源需用量超过资源限量，故应首先调整该时段。

（3）在时段[3，4]有工作1—3和工作2—4两项工作平行作业，利用式（3-44）、式（3-45）计算 ΔD 值，其结果见表3-10。

表3-10 ΔD 值计算结果

工作序号	工作代号	最早完成时间	最迟开始时间	$\Delta D_{1,2}$	$\Delta D_{2,1}$
1	1—3	4	3	1	—
2	2—4	6	3	—	3

由表3-10可知，$\Delta D_{1,2}=1$ 最小，说明将第2号工作（工作2—4）安排在第1号工作（工作1—3）之后进行，工期延长最短，只延长1。因此，将工作2—4安排在工作1—3之后进行，调整后的网络计划如图3-66所示。

（4）重新计算调整后的网络计划每个时间单位的资源需用量，绘出资源需用量动态曲线，如图4-66下方曲线所示。从图中可知，在第四时段[7，9]存在资源冲突，故应调整该时段。

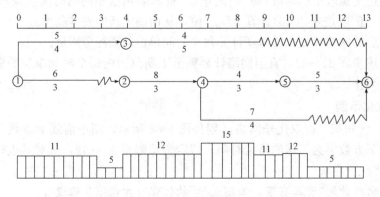

图 3-66 第一次调整后的网络计划

(5)在时段[7，9]有工作3—6、工作4—5和工作4—6三项工作平行作业，利用式(3-44)、式(3-45)计算 ΔD 值，其结果见表3-11。

表 3-11 ΔD 值计算结果

工作序号	工作代号	最早完成时间	最迟开始时间	$\Delta D_{1,2}$	$\Delta D_{1,3}$	$\Delta D_{2,1}$	$\Delta D_{2,3}$	$\Delta D_{3,1}$	$\Delta D_{3,2}$
1	3—6	9	8	2	0	—	—	—	—
2	4—5	10	7	—	—	2	1	—	—
3	4—6	11	9	—	—	—	—	3	4

由表3-11可知，$\Delta D_{1,3}=0$ 最小，说明将第3号工作(工作4—6)安排在第1号工作(工作3—6)之后进行，工期不延长。因此，将工作4—6安排在工作3—6之后进行，调整后的网络计划如图3-67所示。

(6)重新计算调整后的网络计划每个时间单位的资源需用量，绘出资源需用量动态曲线，如图3-67下方曲线所示。由于此时整个工期范围内的资源需用量均未超过资源限量，故图3-67所示方案即最优方案，其最短工期为13。

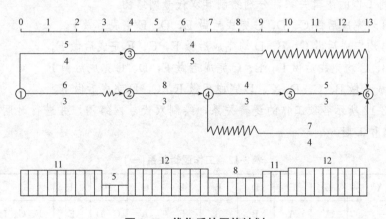

图 3-67 优化后的网络计划

任务实施

根据上述"相关知识"的内容学习，在日后的实践活动中，针对具体的工程，根据施工进度和任务要求，进行工期、资源和费用的优化。

项目小结

网络计划是指用网络图表达任务构成、工作顺序并加注工作时间参数的进度计划，因此，要提出一项具体工程任务的网络计划安排方案，就必须首先绘制网络图。双代号网络图是目前应用较为普遍的一种网络计划形式，它用圆圈、箭线表达计划内所要完成的各项工作的先后顺序和相互关系。双代号网络图由箭线、节点、节点编号、虚箭线、线路五个基本要素组成。单代号网络图与双代号网络图一样，均由节点和箭线两种基本符号组成。不同的是，单代号网络图用节点表示工序，用箭线表达工序之间的逻辑关系。单代号网络图由节点、箭线和节点编号三个基本要素组成。双代号时标网络计划是以时间坐标为尺度表示工作时间的网络计划。网络计划的优化是指在一定约束条件下，按既定目标对网络计划进行不断改进，以寻求满意方案的过程。根据优化目标的不同，网络计划的优化可分为工期优化、费用优化和资源优化三种。

➤ 思考与练习

1. 网络计划的基本原理有哪些？

2. 双代号网络图有哪些要素？绘制规则有哪些？

3. 单代号网络图中关键工作和关键线路如何确定？

4. 简述双代号时标网络计划的特点。

5. 费用优化的步骤有哪些？

6. 按下列工作的逻辑关系，分别绘制其双代号网络图。

(1) A、B均完成后做C、D，C完成后做E，D、E完成后做F。

(2) A、B均完成后做C，B、D均完成后做E，C、E完成后做F。

(3) A、B、C均完成后做D，B、C完成后做E，D、E完成后做F。

(4) A完成后做B、C、D，C、D完成后做E，C、D完成后做F。

7. 按表3-12所示各项工作的逻辑关系，绘制双代号网络图，并进行时间参数的计算，确定关键线路和工期。

表3-12 工作逻辑关系（一）

施工过程	A	B	C	D	E	F	G	H	I	J	K
紧前工作	—	A	A	B	B	E	A	C、D	E	F、G、H	I、J
紧后工作	B、C、G	D、E	H	H	F、I	J	J	J	K	K	—
持续时间	3	4	5	2	3	4	2	2	1	6	3

8. 按表3-13所示各项工作的逻辑关系，绘制双代号网络图，并进行时间参数的计算，确定关键线路和工期。

表3-13 工作逻辑关系（二）

施工过程	A	B	C	D	E	F	G	H	I
紧前工作	—	—	—	B	B	A、D	A、D	A、C、D	E、F
持续时间	4	3	6	2	4	7	6	8	3

9. 按表3-14所示各项工作的逻辑关系，绘制双代号时标网络计划，并读图确定其关键

线路和时间参数。

表 3-14 工作逻辑关系(三)

本工作	A	B	C	D	E	G	H
持续时间	9	4	2	5	6	4	5
紧前工作	—	—	—	B	B、C	D	D、E
紧后工作	—	D、E	E	G、H	H	—	—

10. 请根据上述第 7、8、9 题所示各项工作的逻辑关系,分别绘出其单代号网络计划。

项目四 建筑工程施工准备

学习目标

通过本项目的学习，了解施工准备工作的分类；掌握施工准备的内容，其中包括调查研究、收集有关施工资料，技术资料准备，施工现场准备，物资准备，施工现场人员准备，冬、雨期施工准备。

能力目标

能够根据原始资料的收集，进行拟建工程的资料收集；能够根据建筑工程施工准备的情况，对建筑施工图做初步识读，了解该工程大概的设计意图，具有参与图纸审查、编写会议纪要的能力。

任务一 施工准备工作概述

任务描述

施工准备工作是基本建设工作的主要内容，是建筑工程施工的重要阶段。施工准备工作能够创造有利的施工条件，保证施工能够又快、又好、又省地进行。对于一个优质的工程项目来说，前期的施工准备工作显得尤为重要，因为它是工程建设能够顺利完成的战略措施和重要前提，也是顺利完成建筑工程任务的关键。施工准备工作有组织、有计划、有步骤、分阶段地贯穿于整个工程建设的始终，不仅在开工前要做，开工后也要做。认真细致地做好施工准备工作，在充分发挥各方面的积极因素，合理利用资源，加快施工速度、提高工程质量、确保施工安全、降低工程成本及获得较好经济效益方面具有重要的作用。

本任务对施工准备工作进行了概要介绍。

相关知识

一、施工准备工作的意义

施工准备工作是为了保证工程顺利开工和施工活动正常进行而必须事先做好的各项准备工作。它是施工程序中的重要环节，不仅存在于开工之前，而且贯穿于整个施工过程。为了保证工程项目顺利地进行施工，必须做好施工准备工作。做好施工准备工作具有以下意义。

1. 确保建筑施工程序

现代建筑工程施工大多是十分复杂的生产活动，其技术规律和社会主义市场经济规律要求工程施工必须严格按照建筑施工程序进行。只有认真做好施工准备工作，才能取得良好的建设效果。

2. 降低施工的风险

做好施工准备工作，是取得施工主动权、降低施工风险的有力保障。就工程项目施工的特点而言，其生产受外界干扰及自然因素的影响较大，因而施工中可能遇到的风险就多。只有根据周密的分析和多年积累的施工经验，采取有效的防范控制措施，充分做好施工准备工作，加强应变能力，才能有效地降低风险损失。

3. 创造工程开工和顺利施工条件

工程项目施工中不仅涉及广泛的社会关系，而且还要处理各种复杂的技术问题，协调各种配合关系，因而只有统筹安排和周密准备，才能使工程顺利开工，也才能提供各种条件，保证开工后的顺利施工。

4. 提高企业的综合效益

做好施工准备工作，是降低工程成本、提高企业综合效益的重要保证。认真做好工程项目施工准备工作，能充分调动各方面的积极因素，合理组织资源，加快施工进度，提高工程质量，降低工程成本，增加企业经济效益，赢得企业社会信誉，实现企业管理现代化，从而提高企业的经济效益和社会效益。

5. 推行技术经济责任制

施工准备工作是建筑施工企业生产经营管理的重要组成部分。现代企业管理的重点是生产经营，而生产经营的核心是决策。因此，施工准备工作作为生产经营管理的重要组成部分，主要对拟建工程目标、资源供应和施工方案及其空间布置和时间排列等方面进行选择和施工决策，有利于施工企业搞好目标管理，推行技术经济责任制。

实践证明，施工准备工作的好与坏，将直接影响建筑产品生产的全过程。凡是重视并做好施工准备工作，积极为工程项目创造有利施工条件的，就能顺利开工，取得施工的主动权。同时，还可以避免工作的无序性和资源的浪费，有利于保证工程质量和施工安全，提高效益；反之，如果违背施工程序，忽视施工准备工作，使工程仓促开工，必然在工程施工中受到各种矛盾掣肘，处处被动，以致造成重大的经济损失。

二、施工准备工作的分类

1. 按工程所处施工阶段分类

按工程所处施工阶段分类，施工准备工作可分为开工前的施工准备和开工后的施工准备。

（1）开工前的施工准备：指在拟建工程正式开工前所进行的一切施工准备，目的是为工程正式开工创造必要的施工条件，具有全局性和总体性。若没有这个阶段，则工程不能顺利开工，更不能连续施工。

（2）开工后的施工准备：指开工之后，为某一单位工程、某个施工阶段或某个分部（分项）工程所做的施工准备工作，具有局部性和经常性。一般来说，冬、雨期施工准备都属于这种施工准备。

2. 按准备工作范围分类

按准备工作范围分类，施工准备工作可分为全场性施工准备、单位工程施工条件准备、分部(分项)工程作业条件准备。

(1)全场性施工准备。全场性施工准备是指以整个建设项目或建筑群为对象所进行的统一部署的施工准备工作。它不仅要为全场性的施工活动创造有利条件，而且要兼顾单位工程施工条件的准备。

(2)单位工程施工条件准备。单位工程施工条件准备是指以一个建筑物或构筑物为施工对象而进行的施工条件准备，不仅要为该单位工程做好开工前的一切准备，而且要为分部(分项)工程的作业条件做好施工准备工作。

单位工程的施工准备工作完成，具备开工条件后，项目经理部应申请开工，递交开工报告，报审批后方可开工。实行建设监理的工程，企业还应将开工报告送监理工程师审批，由监理工程师签发开工通知书，在限定时间内开工，不得拖延。

单位工程应具备的开工条件如下：

1)施工图纸已经会审并有记录。

2)施工组织设计已经审核批准并已进行交底。

3)施工图预算和施工预算已经编制并审定。

4)施工合同已签订，施工证件已经审批齐全。

5)现场障碍物已清除。

6)场地已平整，施工道路、水源、电源已接通，排水沟渠畅通，能够满足施工的需要。

7)材料、构件、半成品和生产设备等已经落实并能陆续进场，保证连续施工的需要。

8)各种临时设施已经搭设，能够满足施工和生活的需要。

9)施工机械、设备的安排已落实，先期使用的已运入现场，已试运转并能正常使用。

10)劳动力安排已经落实，可以按时进场。现场安全守则、安全宣传牌已建立，安全、防火的必要设施已具备。

(3)分部(分项)工程作业条件准备。分部(分项)工程作业条件准备是指以一个分部(分项)工程为施工对象而进行的作业条件准备。由于对某些施工难度大、技术复杂的分部(分项)工程，需要单独编制施工作业设计，应对其所采用的施工工艺、材料、机具、设备及安全防护设施等分别进行准备。

三、施工准备工作的要求

1. 施工准备应该有组织、有计划、有步骤地进行

(1)建立施工准备工作的组织机构，明确相应的管理人员。

(2)编制施工准备工作计划表，保证施工准备工作按计划落实。

将施工准备工作按工程的具体情况划分为开工前、地基基础工程、主体工程、屋面与装饰装修工程等时间区段，分期分阶段、有步骤地进行，可为顺利进行下一阶段的施工创造条件。

2. 建立严格的施工准备工作责任制及相应的检查制度

由于施工准备工作项目多、范围广、时间跨度长，因此必须建立严格的责任制，按计划将责任落实到相关部门及个人,明确各级技术负责人在施工准备中应负的责任,使各级技术负责人认真做好施工准备工作。在施工准备工作实施过程中,应定期进行检查,可按周、半月、月度进行检查,主要检查施工准备工作计划的执行情况。

3. 坚持按基本建设程序办事,严格执行开工报告制度

根据《建设工程监理规范》(GB/T 50319—2013)的有关规定,工程项目开工前,当施工准备工作情况达到开工条件要求时,应向监理工程师报送工程开工报审表及开工报告等有关资料,由总监理工程师签发,并报建设单位后,在规定的时间内开工。

4. 施工准备工作必须贯穿于施工全过程

施工准备工作不仅要在开工前集中进行,而且工程开工后,也要及时全面地做好各施工阶段的准备工作,贯穿于整个施工过程中。

5. 施工准备工作要取得各协作单位的友好支持与配合

由于施工准备工作涉及面广,因此,除施工单位自身努力做好外,还要取得建设单位、监理单位、设计单位、供应单位、银行、行政主管部门、交通运输等的协作及相关单位的大力支持,以缩短施工准备工作的时间,争取早日开工。做到步调一致,分工负责,共同做好施工准备工作。

四、施工准备工作的内容

施工准备工作的内容,视该工程本身及其具备的条件而异,有的比较简单,有的却十分复杂。例如,只有一个单项工程的施工项目和包含多个单项工程的群体项目,一般小型项目和规模庞大的大中型项目,新建项目和改扩建项目,在未开发地区兴建的项目和在已开发地区兴建的项目等,都因工程的特殊需要和特殊条件而对施工准备工作提出各不相同的具体要求。

施工准备工作要贯穿整个施工过程的始终,根据施工顺序的先后,有计划、有步骤、分阶段进行。按准备工作的性质,施工准备工作大致归纳为六个方面:建设项目的调查研究、资料收集,劳动组织的准备,施工技术资料的准备,施工物资的准备,施工现场的准备,季节性施工的准备。

五、施工准备工作的重要性

工程项目建设总的程序是按照计划、设计和施工三大阶段进行的,而施工阶段又分为施工准备、土建施工、设备安装、竣工验收等阶段。

施工准备工作的基本任务是为拟建工程的施工准备必要的技术和物质条件,统筹安排施工力量和合理布置施工现场。施工准备工作是施工企业搞好目标管理,推行技术经济承包的重要前提,同时,施工准备工作还是土建施工和设备安装顺利进行的根本保证。因此,认真做好施工准备工作,对于发挥企业优势、合理供应资源、加快施工速度、提高工程质量、降低工程成本、增加企业经济效益等具有重要的意义。

任务实施

根据上述"相关知识"的内容学习,对施工准备工作要求、内容有初步认识。

任务二 原始资料的调查与收集

任务描述

原始资料是工程设计及施工组织设计的重要依据之一。原始资料的调查主要是对工程条件、工程环境特点和施工条件等施工技术与组织的基础资料进行调查，以此作为施工准备工作的依据。原始资料调查工作应有计划、有目的地进行，事先要拟定明确、详细的调查提纲。调查的范围、内容、要求等，应根据拟建工程的规模、性质、复杂程度、工期及对当地的熟悉了解程度而定。原始资料调查的内容一般包括建设场址勘察和技术经济资料调查。

本任务要求学生掌握原始资料调查的基本内容。

相关知识

一、建设场址勘察

建设场址勘察主要是了解建设地点的地形、地貌、地质、水文、气象以及场址周围环境和障碍物情况等。勘察结果一般可作为确定施工方法和技术措施的依据。

1. 地形、地貌勘察

地形、地貌勘察要求提供工程的建设规划图、区域地形图(1/25 000~1/10 000)、工程位置地形图(1/2 000~1/1 000)，该地区城市规划图、水准点及控制桩的位置、现场地形和地貌特征、勘察高程及高差等。对地形简单的施工现场，一般采用目测和步测；对场地地形复杂的，可用测量仪器进行观测，也可向规划部门、建设单位、勘察单位等进行调查。这些资料可作为选择施工用地、布置施工总平面图、场地平整及土方量计算、了解障碍物及其数量的依据。

2. 工程地质勘查

工程地质勘查的目的是查明建设地区的工程地质条件和特征，包括地层构造、土层的类别及厚度、承载力及地震级别等。应提供的资料有：钻孔布置图；工程地质剖面图；土层类别、厚度；土壤物理力学指标，包括天然含水量、孔隙比、塑性指数、渗透系数、压缩试验及地基土强度等；地层的稳定性、断层滑块、流沙；最大冻结深度；地基土破坏情况等。工程地质勘查资料可为选择土方工程施工方法、地基土的处理方法以及基础施工方法提供依据。

3. 水文地质勘查

水文地质勘查所提供的资料主要有以下两个方面：

(1)地下水文资料：地下水最高、最低水位及时间，水的流速、流向、流量；地下水的水质分析及化学成分分析；地下水对基础有无冲刷、侵蚀影响等。所提供资料有助于选择基础施工方案、选择降水方法以及拟定防止侵蚀性介质的措施。

(2)地面水文资料：邻近江河湖泊距工地的距离；洪水、平水、枯水期的水位、流量及航道深度；水质分析；最大、最小冻结深度及结冻时间等。调查的目的是为确定临时给水方案、施工运输方式提供依据。

4. 气象资料调查

气象资料一般可向当地气象部门进行调查，调查资料作为确定冬、雨期施工措施的依据。气象资料包括以下几个方面：

(1)降雨、降水资料：全年降雨量、降雪量；日最大降雨量；雨期起止日期；年雷暴日数等。

(2)气温资料：年平均、最高、最低气温；最冷、最热月及逐月的平均温度。

(3)风向资料：主导风向、风速、风的频率；大于或等于8级风全年天数，并应将风向资料绘成风玫瑰图。

5. 周围环境及障碍物调查

周围环境及障碍物调查包括施工区域现有建筑物、构筑物、沟渠、水井、树木、土堆、电力架空线路、地下沟道、人防工程、上下水管道、埋地电缆、煤气及天然气管道、地下杂填积坑、枯井等。

【小提示】 这些资料要通过实地踏勘，并向建设单位、设计单位等调查取得，可作为布置现场施工平面的依据。

二、技术经济资料调查

技术经济资料调查的目的是查明建设地区地方工业、资源、交通运输、动力资源、生活福利设施等地区经济因素，获取建设地区技术经济条件资料，以便在施工组织中尽可能利用地方资源为工程建设服务，同时也可作为选择施工方法和确定费用的依据。

1. 建设地区的能源调查

能源一般指水源、电源、气源等。能源资料可向当地城建、电力、燃气供应部门及建设单位等进行调查，主要用作选择施工用临时供水、供电和供气的方式，提供经济分析比较的依据。

能源调查内容主要有：施工现场用水与当地水源连接的可能性、供水距离、接管距离、地点、水压、水质及水费等资料；利用当地排水设施排水的可能性、排水距离、去向等；可供施工使用的电源位置、引入工地的路径和条件，可以满足的容量、电压及电费；建设单位、施工单位自有的发变电设备、供电能力；冬期施工时附近蒸汽的供应量、接管条件和价格；建设单位自有的供热能力；当地或建设单位提供煤气、压缩空气、氧气的能力和它们至工地的距离等。

2. 建设地区的交通调查

交通运输方式一般有铁路、公路、水路、航空等。交通资料可向当地铁路、交通运输和民航等管理局的业务部门进行调查。收集交通运输资料是调查主要材料及构件运输通道的情况，包括道路、街巷、途经的桥涵宽度、高度，允许载重量和转弯半径限制等资料。

有超长、超高、超宽或超重的大型构件、大型起重机械和生产工艺设备需整体运输时还要调查沿途架空电线、天桥的高度，并与有关部门商议避免大件运输对正常交通产生干扰的路线、时间及解决措施。所收集资料主要用作组织施工运输业务、选择运输方式、提供经济分析比较的依据。

3. 主要材料及地方资源调查

主要材料及地方资源调查的内容包括：三大材料（钢材、木材和水泥）的供应能力、质量、价格、运费情况；地方资源如石灰石、石膏石、碎石、卵石、河砂、矿渣、粉煤灰等能否满足建筑施工的要求；开采、运输和利用的可能性及经济合理性。这些资料可向当地计划、经济等部门进行调查，作为确定材料的供应计划、加工方式、储存和堆放场地及建造临时设施的依据。

4. 建筑基地情况调查

建筑基地情况调查主要调查建设地区附近有无建筑机械化基地、机械租赁站及修配站；有无金属结构及配件加工；有无商品混凝土搅拌站和预制构件等。这些资料可用来确定构配件、半成品及成品等货源的加工供应方式、运输计划和规划临时设施。

5. 社会劳动力和生活设施情况调查

社会劳动力和生活设施情况调查内容包括：当地能提供的劳动力人数、技术水平、来源和生活安排；建设地区已有的可供施工期间使用的房屋情况；当地主副食、日用品供应、文化教育、消防治安、医疗单位的基本情况以及能为施工提供的支援能力。这些资料是制订劳动力安排计划、建立职工生活基地、确定临时设施的依据。

6. 参与施工的各单位能力调查

参与施工的各单位能力调查内容包括：施工企业的资质等级、技术装备、管理水平、施工经验、社会信誉等有关情况。这些可作为了解总、分包单位的技术及管理水平与选择分包单位的依据。

在编制施工组织设计时，为弥补原始资料的不足，有时还可借助一些相关的参考资料来作为编制依据，如冬、雨期参考资料，机械台班产量参考指标，施工工期参考指标等。这些参考资料可利用现有的施工定额、施工手册、施工组织设计实例或通过平时的施工实践活动来获得。

任务实施

根据上述相关知识的内容学习，对建设场址勘察、技术经济资料调查内容有所了解。

任务三　技术资料准备

任务描述

技术资料准备即通常所说的室内准备（内业准备），是施工准备工作的核心，指导着现场施工准备工作，对于保证建筑产品质量、实现安全生产、加快工程进度、提高工程经济效益具有十分重要的意义。任何技术的差错或隐患都可能引起人身安全和质量事故，造成生命、财产和经济的巨大损失。因此，必须认真做好技术资料准备工作。其内容一般包括：熟悉与审查图纸，编制施工图预算和施工预算，编制施工组织设计及"四新"试验，试制的技术准备。

本任务要求学生掌握技术资料准备工作的内容。

一、熟悉与审查图纸

熟悉与审查图纸可以保证能够按设计图纸的要求进行施工；使从事施工和管理的工程技术人员充分了解和掌握设计图纸的设计意图、构造特点和技术要求；通过审查发现图纸中存在的问题和错误，为拟建工程的施工提供一份准确、齐全的设计图纸。

1. 熟悉图纸

(1)熟悉图纸工作的组织。施工单位项目经理部收到拟建工程的设计图纸和有关技术文件后，应尽快组织有关的工程技术人员熟悉和自审图纸，写出自审图纸的记录。自审图纸的记录应包括对设计图纸的疑问和对设计图纸的有关建议，以便于图纸会审时提出。

(2)熟悉图纸的要求。

1)基础部分：核对建筑、结构、设备施工图中关于留口、留洞的位置及标高，地下室排水方向，变形缝及人防出口做法，防水体系的包圈与收头要求，特殊基础形式做法等。

2)主体部分：弄清建筑物、墙、柱与轴线的关系，主体结构各层所用的砂浆、混凝土强度等级，梁、柱的配筋及节点做法，悬挑结构的锚固要求，楼梯间的构造，卫生间的构造，对标准图有无特别说明和规定等。

3)屋面及装修部分：熟悉屋面防水节点做法，结构施工时应为装修施工提供的预埋件和预留洞，内外墙和地面等材料及做法，防火、保温、隔热、防尘、高级装修等的类型和技术要求。

4)设备安装工程部分：弄清设备安装工程各管线型号、规格及布置走向，各安装专业管线之间是否存在交叉和矛盾，建筑设备的型号、规格、尺寸是否正确，设备的位置及预埋件做法与土建是否存在矛盾。

(3)审查拟建工程的地点、建筑总平面图与国家、城市或地区规划是否一致，以及建筑物或构筑物的设计功能和使用要求是否符合环境卫生、防火及美化城市等方面的要求。

(4)审查设计图纸与说明书在内容上是否一致，以及设计图纸与其各组成部分之间有无矛盾和错误。

(5)审查设计图纸是否完整、齐全，以及是否符合国家有关工程建设的设计、施工方面的方针和政策。

(6)审查建筑总平面图与其他结构图在几何尺寸、坐标、标高、说明等方面是否一致，技术要求是否正确。

(7)审查地基处理和基础设计与拟建工程地点的工程水文、地质等条件是否一致，以及建筑物或构筑物与地下建筑物或构筑物、管线之间的关系。

(8)审查工业项目的生产工艺流程和技术要求，掌握配套投产的先后顺序和相互关系，以及审查设备安装图纸与其相配套的土建施工图纸上的坐标、标高是否一致；审查土建施工质量是否满足设备安装的要求。

(9)明确拟建工程的结构形式和特点，复核主要承重结构的强度、刚度和稳定性是否满足设计要求，审查设计图纸中复杂、施工难度大和技术要求高的分部分项工程或新结构、新材料、新工艺。

（10）明确主要材料、设备的数量、规格、来源和供货日期，以及建设期限、分期分批投产或交付使用的顺序和时间。

（11）明确建设、设计和施工等单位之间的协作、配合关系，以及建设单位可以提供的施工条件。

2. 图纸会审

（1）图纸会审的组织。一般由建设单位组织并主持会议，设计单位交底，施工单位、监理单位参加。对于重点工程或规模较大及结构、装修较复杂的工程，如有必要可邀请各主管部门、消防、防疫与协作单位参加。会审的程序是：

设计单位做设计交底，施工单位对图纸提出问题，有关单位发表意见，与会者研究、协商，逐条解决问题达成共识，组织会审的单位汇总成文，各单位会签，形成图纸会审纪要，会审纪要作为与施工图纸具有同等法律效力的技术文件使用。

（2）图纸会审的要求。

1）设计是否符合国家有关方针、政策和规定。

2）设计规模、内容是否符合国家有关的技术规范要求，尤其是强制性标准的要求；是否符合环境保护和消防安全的要求。

3）建筑设计是否符合国家有关的技术规范要求，尤其是强制性标准的要求；是否符合环境保护和消防安全的要求。

4）建筑平面布置是否符合核准的按建筑红线划定的详图和现场实际情况；是否提供符合要求的永久性水准点或临时水准点位置。

5）图纸及说明是否齐全、清楚、明确。

6）结构、建筑、设备等图纸本身及相互之间是否有错误和矛盾，图纸与说明之间有无矛盾。

7）有无特殊材料（包括新材料）要求，其品种、规格、数量能否满足需要。

8）设计是否符合施工技术装备条件，如需采取特殊技术措施时，技术上有无困难，能否保证安全施工。

9）地基处理及基础设计有无问题，建筑物与地下构筑物、管线之间有无矛盾。

10）建（构）筑物及设备的各部分尺寸、轴线位置、标高、预留孔洞及预埋件、大样图及做法说明有无错误和矛盾。

二、编制施工图预算和施工预算

在设计交底和图纸会审的基础上，施工组织设计已被批准，预算部门即可着手编制单位工程施工图预算和施工预算，以确定人工、材料和机械费用的支出，并确定人工数量、材料消耗数量及机械台班使用量等。

施工图预算是由施工单位主持，在拟建工程开工前的施工准备工作期间所编制的确定建筑安装工程造价的经济文件，是施工企业签订工程承包合同，工程结算，银行拨、贷款，进行企业经济核算的依据。

施工预算是根据施工图预算、施工图样、施工组织设计和施工定额等文件综合企业和工程实际情况所编制的，在工程确定承包关系以后进行，是施工单位内部经济核算和班组承包的依据。

三、编制施工组织设计

施工组织设计是指导施工现场全过程的、规划性的、全局性的技术、经济和组织的综合性文件，是施工准备工作的重要组成部分。通过施工组织设计，能为施工企业编制施工计划及实施施工准备工作计划提供依据，保证拟建工程施工的顺利进行。

【任务实施】

根据上述"相关知识"的内容学习，对技术资料准备工作有初步的认识。

任务四　施工现场准备

【任务描述】

施工现场是施工的全体参与者为了夺取优质、高速、低耗的目标，而有节奏、均衡、连续地进行建筑施工的活动空间。施工现场的准备即通常所说的室外准备（外业准备），为工程创造有利于施工条件的保证，是保证工程按计划开工和顺利进行的重要环节，其工作应按照施工组织设计的要求进行。其主要内容有清除障碍物、七通一平、测量放线、搭建临时设施等。

本任务要求学生掌握施工现场准备工作的内容。

【相关知识】

一、建设单位施工现场准备工作

建设单位应按合同条款中约定的内容和时间完成以下工作：

（1）办理土地征用、拆迁补偿、平整施工场地等工作，使施工场地具备施工条件，在开工后继续负责解决以上事项遗留问题。

（2）将施工所需水、电、电信线路从施工场地外部接至专用条款约定地点，保证施工期间的需要。

（3）开通施工场地与城乡公共道路的通道，以及专用条款约定的施工场地内的主要道路，满足施工运输的需要，保证施工期间的畅通。

（4）向承包人提供施工场地的工程地质和地下管线资料，对资料的真实准确性负责。

（5）办理施工许可证及其他施工所需证件、批件和临时用地、停水、停电、中断道路交通、爆破作业等的申请批准手续（证明承包人自身资质的文件除外）。

（6）确定水准点与坐标控制点，以书面形式交给承包人，进行现场交验。

（7）协调处理施工场地周围地下管线和邻近建筑物、构筑物（包括文物保护建筑）、古树名木的保护工作，承担有关费用。

二、施工单位现场准备工作

施工单位现场准备工作即通常所说的室外准备，施工单位应按合同条款中约定的内容和施工组织设计的要求完成以下工作：

(1)根据工程需要，提供和维护非夜间施工使用的照明、围栏设施，并负责安全保卫。

(2)按专用条款约定的数量和要求，向发包人提供施工场地办公和生活的房屋及设施，发包人承担由此发生的费用。

(3)遵守政府有关主管部门对施工场地交通、施工噪声以及环境保护和安全生产等的管理规定，按规定办理有关手续，并以书面形式通知发包人，发包人承担由此发生的费用，因承包人责任造成的罚款除外。

(4)按条款约定做好施工场地地下管线和邻近建筑物、构筑物(包括文物保护建筑)、古树名木的保护工作。

(5)保证施工场地清洁，符合环境卫生管理的有关规定。

(6)建立测量控制网。

(7)工程用地范围内的"七通一平"，其中平整场地工作应由其他单位承担，但建设单位也可要求施工单位完成，费用仍由建设单位承担。

(8)搭建现场生产和生活用地临时设施。

三、施工现场准备的主要内容

1. 清除障碍物

施工场地内的一切障碍物，无论是地上的还是地下的，都应在开工前清除。这一工作通常由建设单位完成，有时也委托施工单位完成。拆除时，一定要摸清情况，尤其是在老城区内，由于原有建筑物和构筑物情况复杂，而且资料不全，在清除前应采取相应的措施，防止事故发生。

对于房屋，一般只要把水源、电源切断后即可进行拆除。若房屋较大、较坚固，则有可能采用爆破的方法，这需要由专业的爆破作业人员来承担，并且需经有关部门批准。

架空电线(电力、通信)、埋地电缆(电力、通信)、自来水管、污水管、煤气管道等的拆除，都要与有关部门取得联系办好手续，一般最好由专业公司拆除。场内的树木需报请园林部门批准方可砍伐。

拆除障碍物后，留下的渣土等杂物都应清除出场外。运输时，应遵守交通、环保部门的有关规定，运土的车辆要按指定的路线和时间行驶，并采取封闭运输车辆或在渣土上直接洒水等措施，以免渣土飞扬而污染环境。

2. 做好"七通一平"

在工程用地范围内，接通施工用水、用电、道路和平整场地的工作，简称"三通一平"。其实，工地上实际需要的往往不只是水通、电通、路通，有的工地还需要供应蒸汽、架设热力管线，称为"热通"；通煤气，称为"气通"；通电话作为联络通信工具，称为"电信通"；还可能因为施工中的特殊要求，还有其他的"通"。通常，把"路通""给水通""排水通""排污通""电通""电信通""蒸汽及煤气通"称为"七通"。"一平"指的是场地平整。一般而言，最基本的还是"三通一平"。

3. 测量放线

按照设计单位提供的建筑总平面图及接收施工现场时建设方提交的施工场地范围、规划红线桩、工程控制坐标桩和水准基桩进行施工现场的测量与定位。这一工作是确定拟建工程平面位置的关键，施测中必须保证精度、杜绝错误。

施工时应根据建设单位提供的由规划部门给定的永久性坐标和高程，按建筑总图上的要求，进行现场控制网点的测量，妥善设立现场永久性标准，为施工全过程的投测创造条件。

在测量放线前，应做好检验校正仪器、校核红线桩(规划部门给定的红线，在法律上起着控制建筑用地的作用)与水准点，制定测量放线方案(如平面控制、标高控制、沉降观测和竣工测量等)等工作。如发现红线桩和水准点有问题，应提请建设单位处理。

建筑物应通过设计图中的平面控制轴线来确定其轮廓位置，测定后提交有关部门和建设单位验线，以保证定位的准确性。沿红线的建筑物，还要由规划部门验线，以防止建筑物压红线或超红线，为正常顺利施工创造条件。

4. 搭建临时设施

现场生活和生产用地临时设施，在布置安装时，要遵照当地有关规定进行规划布置，如房屋的间距、标准是否符合卫生和防火要求，污水和垃圾的排放是否符合环境的要求等。因此，临时建筑平面图及主要房屋结构图都应报请城市规划、市政、消防、交通、环境保护等有关部门审查批准。

为了施工方便和行人的安全，对于指定的施工用地的周界，应用围墙围护起来。围墙的形式和材料应符合市容管理的有关规定和要求，并在主要出入口设置标牌，标明工地名称、施工单位、工地负责人等。各种生产、生活用的临时设施，均应按批准的施工组织设计规定的数量、标准、面积、位置等要求组织搭建，不得乱搭乱建，并尽可能利用原有建筑物，减少临时设施的搭设，以便节约用地，节约投资。

各种生产、生活用的临时设施，包括各种仓库、混凝土搅拌站、预制构件场、机修站、各种生产作业棚、办公用房、宿舍、食堂、文化生活设施等，均应按批准的施工组织设计规定的数量、标准、面积、位置等要求组织修建。大、中型工程可分批分期修建。

5. 组织施工机具进场、安装和调试

按照施工机具需要量计划，分期分批组织施工机具进场，根据施工总平面布置图，将施工机具安置在规定的地点或存储的仓库内。对于固定的机具，要进行就位、搭设防护棚、接电源、保养和调试等工作。对所有施工机具，都必须在开工前进行检查和试运转。

6. 组织材料、构配件制品进场存储

按照材料、构配件、半成品的需要量计划组织物资、周转材料进场，并依据施工总平面图规定的地点和指定的方式进行储存和定位堆放。同时，按进场材料的批量，依据材料试验、检验要求，及时采样并提供建筑材料的试验申请计划，严禁不合格的材料存储在现场。

任务实施

根据上述"相关知识"的内容学习，对施工现场准备工作有初步的认识。

任务五　物资准备

施工物资准备是指施工中必须有的劳动手段（施工机械、工具、临时设施）和劳动对象（材料、配件、构件）等的准备，是一项较为复杂而又细致的工作。建筑施工所需的材料、构（配）件、机具和设备品种多且数量大，能否保证按计划供应，对整个施工过程的工期、质量和成本起到举足轻重的作用。各种施工物资只有运到现场并有必要的储备后，才具备必要的开工条件。因此，要将这项工作作为施工准备工作的一个重要方面来抓。施工管理人员应尽早计算出各阶段材料、施工机械、设备、工具等的需用量，并说明供应单位、交货地点、运输方式等。特别是对预制构件，必须尽早从施工图中摘录出构件的规格、质量、品种和数量，制表造册，向预制加工厂订货并确定分笔交货清单、交货地点及时间。对大型施工机械、辅助机械及设备，要精确计算工作日并确定进场时间，做到进场后立即使用，用毕立即退场，提高机械利用率，节省机械台班费及停留费。

物资准备的具体内容有建筑材料的准备、预制构件和商品混凝土的准备、施工机具的准备、模板和脚手架的准备、生产工艺设备的准备等。

本任务要求学生掌握施工物资准备工作的内容。

相关知识

一、基本建筑材料的准备

基本建筑材料的准备包括"三材"、地方材料和装饰材料的准备。准备工作应根据材料的需用量计划，组织货源，确定物资加工、供应地点和供应方式，签订物资供应合同。材料的储备应根据施工现场分期、分批使用材料的特点，按照以下原则进行材料的储备。

首先，应按工程进度分期、分批进行，现场储备的材料多了会造成积压，增加材料保管的负担，同时也占用过多流动资金；储备少了又会影响正常生产。所以，材料的储备应合理、适宜。

其次，做好现场保管工作，以保证材料的数量和原有的使用价值。

再次，现场材料的堆放应合理，现场储备的材料，应严格按照施工平面布置图的位置堆放，以减少二次搬运且应堆放整齐，标明标牌，以免混淆；另外，也应做好防水、防潮及易碎材料的保护工作。

最后，应做好技术试验和检验工作，对于无出厂合格证明和没有按规定测试的原材料，一律不得使用；对于不合格的建筑材料和构件，一律不准出厂和使用；特别是对于没有把握的材料或进口原材料、某些再生材料的储备，更要严格把关。

二、拟建工程所需构（配）件、制品的加工准备

工程项目施工中需要大量的预制构（配）件、门窗、金属构件、水泥制品以及卫生洁具

等，这些构件、配件必须事先提出订制加工单。对于采用商品混凝土现浇的工程，则先要到生产单位签订供货合同，注明品种、规格、数量、需要时间及送货地点等。

三、施工机具的准备

根据采用的施工方案，安排施工进度，确定施工机械的类型、数量和进场时间。确定施工机具的供应办法和进场后的存放地点和方式，编制建筑安装机具的需要量计划，为组织运输、确定堆场面积等提供依据。其主要内容如下：

（1）根据施工进度计划及施工预算所提供的各种构配件及设备数量，做好加工翻样工作，并编制相应的需用量计划。

（2）根据需用量计划，向有关厂家提出加工订货计划要求并签订订货合同。

（3）对施工企业缺少且需要的施工机具，应与有关部门签订订购和租赁合同，以保证施工需要。

（4）对于大型施工机械（如塔式起重机、挖土机、桩基设备等）的需求量和时间，应与有关方面（如专业分包单位）联系，提出要求，在落实后签订有关分包合同，并为大型机械按期进场做好现场有关准备工作。

（5）安装、调试施工机具，按照施工机具需要量计划，组织施工机具进场，根据施工总平面图将施工机具安置在规定的地方或仓库。对于施工机具，要进行就位、搭棚、接电源、保养、调试工作。对所有施工机具都必须在使用前进行检查和试运转。

四、模板和脚手架的准备

模板和脚手架是施工现场使用量大、堆放占地最大的周转材料。模板及其配件规格多、数量大，对堆放场地要求比较高，一定要分规格、型号整齐码放，以便于使用及维修；大钢模一般要求立放，并防止倾倒，在现场也应规划出必要的存放场地；钢管脚手架、桥脚手架、吊篮脚手架等都应按指定的平面位置堆放整齐，扣件等零件还应防雨，以防锈蚀。

五、生产工艺设备的准备

订购生产用的生产工艺设备，要注意交货时间与土建进度密切配合，因为某些庞大设备的安装往往要与土建施工穿插进行，如果土建全部完成或封顶后，安装会有困难，故各种设备的交货时间要与安装时间密切配合，以免影响建设工期。准备时按照拟建工程生产工艺流程及工艺设备的布置图提出工艺设备的名称、型号、生产能力和需要量，确定分期分批进场时间和保管方式，编制工艺设备需要量计划，为组织运输、确定堆场面积提供依据。

任务实施

根据上述"相关知识"的内容学习，对物资准备工作有初步的认识。

任务六 其他施工准备

任务描述

施工准备工作是一项繁杂的工作，除前述施工准备工作外，还应做好以下施工准备：资金准备、分包工作、提交开工申请报告、冬期施工准备、雨期施工准备、夏季施工准备、防暑降温准备、劳动组织准备等。本任务即对上述准备工作进行概要介绍。

相关知识

一、资金准备

施工项目的实施需要耗费大量的资金，在施工过程中可能会遇到资金不到位的情况，包括资金的时间不到位和数量不到位，这就要求施工企业必须认真进行资金准备。资金准备工作的具体内容主要有：编制资金收入计划；编制资金支出计划；筹集资金；掌握资金贷款、利息、利润、税收等情况。

二、做好分包工作

大型土石方工程、结构安装工程以及特殊构筑物工程的施工等，若需实行分包，则需在施工准备工作中依据调查中了解的有关情况，选定理想的协作单位。根据欲分包工程的工程量、完工日期、工程质量要求和工程造价等内容，签订分包合同。进行工程分包必须按照有关法规执行。

三、向主管部门提交开工申请报告

在进行相应施工准备工作的同时，若具备开工条件，应该及时填写开工申请报告，并上报主管部门以获得批准。

四、冬期施工各项准备工作

1. 合理安排冬期施工项目

为了更好地保证工程施工质量、合理控制施工费用，从施工组织安排上要综合研究，明确冬期施工的项目，做到冬期不停工，而冬期采取的措施费用增加较少。

2. 落实各种热源供应和管理

热源供应和管理包括各种热源供应渠道，热源设备和冬期用的各种保温材料的存储和供应，司炉工培训等工作。

3. 做好测温工作

冬期施工昼夜温差较大，为保证施工质量，在整个冬期施工过程中项目部要组织专人进行测温工作，每日实测室外最低温度、最高温度、砂浆温度，并负责把每天的测温情况通知工地负责人。出现异常情况立即采取措施，测温记录最后由技术员归入技术档案。

4. 做好保温防冻工作

冬期来临前，为保证室内其他项目能顺利施工，应做好室内的保温施工项目，如先完成供热系统，安装好门窗玻璃等项目；室外各种临时设施要做好保温防冻，如防止给水排水管道冻裂，防止道路积水结冰，及时清扫道路上的积雪，以保证运输顺利。

5. 加强安全教育，严防火灾发生

为确保施工质量，避免事故发生，要做好职工培训及冬期施工的技术操作和安全施工的教育，要有防火安全技术措施并经常检查落实，保证各种热源设备完好。

五、雨期施工各项准备工作

1. 防洪排涝，做好现场排水工作

施工现场雨期来临前，应做好防洪排涝准备，做好排水沟渠的开挖，准备好抽水设备，防止因场地积水和地沟、基槽、地下室等浸水而造成损失。

2. 做好雨期施工安排，尽量避免雨期窝工造成的损失

一般情况下，在雨期到来前，应多安排完成基础、地下工程，土方工程，室外及屋面工程等不宜在雨期施工的项目；多留些室内工作在雨期施工。将不宜在雨期施工的工程提前或延后安排，对必须在雨期施工的工程制定有效措施，晴天抓紧室外作业，雨天安排室内工作。注意天气预报，做好防汛准备，遇到大雨、大雾、雷击和6级以上大风等恶劣天气，应当停止进行露天高处、起重吊装和打桩等作业。

3. 做好道路维护，保证运输畅通

雨期前检查道路边坡排水，适当提高路面，防止路面凹陷，保证运输畅通。

4. 做好物资的存储

雨期到来前，材料、物资应多存储，减少雨期运输量，以节约费用。要准备必要的防雨器材，库房四周要有排水沟渠，以防物资淋雨浸水而变质。

5. 做好机具设备等的防护

雨期施工，对现场的各种设施、机具要加强检查，特别是脚手架、垂直运输设施等，要采取防倒塌、防雷击、防漏电等一系列技术措施。

6. 加强施工管理，做好雨期施工的安全教育

要认真编制雨期施工技术措施，并认真组织贯彻实施。加强对职工的安全教育，防止各种事故发生。

7. 加固整修临时设施及其他准备工作

(1)施工现场的大型临时设施在雨期前应整修加固完毕，保证不漏、不塌、不倒和周围不积水，严防水冲入设施内。选址要合理，避开易发生滑坡、泥石流、山洪、坍塌等灾害的地段。大风和大雨后，应当检查临时设施地基和主体结构情况，发现问题及时处理。

(2)雨后应及时对坑槽沟边坡和固壁支撑结构进行检查，深基坑应当派专人进行认真测量，观察边坡情况。如果发现边坡有裂缝、疏松，支撑结构折断、移动等危险征兆，应当立即采取处理措施。

(3)雨期施工中遇到气候突变，如暴雨造成水位暴涨、山洪暴发或因雨发生坡道打滑等情况时，应当停止土石方机械作业施工。

（4）雷雨天气不得进行露天电力爆破土石方作业，如中途遇到雷电，应迅速将雷管的脚线、电线主线两端连成短路。

（5）大风、大雨后作业应当检查起重机械设备的基础、塔身的垂直度、缆风绳和附着结构以及安全保险装置，并先试吊，确认无异常后方可作业。

（6）落地式钢管脚手架底应高于自然地坪 50 mm 并夯实整平，留一定的散水坡度在周围设置排水措施，防止雨水浸泡。

（7）遇到大雨、大雾、高温、雷击和 6 级以上大风等恶劣天气，应停止搭设和拆除作业。

（8）大风、大雨后要组织人员检查脚手架是否牢固，如有倾斜、下沉、松扣、崩扣和安全网脱落、开绳等现象，要及时进行处理。

六、夏季施工各项准备工作

夏季施工最显著的特点就是环境温度高、相对湿度较小、雨水较多，所以，要认真编制夏季施工的安全技术施工预案，认真做好各项准备工作。

1. 编制夏季施工项目的施工方案，并认真组织贯彻实施

根据施工生产的实际情况，积极采取行之有效的防暑降温措施，充分发挥现有降温设备的功能，添置必要的设施并及时做好检查维修工作。

2. 现场防雷装置的准备

（1）防雷装置设计应取得当地气象主管机构核发的《防雷装置设计核准意见书》。

（2）待安装的防雷装置应符合国家有关标准和国务院气象主管机构规定的使用要求，并具备出厂合格证等证明文件。

（3）从事防雷装置的施工单位和施工人员应具备相应的资质证或资格证书，并按照国家有关标准和国务院气象主管机构的规定进行施工作业。

七、施工人员防暑降温的准备

（1）关心职工的生产、生活，确保职工劳逸结合，严格控制加班时间。入暑前，抓紧做好高温、高空作业工人的体检，对不适合高温、高空作业者，应适当调换工作。

（2）施工单位在安排施工作业任务时，要根据当地的天气特点尽量调整作息时间，避开高温时段，采取各种措施保证职工得到良好的休息，保持良好的精神状态。

（3）施工单位要确保施工现场的饮用水供应，适当提供部分含盐饮料或绿豆汤，必须保证饮品的清洁、卫生，保证施工人员有足量的饮用水供应。及时发放藿香正气水、人丹、十滴水、清凉油等防暑药物，防止中暑和传染疾病的发生。

（4）密闭空间作业，要避开高温时段进行，必须进行时要采取通风等降温措施，采取轮换作业方式，每班作业 15～20 min 并设立专职监护人。长时间露天作业，应采取搭设防晒棚及其他防晒措施。

（5）患有高温禁忌症的人员要适当调整工作时间或岗位，避开高温环境和高空作业。

八、劳动组织的准备

1. 建立施工项目的组织机构

施工项目组织机构的建立应遵循的原则：根据工程规模、结构特点和复杂程度，确定施工组织的领导机构名额和人选；坚持合理分工与密切协作相结合的原则；把有施工经验、有创新精神、工作效率高的人选入领导机构；认真执行因事设职、因职选人。

对于一般单位工程，可设一名工地负责人，再配施工员、质检员、安全员及材料员等；对大型的单位工程或群体项目，则需配备一套班子，包括技术、材料、计划等管理人员。

2. 建立精干的施工队伍

施工队伍的建立要认真考虑专业、工种的合理配合，技工、普工的比例要满足合理的劳动组织及流水施工组织方式的要求，建立施工队组（专业施工队组或混合施工队组）要坚持合理、精干高效的原则；人员配置要从严控制二三线管理人员，力求一专多能、一人多职，同时制订出该工程的劳动力需要量计划。

3. 集结施工力量，组织劳动力进场

工地领导机构确定之后，按照开工日期和劳动力需要量计划，组织劳动力进场。同时，要进行安全、防火和文明施工等方面的教育，并安排好职工的生活。

4. 建立健全各项管理制度

由于工地的各项管理制度直接影响其各项施工活动的顺利进行，因此，必须建立健全工地的各项管理制度。一般管理制度包括：工程质量检查与验收制度；工程技术档案管理制度；建筑材料（构件、配件、制品）的检查验收制度；技术责任制度；施工图纸学习与会审制度；技术交底制度；职工考勤、考核制度；工地及班组经济核算制度；材料出入库制度；安全操作制度；机具使用保养制度。

5. 基本施工班组的确定

基本施工班组应根据工程的特点、现有的劳动力组织情况及施工组织设计的劳动力需要量计划来确定选择。各有关工种工人的合理组织，一般有以下几种参考形式。

（1）砖混结构的房屋。砖混结构的房屋采用混合班组施工的形式较好。在结构施工阶段，主要是砌筑工程，应以瓦工为主，配备适量的架子工、木工、钢筋工、混凝土工以及小型机械工等。装饰阶段则以抹灰工、油漆工为主，配备适当的木工、管道工和电工等。

这些混合施工队的特点是：人员配备较少，工人以本工种为主兼做其他工作，工序之间的衔接比较紧凑，因而劳动效率较高。

（2）全现浇结构房屋。全现浇结构房屋采用专业施工班组的形式较好。由于主体结构要浇灌大量的钢筋混凝土，故模板工、钢筋工、混凝土工是其主要工种。装饰阶段需配备抹灰工、油漆工、木工等。

（3）预制装配式结构房屋。预制装配式结构房屋采用专业施工班组的形式较好。由于这种结构的施工以构件吊装为主，故应以吊装起重工为主。因焊接量较大，所以电焊工要充足，并配以适当的木工、钢筋工、混凝土工。同时，根据填充墙的砌筑量配备一定数量的瓦工。装修阶段需配备抹灰工、油漆工、木工等专业班组。

6. 做好分包或劳务安排

由于建筑市场的开放，用工制度的改革，施工单位仅仅靠自身的基本队伍来完成施工任务已非常困难，因此，往往要联合其他建筑队伍（一般称外包施工队）共同完成施工任务。

（1）外包施工队独立承担单位工程的施工。对于有一定的技术管理水平、工种配套并拥有常用的中小型机具的外包施工队伍，可独立承担某一单位工程的施工。在经济上，可采用包工、包材料消耗的方法，企业只需抽调少量的管理人员对工程进行管理，并负责提供

大型机械设备、模板、架设工具及供应材料。

（2）外包施工队承担某个分部（分项）工程的施工。外包施工队承担某个分部（分项）工程的施工，实质上就是单纯提供劳务，而管理人员以及所有的机械和材料均由本企业负责提供。

（3）临时施工队伍与本企业队伍混编施工。临时施工队伍与本企业队伍混编施工是指将本身不具备施工管理能力，只拥有简单的手动工具，仅能提供一定数量的个别工种的施工队伍，编排在本企业施工队伍之中，指定一批技术骨干带领他们操作，以保证质量和安全，共同完成施工任务。

使用临时施工队伍时要进行技术考核，达不到技术标准、质量没有保证的不得使用。

7. 做好施工队伍的教育

施工前，企业要对施工队伍进行劳动纪律、施工质量和安全教育，要求本企业职工和外包施工队人员必须做到遵守劳动时间，坚守工作岗位，遵守操作规程，保证产品质量，保证施工工期及安全生产，服从调动，爱护公物。同时，企业还应做好职工、技术人员的培训和技术更新工作，只有不断提高职工、技术人员的业务技术水平，才能从根本上保证建筑工程质量，不断提高企业的竞争力。另外，对于某些采用新工艺、新结构、新材料、新技术的工程，应该先将有关的管理人员和操作工人组织起来培训，使其达到标准后再上岗操作。这也是施工队伍准备工作的内容之一。

任务实施

根据上述"相关知识"的内容学习，对其他施工准备工作有初步的认识。

📺 项目小结

建筑工程施工准备工作是工程生产经营管理的重要组成部分，是对拟建工程目标、资源供应和施工方案的选择，以及其空间布置和时间排列等诸多方面进行的施工决策。在拟建工程开工之后，每个施工阶段正式开工之前都必须进行施工准备工作。建筑工程施工准备工作内容包括施工现场准备、施工现场人员准备、技术准备、物资准备、其他施工准备等。

📁 思考与练习

1. 施工准备工作的意义是什么？
2. 如何做好冬期施工准备工作？
3. 如何做好雨期施工准备工作？
4. 熟悉图纸有哪些要求？会审图纸应包括哪些内容？

项目五 施工组织总设计

学习目标

通过本项目的学习，了解施工组织总设计的概念、依据，施工部署的概念、任务分工和组织安排、施工准备工作，施工总平面图的设计原则及依据；熟悉工程概况的内容，施工任务的划分和组织安排，施工总进度计划的编制原则及要求，综合劳动力，材料、构件和半成品，施工机具需要量计划，施工总平面图的科学管理；掌握施工组织总设计的内容，主要项目的施工方案、工程开展程序与全场临时设施的规划，施工总进度计划的编制步骤，施工准备工作计划，施工总平面图的内容和设计步骤。

能力目标

能编写建设项目工程概况；能进行项目工程施工部署和正确选择施工方案；能编制施工总进度计划；能设计施工总平面图。

任务一 施工组织总设计概述

任务描述

施工组织总设计是以若干单位工程组成的群体工程或特大项目为主要对象编制的施工组织设计，对整个项目的施工过程起统筹规划、重点控制的作用。

施工组织总设计用以指导整个施工现场各项施工准备和组织施工活动的技术经济资料，用以对整个建设项目的施工组织进行总体性指导、协调和阶段性目标控制与管理。其一般由建设总承包单位或工程项目经理部的总工程师编制。

本任务要求学生掌握施工组织总设计的内容。

相关知识

一、施工组织总设计的编制依据

为了保证施工组织总设计的编制工作顺利进行并提高质量，使设计文件更能体现工程实际情况，更好地发挥施工组织总设计的作用，编制施工组织总设计应具备下列编制依据。

(1)计划文件及有关合同。计划文件及有关合同包括国家批准的基本建设计划文件、概预算指标和投资计划、可行性研究报告及其批准文件、建设项目规划红线范围和用地批准文件、工程项目一览表、分期分批施工项目和投资计划、主管部门的批件、施工单位上级主管部门下达的施工任务计划、招投标文件及签订的工程承包合同、工程材料和设备的订货合同等。

（2）设计文件及有关资料。设计文件及有关资料包括已批准的建设项目的初步设计与扩大初步设计或技术设计的有关图纸、设计说明书、建筑总平面图、建设地区区域平面图、建筑竖向设计、总概算或修正概算等。

（3）工程勘察和原始资料。工程勘察和原始资料包括建设地区的地形、地貌、工程地质及水文地质、气象等自然条件；地区交通运输能力、能源、预制构件、建筑材料、地区进口设备和材料到货口岸及其转运方式、水电供应及机械设备等技术经济条件；建设地区的政治、经济、文化、生活、卫生等社会生活条件。

（4）现行规范、规程和有关技术规定。现行规范、规程和有关技术规定包括国家现行的施工及验收规范、操作规程、定额、技术规定和技术经济指标。

（5）类似工程的施工组织总设计和有关参考资料。类似工程的施工组织总设计和有关参考资料包括类似施工项目成本控制资料，类似施工项目工期控制资料，类似施工项目质量控制资料，类似施工项目安全、环保控制资料，类似施工项目技术新成果资料和类似施工项目管理新经验资料等。

二、施工组织总设计的内容和编制程序

施工组织总设计的内容根据工程性质、规模、工期、结构的特点及施工条件的不同而有所不同，通常包括下列内容：工程概况、施工部署、施工总进度计划、施工资源需要量计划、施工准备工作计划、施工总平面图和主要技术经济指标等。

【小提示】 施工组织总设计的基本作用是指导全工地施工准备、施工及竣工验收全过程的各项活动，它也是编制单位工程施工组织设计的依据。

施工组织总设计的编制程序如图 5-1 所示。

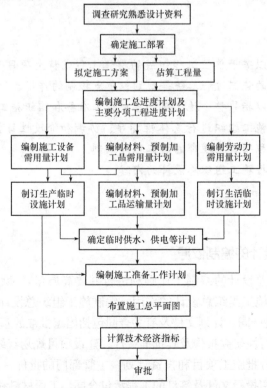

图 5-1 施工组织总设计的编制程序

三、工程概况

1. 项目主要情况

(1)建筑项目名称、性质、地理位置和建设规模。建筑项目名称、性质、地理位置和建设规模是对拟建工程项目的主要特征进行的描述。其主要内容包括工程性质、建设地点、建设总规模、总工期、总占地面积、总建筑面积，分期分批投入使用的项目和工期，总投资额，主要工种工程量，设备安装及其吨数，建筑安装工程量，生产流程和工艺特点，建筑结构类型，新技术、新材料、新工艺的复杂程度和应用情况，建筑总平面图和各项单位工程设计交图日期及已定的设计方案等，通常以表格形式表达，见表5-1和表5-2。

表 5-1　建筑安装工程项目一览表

序号	工程名称	建筑面积/ m²	建筑层数	结构类型	建安工作量/万元		设备安装工程量/t
					土建	安装	
	合计						

表 5-2　主要建筑物和构筑物一览表

序号	工程名称	建筑结构构造类型			占地面积/ m²	建筑面积/ m²	建筑层数	建筑体积/ m³
		基础	主体	屋面				

(2)建筑项目的建设、勘察、设计和监理等相关单位的情况。建筑项目的建设、勘察、设计和监理等相关单位的情况主要说明建筑项目的建设、勘察、设计、总承包和分包单位名称，以及建设单位委托的建设监理单位名称。

(3)建筑项目设计概况。建筑项目设计概况主要说明建筑项目施工总成本、总工期和总质量等级，以及每个单项工程施工成本、工期和工程质量等级要求。

(4)项目承包范围及主要分包工程范围。

(5)施工合同或招标文件对项目施工的重点要求。

(6)其他应说明情况。

2. 项目主要施工条件

(1)建筑项目建设地点气象状况。

(2)建筑项目施工区域地形和工程水文地质状况。

(3)建筑项目施工区域地上、地下管线及相邻的地上、地下建(构)筑物情况。

(4)与建筑项目施工有关的道路、河流等状况。

(5)当地建筑材料、设备供应和交通运输等服务能力状况。

(6)当地供电、供水、供热和通信能力状况。

(7)其他与施工有关的主要因素。

【小提示】 工程概况是对整个建设项目的总说明和总分析，是对整个建设项目或建筑群所做的一个简单扼要、突出重点的文字介绍。有时，为了补充文字介绍的不足，还可以附有建设项目总平面图，主要建筑的平、立、剖示意图及辅助表格。

任务实施

根据上述"相关知识"的内容学习，在日后的实践工作中，进行施工组织总设计的编制。

任务二 施工部署和施工方案

任务描述

施工部署是对项目实施过程作出的统筹规划和全面安排，包括项目施工主要目标、施工顺序及空间组织、施工组织安排等。施工方案是以分部(分项)工程或专项工程为主要对象编制的施工技术与组织方案，用以具体指导其施工过程。

本任务要求学生掌握建筑施工部署的内容。

相关知识

一、总体施工部署的基本要求

(1)施工组织总设计应对项目总体施工作出下列宏观部署：

1)确定项目施工总目标，包括进度、质量、安全、环境和成本等目标。

2)根据项目施工总目标的要求，确定项目分段(期)交付的计划。

3)确定项目分段(期)施工的合理顺序及空间组织。

(2)对于项目施工的重点和难点应进行简要分析。

(3)总承包单位应明确项目管理组织机构形式并宜采用框图的形式表示。

(4)对于项目施工中开发和使用的新技术、新工艺应作出部署。

(5)对主要分包项目施工单位的资质和能力应提出明确要求。

二、施工任务分工和组织安排

施工部署应首先明确施工项目的管理机构、体制，划分各参与施工单位的任务，明确各承包单位之间的关系，建立施工现场统一的组织领导机构及其职能部门，确定综合的和专业的施工队伍，划分施工阶段，确定各单位分期分批的主攻项目和穿插项目。

【小提示】 施工部署的内容和侧重点，根据建设项目的性质、规模和施工条件等客观因素不同而有所不同。

三、施工准备工作

施工准备工作是顺利完成项目建设任务的一个重要阶段，必须从思想上、组织上、技术上和物资供应等方面，做好充分准备并做好施工准备工作计划。其主要内容如下：

(1)安排好场内外运输，施工用主干道、水、电来源及其引入方案。

(2)安排好场地平整方案和全场性的排水、防洪方案。

(3)安排好生产、生活基地。在充分掌握该地区情况和施工单位的基础上，规划混凝土构件预制，钢、木结构制品及其他构配件的加工、仓储及职工生活设施等。

(4)安排好各种材料库房、堆场用地和材料货源供应及运输。

(5)安排好冬期、雨期施工的准备。

(6)安排好场区内的宣传标志，为测量放线做准备。

四、主要项目施工方案

施工组织总设计中要拟定一些主要工程项目和特殊的分项工程的施工方案，与单位工程施工组织设计中的施工方案所要求的内容和深度不同，这些项目是整个建设项目中工程量大、施工难度大、工期长，对整个建设项目的完成起关键作用的建筑物或构筑物，以及全场范围内工程量大、影响全局的特殊分项工程。拟定主要工程项目施工方案的目的是进行技术和资源的准备工作，同时也是为了施工进程的顺利开展和现场的合理布局。其包括以下内容：

(1)施工方法：要求兼顾技术的先进性和经济的合理性。

(2)工程量：对资源的合理安排。

(3)施工工艺流程：要求兼顾各工种各施工段的合理搭接。

(4)施工机械设备：既能使主导机械满足工程需要，又能发挥其效能，使各大型机械在各工程上能够实现综合流水作业，减少装、拆、运的次数，辅助配套机械的性能应与主导机械相适应，以便提高主导施工机械的工作效率。

主要工种工程的施工方法

主要工种工程是指工程量大、占用工期长、对工程质量和进度起关键作用的工程，如土石方、基础、砌体、架子、模板、混凝土、结构安装、防水、装修工程以及管道安装、设备安装、垂直运输等工程。在确定主要工种工程的施工方法时，应结合建设项目的特点和当地施工习惯，尽可能采用先进合理、切实可行的专业化、机械化施工方法。

(1)专业化施工方法。按照工厂预制和现浇浇筑相结合的方针，提高建筑专业化程度，妥善安排钢筋混凝土构件生产、木制品加工、混凝土搅拌、金属构件加工、机械修理和砂石等的生产。要充分利用建设地区的预制件加工厂和搅拌站来生产大批量的预制件及商品混凝土。如建设地区的生产能力不能满足要求，可考虑设置现场临时性的预制、搅拌场地。

(2)机械化施工方法。机械化施工是实现现代化施工的前提，要努力扩大机械化施工的范围，增添新型高效机械，提高机械化施工的水平和生产效率。

五、确定工程项目开展程序

确定建设项目中各项工程的合理开展程序是关系到整个建设项目能够尽快投产使用的关键。根据建设项目总目标的要求，确定合理的工程建设项目开展程序，主要应考虑以下几个方面。

(1)对于一些大中型工业建设项目，一般要根据建设项目总目标的要求，分期分批建设，既可使各具体项目尽快建成、尽早投入使用，又可在全局上实现施工的连续性和均衡性，减少临时设施的数量，降低工程成本。至于在实施过程中分几期施工，每期工程包含哪些项目，则要根据生产工艺要求、建设部门要求、工程规模大小、施工难易程度、资金状况和技术资源情况等，由建设单位和施工单位共同研究确定。

对于大中型民用建设项目(如居民小区)，一般也应分期分批建设。除考虑住宅以外，还应考虑幼儿园、学校、商店和其他公共设施的建设，以便交付使用后能及早发挥经济效益、社会效益和环境保护效益。

对于小型工业与民用建筑或大型建设项目的某一系统，由于工期较短或生产工艺的要求，也可不必分期分批建设，采取一次性建成投产。

(2)在统筹安排各类项目施工时，要保证重点、兼顾其他，确保工程项目按期投产。一般情况下，应优先考虑的项目是：

1)按生产工艺要求，需先期投入生产或起主导作用的工程项目。

2)工程量大，施工难度大，需要工期长的项目。

3)运输系统、动力系统的工程项目，如厂内外道路、铁路和变电站。

4)供施工使用的工程项目，如各种加工厂、搅拌站等附属企业和其他为施工服务的临时设施。

5)生产上优先使用的机修、车库、办公及家属宿舍等生活设施。

(3)一般工程项目均应按先地下后地上、先深后浅、先干线后支线的原则进行安排。例如，地下管线和筑路的程序，应先铺管线后筑路。

(4)应考虑季节对施工的影响。例如，大规模土方和深基础土方施工一般要避开雨期；

寒冷地区应尽量使房屋在入冬前封闭，而在冬期转入室内作业和设备安装。

六、施工任务的划分与组织安排

在明确施工项目管理体制、机构的条件下，划分参与建设的各施工单位的施工任务，明确总包与分包的关系，建立施工现场统一的组织领导机构及职能部门，确定综合的和专业化的施工组织，明确各施工单位之间的分工与协作关系，划分施工阶段，确定各施工单位分期分批的主导施工项目和穿插施工项目。

【小提示】 施工部署是对整个建设项目全局作出的统筹规划和全面安排，主要解决影响建设项目全局的重大战略性问题。

七、全场临时设施的规划

根据工程开展程序和施工项目施工方案的要求，对施工现场临时设施进行规划，主要内容包括安排生产和生活性临时设施的建设；安排原材料、成品、半成品、构件的运输和储存方式；安排场地平整方案和全场排水设施；安排场内外道路、水、电、气引入方案；安排场区内的测量标志等。

【任务实施】

根据上述"相关知识"的内容学习，在日后的实践工作中，进行建筑施工部署的编制。

任务三 施工总进度计划编制

【任务描述】

施工总进度计划是施工现场各项施工活动在时间上的体现，是根据施工部署和施工方案，合理确定各单项工程的控制工期，开工日期、竣工日期，以及它们之间的施工顺序和搭接关系的计划，是初步编制资源供应计划的依据，并且应形成总进度计划表和主要分部（分项）工程流水施工进度计划。

本任务要求学生掌握施工总进度计划的编制方法。

【相关知识】

一、施工总进度计划的编制原则及要求

1. 施工总进度计划的编制原则

(1)严格遵守合同规定，把配套建设作为安排总进度的指导思想。

(2)以配套投产或交付使用为目标，区分各项工程的轻重缓急，把工艺调试在前的、占用工期较长的、工程难度较大的项目安排在前面；把工艺调试靠后的、占用工期较短的、

工程难度较小的项目安排在后面。

（3）在年度投资额分配上应尽可能将投资额少的工程项目安排在最初年度内施工；投资额大的工程项目安排在最后年度内施工，以减少投资贷款的利息。

（4）充分估计设计出图的时间和材料、设备、配件的到货情况，务必使每个施工项目的施工准备、土建施工、设备安装和试车运转的时间能合理衔接。

（5）将办公楼、宿舍、附属或辅助车间等作为调节项目穿插其中，以达到既能保证重点，又能实现均衡施工的目的。

（6）将土建工程中的主要分部分项工程和设备安装工程分别组织流水作业、连续均衡施工，以达到土方、劳动力、施工机械、材料和构件的五大综合平衡。

（7）在施工顺序安排上，除应本着先地下后地上、先深后浅、先干线后支线、先地下管线后道路的原则外，还应使为进行主要工程所必需的准备工程及时完成。主要工程应从全工地性工程开始，各单位工程应在全工地性工程基本完成后立即开工。充分利用永久性建筑和设施为施工服务，以减少暂设工程费用开支。应充分考虑当地气候条件，尽可能减少雨期、冬期施工的附加费用。

2. 施工总进度计划的编制要求

编制施工总进度计划是根据施工部署中的施工方案和施工项目开展的程序，对整个工地的所有施工项目作出时间上和空间上的安排。施工总进度计划的基本要求是：保证拟建工程在规定的期限内完成，发挥投资效益、施工的连续性和均衡性，节约施工费用。

知识链接

施工总进度计划的作用

施工总进度计划的作用在于确定各个建筑物及其主要工种、分项工程、准备工作和全工地性工程的施工期限及开工和竣工的日期，从而确定建筑施工现场劳动力、原材料、成品、半成品、施工机械的需要量和调配情况，以及现场临时设施的数量、水电供应数量和能源、交通的需要量等。因此，正确地编制施工总进度计划是保证各项目以及整个建设工程按期交付使用、充分发挥投资效益、降低建筑工程成本的重要条件。

二、施工总进度计划的编制步骤

1. 计算工程项目及全工地性工程的工程量

施工总进度计划主要起控制总工期的作用，因此，项目划分不宜过细，可按照确定的主要工程项目的开展顺序排列，一些附属项目、辅助工程及临时设施可以合并列出。

在工程项目一览表的基础上，计算各主要项目的实物工程量。工程量可按照初步（或扩大初步）设计图纸并根据各种定额手册进行计算。常用的定额资料有以下几种：

（1）万元、十万元投资工程量的劳动力及材料消耗扩大指标。这种定额规定了某一种结构类型建筑，每万元或十万元投资中，劳动力、主要材料等的消耗数量。根据设计图纸中的结构类型，即可计算出拟建工程各分项工程需要的劳动力和主要材料的消耗数量。

（2）概算指标或扩大结构定额。概算指标是以建筑物每 100 m³ 体积为单位；扩大结构定额是以每 100 m² 建筑面积为单位。

【小提示】 查定额时，首先查找与本建筑物结构类型、跨度、高度相似的部分，然后查出这种建筑物按照定额单位所需要的劳动力和各项主要材料消耗量，从而推算出拟计算建筑物所需要的劳动力和材料的消耗数量。

(3)标准设计或已建房屋、构筑物的资料。在缺少上述几种定额手册的情况下，可采用标准设计或已建成的类似房屋实际所消耗的劳动力及材料进行类比，按比例估算。但是，由于和拟建工程完全相同的已建工程极为少见，因此，在采用已建工程资料时，一般要进行折算、调整。

除房屋外，还必须计算主要的、全工地性工程的工程量，如场地平整、铁路、道路和地下管线的长度等，这些都可以根据建筑总平面图来计算。将按照上述方法计算的工程量填入统一的工程量汇总表中，见表 5-3。

表 5-3　工程项目工程量汇总表

工程项目分类	工程项目名称	结构类型	建筑面积	幢(跨)数	概算投资	主要实物工程量							
						场地平整	土方工程	桩基工程	…	砖石工程	钢筋混凝土工程	…	装饰工程	…
			1 000 m²	个	万元	1 000 m²	1 000 m³	1 000 m³		100 m³	1 000 m³		1 000 m³	

2. 确定各单位工程(或单个建筑物)的施工期限

单位工程的工期可参阅工期定额(指标)予以确定。工期定额是根据我国各部门多年来的经验，经分析汇总而成的。因单位工程的施工期限与建筑类型、结构特征、施工方法、施工技术和管理水平以及现场的施工条件等因素有关，故确定工期时应予以综合考虑。

3. 确定单位工程的开工时间、竣工时间和相互搭接关系

在施工部署中已确定了总的施工程序和各系统的控制期限及搭接时间，但对每一建筑物何时开工、何时竣工尚未确定。在解决这一问题时，需考虑以下几个主要因素：

(1)同一时期的开工项目不宜过多，以免人力、物力的分散。

(2)尽量使劳动力和技术物资消耗量在全工程上均衡。

(3)做到土建施工、设备安装和试生产之间在时间上的综合安排以及每个项目和整个建设项目的合理安排。

(4)确定一些次要工程作为后备项目，用以调剂主要项目的施工进度。

4. 施工总进度计划的表达

施工总进度计划可以用横道图和网络计划图表达。由于施工总进度计划只是起控制作用，而且施工条件复杂多变，因此，项目划分不必过细。当用横道图表达施工总进度计划

时，项目的排列可按施工总体方案所确定的工程展开程序排列。横道图上应表达出各施工项目开工时间、竣工时间及其施工持续时间，见表 5-4。

表 5-4　施工总进度计划

序号	工程项目名称	结构类型	工程量	建筑面积	总工日	施工进度计划											
						××××年				××××年				××××年			

近年来，随着网络计划技术的推广，采用网络计划图表达施工总进度计划已经在实践中得到广泛应用。采用时间坐标网络计划图表达施工总进度计划，不仅比横道图更加直观明了，可以表达出各施工项目之间的逻辑关系，还可以进行优化，实现最优进度目标、资源均衡目标和成本目标。同时，由于网络计划图可以应用计算机计算和输出，便于对进度计划进行调整、优化，统计资料数量与输出图表更为方便、迅速。

5. 调整和修正施工总进度计划

施工总进度计划表绘制完成后，将同一时期各项工程的工作量加在一起，用一定的比例画在施工总进度计划的底部，即可得出建设项目工程量的动态曲线。若曲线上存在较大的高峰和低谷，则表明在该时间内各种资源的需求量变化较大，需要调整一些单位工程的施工速度或开工时间、竣工时间，以便消除高峰和低谷，使各个时期的工作量尽可能达到均衡。

6. 制定施工总进度保证措施

(1)组织保证措施。从组织上落实进度控制责任，建立进度控制协调制度。

(2)技术保证措施。编制施工进度计划实施细则，建立多级网络计划和施工作业周计划体系，强化事前、事中和事后进度控制。

(3)经济保证措施。确保按时供应资金，奖励工期提前有功者，经批准紧急工程可采用较高的计件单价，保证施工资源正常供应。

(4)合同保证措施。全面履行工程承包合同，及时协调分包单位施工进度，按时提取工程款，尽量减少业主提出工程进度索赔的机会。

任务实施

根据上述"相关知识"的内容学习，在日后的实践工作中，进行建筑施工总进度计划的设计并进行施工现场指导。

任务四 资源配置与施工准备计划编制

任务描述

在编制施工总进度计划以后，就可以编制各种主要资源需要量计划和施工准备工作计划。

各项资源需要量计划是做好劳动力及物资的供应、平衡、调度、落实的依据，其内容一般包括综合劳动力需要量计划，材料、构件和半成品需要量计划，施工机具需要量计划。

本任务要求学生掌握编制主要资源需要量计划和施工准备工作计划的方法。

相关知识

一、综合劳动力需要量计划

1. 劳动力配置计划的内容

(1)确定各施工阶段(期)的总用工量。

(2)根据施工总进度计划确定各施工阶段(期)的劳动力配置计划。

2. 劳动力需要量计划编制

劳动力需要量计划是规划临时设施工程和组织劳动力进场的依据。编制时，首先根据工程量汇总表中列出的各个建筑物的主要实物工程量，查预算定额或有关经验资料，便可求得各个建筑物主要工种的劳动量，再根据施工总进度表中各单位工程各工种的持续时间，即可得到某单位工程在某段时间内的平均工人数。将施工总进度计划表纵坐标方向上各单位工程同工种的人数叠加在一起并连成一条曲线，即某工种的劳动力动态曲线图。其他工种也用同样的方法绘成曲线图，从而根据劳动力曲线图列出主要工种劳动力需要量计划，见表 5-5。劳动力需要量计划是确定临时工程和组织劳动力进场的依据。

表 5-5　劳动力需要量计划

序号	工程品种	劳动量	施工高峰人数	××××年				××××年				现有人数	多余或不足

二、材料、构件和半成品需要量计划

根据工程量汇总表所列各建筑物的工程量，查定额或有关资料，便可得出各建筑物所需的建筑材料、构件和半成品的需要量。然后根据施工总进度计划表大致算出某些建筑材料在某一时间内的需要量，从而编制出建筑材料、构件和半成品的需要量计划，见表5-6。材料、构件和半成品需要量计划是材料供应部门和有关加工厂准备所需的建筑材料、构件和半成品并及时供应的依据。

表 5-6　主要材料、构件和半成品需要量计划

序号	工程名称	主要材料、构件和半成品需要量计划								
		水泥	砂	砖	…	混凝土	砂浆	…	木结构	…
		t	m³	块		m³	m³		m²	

注：1. 工种名称除生产工人外，应包括附属辅助用工（如机修、运输、构件加工、材料保管等）以及服务用工。
　　2. 表下应附分季度的劳动力动态曲线（纵轴表示人数，横轴表示时间）。

三、施工机具需要量计划

主要施工机具的需要量根据施工总进度计划、主要建筑物施工方案和工程量，套用机械产量定额求得。辅助机械可根据建筑安装工程每10万元扩大概算指标求得；运输机具的需要量根据运输量计算。施工机具需要量计划见表5-7。

表 5-7　施工机具需要量计划

序号	机具名称	规格、型号	数量	功率	需要量计划					
					××××年		××××年		××××年	

【小提示】　在施工总进度计划编制完成后，就可以编制各种主要资源需要量计划和施工准备工作计划。各项资源需要量计划是做好劳动力及物资的供应、平衡、调度、落实的依据。

四、施工准备工作计划

为了落实各项施工准备工作，加强检查和监督，保证施工进度计划顺利执行，必须根据各项施工准备工作的内容、时间和人员，编制出施工准备工作计划，见表5-8。

表 5-8　施工准备工作计划

序号	施工准备工作	内容	负责单位	负责人	起止时间		备注
					××××年	××月	

任务实施

根据上述"相关知识"的内容学习，在日后的实践工作中，进行资源需要量计划的编制。

任务五　施工总平面图

任务描述

施工总平面图是拟建项目施工场地的总布置图。它是按照施工部署、施工方案和施工总进度计划的要求，将施工现场的交通道路、材料仓库、附属企业、临时房屋、临时水电管线等作出合理的规划布置，从而正确处理全工地施工期间所需各项临时设施和永久建筑以及拟建项目之间的空间关系，指导现场进行有组织、有计划的文明施工。大型建筑项目的施工工期很长，随着工程的进展，施工现场的面积将不断改变。在这种情况下，应按不同阶段分别绘制施工总平面图，或根据实际变化情况对其进行调整和修改，以适应不同阶段的需要。

本任务要求学生掌握施工总平面图的编制方法。

一、施工总平面图的设计原则及依据

1. 施工总平面图的设计原则

(1)平面布置科学、合理，施工场地占用面积少。

(2)合理组织运输，减少二次搬运。

(3)施工区域的划分和场地的临时占用应符合总体施工部署和施工流程的要求，减少互相干扰。

(4)充分利用既有建(构)筑物和既有设施为项目施工服务，降低临时设施的建造费用。

(5)临时设施应方便生产和生活，办公区、生活区和生产区宜分离设置。

(6)符合节能、环保、安全和消防等要求。

(7)遵守当地主管部门和建设单位关于施工现场安全文明施工的相关规定。

2. 施工总平面图的设计依据

(1)各种设计资料。各种设计资料包括建筑总平面图、地形地貌图、区域规划图以及建设项目范围内有关的一切已有的和拟建的各种地上、地下设施及位置图。

(2)建设地区资料。建设地区资料包括当地的自然条件和技术经济条件，当地的资源供应状况和运输条件等。

(3)建设项目的概况。建设项目的概况包括施工方案、施工进度计划，以便了解各施工阶段情况，合理规划施工现场。

(4)物资需求资料。物资需求资料包括建筑材料、构件、加工品、施工机械、运输工具等物资的需要量表，以规划现场内部的运输线路和材料堆场等位置。

(5)各构件加工厂、仓库及其他临时设施情况。

(6)其他施工组织设计参考资料。

二、施工总平面图的内容

(1)建设项目建筑总平面图上一切地上和地下建筑物、构筑物以及其他设施的位置和尺寸。

(2)为全工地施工服务的所有临时设施的布置，包括：

1)施工用地范围，施工用的各种道路。

2)加工厂、搅拌站及有关机械的位置。

3)各种建筑材料、构件、半成品的仓库和堆场的位置，取土、弃土位置。

4)行政管理用房、宿舍、文化生活和福利设施等。

5)水源、电源、变压器位置，临时给水排水管线和供电、动力设施。

6)机械站、车库位置。

7)安全、消防设施等。

(3)永久性测量放线标志桩位置。许多规模巨大的建设项目，其建设工期往往很长，随着工程的进展，施工现场的面貌将不断改变。在这种情况下，应按不同阶段分别绘制若干张施工总平面图，或根据工地的实际变化情况，及时对施工总平面图进行调整和修正，以便适应不同时期的需要。

三、施工总平面图的设计步骤

1. 运输线路布置

设计全工地性的施工总平面图，首先应解决大宗材料进入工地的运输方式。例如，铁路运输需将铁轨引入工地，水路运输需考虑增设码头、仓储和转运问题，公路运输需考虑运输路线的布置问题等。

(1)铁路运输。一般大型工业企业都设有永久性铁路专用线，通常提前修建，以便为工程项目施工服务。由于铁路的引入将严重影响场内施工的运输和安全，因此，一般先将铁路引入工地两侧，当整个工程进展到一定程度，工程可分为若干个独立施工区域时，才可以把铁路引到工地中心区。此时，铁路对每个独立的施工区都不应有干扰，应位于各施工区的外侧。

(2)水路运输。当大量物资由水路运输时，应充分利用原有码头的吞吐能力。当原有码头吞吐能力不足时，应考虑增设码头，其码头的数量不应少于两个且宽度应大于 2.5 m，一般用石砌或钢筋混凝土结构建造。

(3)公路运输。当大量物资由公路运进现场时，由于公路布置较为灵活，一般将仓库、加工厂等生产性临时设施布置在最方便、最经济合理的地方，而后再布置通向场外的公路线。

【小提示】 一般码头距工程项目施工现场有一定距离，故应考虑在码头修建仓储库房以及从码头运往工地的运输问题。

2. 仓库与材料堆场布置

仓库与材料堆场通常考虑设置在运输方便、位置适中、运距较短并且安全防火的地方，并应区别不同材料、设备和运输方式来设置。

仓库和材料堆场的布置应考虑下列因素：

(1)尽量利用永久性仓储库房，以便节约成本。

(2)仓库和堆场位置距离使用地应尽量接近，以减少二次搬运的工作。

(3)当有铁路时，尽量布置在铁路线旁边并且留够装卸前线，应设在靠工地一侧，避免内部运输跨越铁路。

(4)根据材料用途设置仓库和材料堆场。

【小提示】 砂、石、水泥材料堆场等应在搅拌站附近；钢筋、木材、金属结构仓库在相应加工厂附近；油库、氧气库等布置在相对僻静、安全的地方；设备尤其是笨重设备应尽量在车间附近；砖、瓦和预制构件等直接使用材料应布置在施工现场，吊车控制半径范围之内。

3. 加工厂布置

加工厂一般包括混凝土搅拌站、构件预制厂、钢筋加工厂、木材加工厂、金属结构加工厂等。布置这些加工厂时主要考虑的问题是：来料加工和成品、半成品运往需要地点的总运输费用最小；加工厂的生产和工程项目的施工互不干扰。

(1)搅拌站布置。根据工程的具体情况，可采用集中、分散或集中与分散相结合三种方式布置。当现浇混凝土量大时，宜在工地设置现场混凝土搅拌站；当运输条件好时，采用集中搅拌最有利；当运输条件较差时，宜采用分散搅拌。

（2）预制构件加工厂布置。一般布置在空闲区域，既能安全生产又不影响现场施工。

（3）钢筋加工厂布置。根据不同情况，采用集中或分散布置。对于冷加工、对焊、点焊的钢筋网等，宜集中布置；设置中心加工厂，其位置应靠近构件加工厂；对于小型加工件，如利用简单机具即可加工的钢筋，可在靠近使用地分散设置加工棚。

（4）木材加工厂布置。根据木材加工的性质和数量，选择集中或分散布置。一般原木加工批量生产的产品等加工量大的应集中布置在铁路、公路附近；简单的小型加工件可分散布置在施工现场，搭设几个临时加工棚。

（5）金属结构、焊接、机修等车间布置。由于它们相互之间生产上联系密切，应尽量集中布置在一起。

4. 内部运输道路布置

根据各加工厂、仓库及各施工对象的相对位置，对货物周转运行图进行反复研究，区分主要道路和次要道路，进行道路的整体规划，以保证运输畅通、车辆行驶安全、节省造价。在内部运输道路布置时，应考虑以下几方面：

（1）尽量利用拟建的永久性道路。将它们提前修建或先修路基，铺设简易路面，项目完成后再铺路面。

（2）保证运输畅通。道路应设两个以上的进出口，避免与铁路交叉，一般厂内主干道应设成环形，其主干道应为双车道，宽度不小于 6 m；次要道路为单车道，宽度不小于 3 m。

（3）合理规划拟建道路与地下管网的施工顺序。在修建拟建永久性道路时，应考虑道路下的地下管网，避免将来重复开挖，尽量做到一次性到位，节约投资。

5. 消防要求

根据工程防火要求，应设立消防站，一般设置在易燃建筑物（木材、仓库等）附近，需有通畅的出口和消防车道，其宽度不宜小于 6 m，与拟建房屋的距离不得大于 25 m，也不得小于 5 m；沿道路布置消火栓时，其间距不得大于 10 m，消火栓到路边的距离不得大于 2 m。

6. 行政与生活临时设施设置

（1）临时性房屋设置原则。

1）全工地性管理用房（办公室、门卫等）应设在工地入口处。

2）工人生活福利设施（商店、俱乐部、浴室等）应设在工人较集中的地方。

3）食堂可布置在工地内部或工地与生活区之间。

4）职工住房应布置在工地以外的生活区，一般以距工地 500～1 000 m 为宜。

（2）办公及福利设施的规划与实施。工程项目建设中，办公及福利设施的规划应根据工程项目建设中的用人情况来确定。

1）确定人员数量。一股情况下，直接生产工人（基本工人）数用下式计算：

$$R = n\frac{T}{t} \times K_2 \tag{5-1}$$

式中　R——需要工人数；

n——直接生产的基本工人数；

T——工程项目年（季）度所需总工作日；

t——年（季）度有效工作日；

K_2——年（季）度施工不均衡系数，取 1.1～1.2。

非生产人员参照国家规定的比例计算，可以参考表 5-9 的规定。

表 5-9　非生产人员比例

序号	企业类别	非生产人员比例/%	其中		折算为占生产人员比例/%
			管理人员	服务人员	
1	中央、省、市、自治区属	16～18	9～11	6～8	19.0～22.0
2	直辖市、地区属	8～10	8～10	5～7	16.3～19.0
3	县(市)企业	10～14	7～9	4～6	13.6～16.3

注：工程分散，职工数较大者取上限；新辟地区、当地服务网点尚未建立时应增加服务人员 5%～10%；大城市、大工业区服务人员应减少 2%～4%。

家属视工地情况而定，工期短、距离近的家属少安排些，工期长、距离远的家属多安排些。

2)确定办公及福利设施的临时建筑面积。

当工地人员确定后，可按实际人数确定建筑面积。

$$S = NP \tag{5-2}$$

式中　S——建筑面积(m^2)；

　　　N——工地人员实际数；

　　　P——建筑面积指标，可参照表 5-10 取定。

表 5-10　临时建筑面积

序号	临时建筑名称	指标使用方法	参考指标	序号	临时建筑名称	指标使用方法	参考指标
一	办公室	按使用人数	3.0～4.0	3	理发室	按高峰年平均人数	0.01～0.03
二	宿舍			4	俱乐部	按高峰年平均人数	0.10
1	单层通铺	按高峰年(季)平均人数	2.5～3.0	5	小卖部	按高峰年平均人数	0.03
2	双层床	排除不在工地居住人数	2.0～2.5	6	招待所	按高峰年平均人数	0.06
3	单层床	排除不在工地居住人数	3.5～4.0	7	托儿所	按高峰年平均人数	0.03～0.06
三	家属宿舍		16～25 m²/户	8	子弟校	按高峰年平均人数	0.06～0.08
四	食堂	按高峰年平均人数	0.5～0.8	9	其他公用	按高峰年平均人数	0.05～0.10
	食堂兼礼堂	按高峰年平均人数	0.6～0.9				
五	其他合计	按高峰年平均人数	0.5～0.6	六	开水房	按高峰年平均人数	10～40
1	医务所	按高峰年平均人数	0.05～0.07	七	厕所	按工地平均人数	0.02～0.07
2	浴室	按高峰年平均人数	0.07～0.10	八	工人休息室	按工地平均人数	0.15

【小提示】　临时性房屋一般有办公室、车库、职工休息室、开水房、浴室、食堂、商店、俱乐部等。

7. 工地临时供水系统设置

设置临时性水电管网时，应尽量利用可用的水源、电源。一般排水干管和输电线沿主干道布置；水池、水塔等储水设施应设在地势较高处；总变电站应设在高压电入口处；消防站应布置在工地出入口附近，消火栓沿道路布置；过冬的管网要采取保温措施。工地用水主要有三种类型，即生活用水、生产用水和消防用水。工地供水确定的主要内容有确定用水量、选择水源、设计配水管网。

(1)确定用水量。

1)生产用水包括工程施工用水和施工机械用水。

①工程施工用水量：

$$q_1 = K_1 \sum \frac{Q_1 \times N_1}{T_1 \times b} \times \frac{K_2}{8 \times 3\,600} \qquad (5\text{-}3)$$

式中　q_1——施工工程用水量(L/s)；

　　　K_1——未预见的施工用水系数(1.05~1.15)；

　　　Q_1——年(季)度工程量(以实物计量单位表示)；

　　　N_1——施工用水定额，按表5-11取定；

　　　T_1——年(季)度有效工作日(天)；

　　　b——每天工作班数(次)；

　　　K_2——施工用水不均衡系数，按表5-12取定。

表 5-11　施工用水(N_1)参考定额

序号	用水对象	单位	耗水量 N_1/L	备注
1	浇筑混凝土全部用水	m³	1 700~2 400	
2	搅拌普通混凝土	m³	250	实测数据
3	搅拌轻质混凝土	m³	300~350	
4	搅拌泡沫混凝土	m³	300~400	
5	搅拌热混凝土	m³	300~350	
6	混凝土养护(自然养护)	m³	200~400	
7	混凝土养护(蒸汽养护)	m³	500~700	
8	冲洗模板	m²	5	
9	搅拌机清洗	台班	600	实测数据
10	人工冲洗石子	m³	1 000	
11	机械冲洗石子	m³	600	
12	洗砂	m³	1 000	
13	砌砖工程全部用水	m³	150~250	
14	砌石工程全部用水	m³	150~250	
15	粉刷工程全部用水	m³	30	

序号	用水对象	单位	耗水量 N_1/L	备注
16	砌耐火砖砌体	m³	100～150	包括砂浆搅拌
17	洗砖	千块	200～250	
18	洗硅酸盐砌块	m³	300～350	
19	抹面	m²	4～6	不包括调制用水
20	楼地面	m²	190	找平层同
21	搅拌砂浆	m³	300	
22	石灰砂浆	t	3 000	

表 5-12 施工用水不均衡系数

系数	用水名称	系数值
K_2	施工工程用水	1.50
	生产企业用水	1.25
K_3	施工机械运输机具	2.00
	动力设备	1.05～1.10
K_4	施工现场生活用水	1.30～1.50
K_5	居住区生活用水	2.00～2.50

②施工机械用水量：

$$q_2 = K_1 \sum Q_2 \times N_2 \times \frac{K_3}{8 \times 3\,600} \tag{5-4}$$

式中 q_2——施工机械用水量(L/s)；

K_1——未预见施工用水系数(1.05～1.15)；

Q_2——同种机械台数；

N_2——用水定额，参考表 5-13；

K_3——用水不均衡系数，参考表 5-12。

表 5-13 施工机械用水参考定额

序号	用水对象	单位	耗水量 N_2	备注
1	内燃挖土机	L/(台班·m³)	200～300	以斗容量 m³ 计
2	内燃起重机	L/(台班·t)	15～18	以起重吨数计
3	蒸汽起重机	L/(台班·t)	300～400	以起重吨数计
4	蒸汽打桩机	L/(台班·t)	1 000～1 200	以锤重吨数计
5	蒸汽压路机	L/(台班·t)	100～150	以压路机吨数计
6	内燃压路机	L/(台班·t)	12～15	以压路机吨数计

序号	用水对象	单位	耗水量 N_2	备注
7	拖拉机	L/(昼夜·台)	200～300	
8	汽车	L/(昼夜·台)	400～700	
9	标准轨蒸汽机车	L/(昼夜·台)	10 000～20 000	
10	窄轨蒸汽机车	L/(昼夜·台)	4 000～7 000	
11	空气压缩机	L/[台班·(m³·min⁻¹)]	40～80	以压缩空气机排气量(m³/min)计
12	内燃机动力装置(直流水)	L/(台班·马力①)	120～300	
13	内燃机动力装置(循环水)	L/(台班·马力)	25～40	
14	锅驼机	L/(台班·马力)	80～160	不利用凝结水
15	锅炉	L/(h·t)	1 000	以小时蒸发量计
16	锅炉	L/(h·m³)	15～30	以受热面积计
17	点焊机25型	L/h	100	实测数据
	点焊机50型	L/h	150～200	实测数据
	75型	L/h	250～350	实测数据
	100型	L/h		
	冷拔机	L/h	300	
18	对焊机	L/h	300	
19	凿岩机01—30(CM—56)	L/min	3	
	01—45(TN—4)	L/min	5	
	01—38(KⅡM—4)	L/min	8	
	YQ—100	L/min	8～12	

2)生活用水量包括施工现场生活用水和生活区生活用水。

①施工现场生活用水量：

$$q_3 = \frac{P_1 \times N_3 \times K_4}{b \times 3 \times 3\,600} \tag{5-5}$$

式中　q_3——生活用水量(L/s)；

　　　　P_1——高峰人数(人)；

　　　　N_3——生活用水定额，视当地气候、工种而定，一般取 100～120 L/(人·昼夜)；

　　　　K_4——生活用水不均衡系数，参考表 5-12；

　　　　b——每天工作班数(次)。

②生活区生活用水量：

---

① 1马力=735.499 W。

$$q_4 = \frac{P_2 \times N_4 \times K_5}{24 \times 3\ 600} \tag{5-6}$$

式中　q_4——生活区生活用水量(L/s);

　　　P_2——居民人数(人);

　　　N_4——生活用水定额,参考表5-14。

表5-14　生活用水(N_4)参考定额

序号	用水对象	单位	耗水量 N_4	备注
1	工地全部生活用水	L/(人·日)	100~200	
2	生活用水(盥洗生活饮用)	L/(人·日)	25~30	
3	食堂	L/(人·日)	15~20	
4	浴室(淋浴)	L/(人·次)	50	
5	淋浴带大池	L/(人·次)	30~50	
6	洗衣	L/人	30~35	
7	理发室	L/(人·次)	15	
8	小学校	L/(人·日)	12~15	
9	幼儿园、托儿所	L/(人·日)	75~90	
10	医院病房	L/(病床·日)	100~150	

3)消防用水量包括居民生活区消防用水和施工现场消防用水,用 q_5 表示,应根据工程项目大小及居住人数的多少来确定,可参考表5-15取定。

表5-15　消防用水量

用水场所	规模	火灾同时发生次数	单位	用水量
居民区消防	5 000人以内	一次	L/s	10
用水	10 000人以内 25 000人以内	二次 三次	L/s L/s	10~15 15~20
施工现场消防用水	施工现场在25公顷①以内	一次	L/s	10~15 (每增加25公顷递增5)

4)总用水量。由于生产用水、生活用水和消防用水不同时使用,日常只有生产用水和生活用水,消防用水是在特殊情况下产生的,故总用水量小,不能简单地将几项相加,而应考虑有效组合,即既要满足生产用水和生活用水,又要有消防储备。总用水量一般可分为以下三种组合:

当 $q_1+q_2+q_3+q_4 \leqslant q_5$ 时,取 $Q=q_5+\dfrac{1}{2}(q_1+q_2+q_3+q_4)$。

当 $q_1+q_2+q_3+q_4 > q_5$ 时,取 $Q=q_1+q_2+q_3+q_4$。

---

① 1公顷＝10^4 m²。

当工地面积小于 5 公顷，并且

$$q_1+q_2+q_3+q_4<q_5 \tag{5-7}$$

时，取 $Q=q_5$。

当总用水量 Q 确定后，还应增加 10%，以补偿不可避免的水管漏水等损失，即

$$Q_总=1.1Q \tag{5-8}$$

(2)选择水源和设计配水管网。

1)选择水源。工程项目工地临时供水水源的选择，有供水管道供水和天然水源供水两种方式。最好的方式是采用附近居民区现有的供水管道供水，只有当工地附近没有现成的供水管道或现成的给水管道无法使用以及供水量难以满足施工要求时，才使用天然水源供水（如江、河、湖、井等）。

【小提示】 选择水源应考虑的因素有：水量是否充足、可靠，能否满足最大需求量要求；能否满足生活饮用水、生产用水的水质要求；取水、输水、净水设施是否安全、可靠；施工、运转、管理和维护是否方便。

2)设计配水管网。

①确定供水系统。供水系统由取水设施、净水设施、贮水构筑物、输水管道、配水管道等组成。通常情况下，综合工程项目的首建工程应是永久性供水系统，只有在工程项目的工期紧迫时，才修建临时供水系统。如果已有供水系统，可以直接从供水源头接输水管道。

②确定取水设施。取水设施一般由取水口、进水管和水泵组成。取水口距河底（或井底）一般不小于 0.25～0.90 m，在冰层下部边缘的距离不小于 0.25 m。给水工程一般使用离心泵、隔膜泵和活塞泵三种。所用的水泵应具有足够的抽水能力和扬程。

③确定贮水构筑物。贮水构筑物一般有水池、水塔和水箱。在临时供水时，如水泵不能连续供水，需设置贮水构筑物。其容量以每小时消防用水决定，但不得少于 10 m³。贮水构筑物的高度应根据供水范围、供水对象位置及水塔本身位置来确定。

④确定供水管径。

$$D=\sqrt{\frac{4Q}{1\,000\times\pi\times v}} \tag{5-9}$$

式中 D——配水管内径(m)；

Q——用水量(L/s)；

v——管网中水流速度(m/s)，参考表 5-16 取定。

表 5-16 临时水管经济流速表

管径	流速/(m·s⁻¹)	
	正常时间	消防时间
支管 $D<0.1$ m	2.0	
生产消防管道 $D=0.1\sim0.3$ m	1.3	>3.0
生产消防管道 $D>0.3$ m	1.5～1.7	2.5
生产用水管道 $D>0.3$ m	1.5～2.5	3.0

根据已确定的管径和水压的大小，可选择配水管，一般干管为钢管或铸铁管，支管为钢管。

8. 工地临时供电系统布置

工地临时供电的布置包括工地总用电量的计算、电源的选择、导线截面面积的选择。

(1)工地总用电量的计算。施工现场用电一般可分为动力用电和照明用电。在计算用电量时，应考虑以下因素：

1)全工地动力用电功率。

2)全工地照明用电功率。

3)施工高峰用电量。

工地总用电量按下式计算：

$$P = (1.05 \sim 1.10)\left(K_1 \frac{\sum P_1}{\cos\varphi} + K_2 \sum P_2 + K_3 \sum P_3 + K_4 \sum P_4\right) \qquad (5\text{-}10)$$

式中　P——供电设备总需要容量(kV·A)；

　　　P_1——电动机额定功率(kW)；

　　　P_2——电焊机额定功率(kV·A)；

　　　P_3——室内照明容量(kW)；

　　　P_4——室外照明容量(kW)；

　　　$\cos\varphi$——电动机的平均功率因数(在施工现场最高为 $0.75 \sim 0.78$，一般为 $0.65 \sim 0.75$)；

　　　K_1，K_2，K_3，K_4——需要系数，参考表 5-17。

其他机械动力设备以及工具用电可参考有关定额。

由于照明用电量远小于动力用电量，故当单班施工时，其用电总量可以不考虑照明用电。

表 5-17　需要系数(K)值

用电名称	数量	需要系数				备注
		K_1	K_2	K_3	K_4	
电动机	3~10 台	0.7				施工上需要电热时，将其用电量计算进去。式(5-10)中各动力照明用电应根据不同工作性质分类计算
	11~30 台	0.6				
	30 台以上	0.5				
加工厂动力设备		0.5				
电焊机	3~10 台		0.6			
	10 台以上		0.5			
室内照明				0.8		
室外照明					1.0	

(2)电源的选择。

1)完全由工地附近的电力系统供电。

2)工地附近的电力系统不足时，工地需增设临时电站以补充不足部分。

3)如果工地属于新开发地区，附近没有供电系统，电力应由工地自备临时动力设施提供。

根据实际情况确定供电方案。一般情况下是将工地附近的高压电网引入工地的变压器进行调配。其变压器功率可由下式计算：

$$P = K\left(\frac{\sum P_{\max}}{\cos\varphi}\right) \tag{5-11}$$

式中　P——变压器的功率($kV \cdot A$)；

K——功率损失系数，取 1.05；

$\sum P_{\max}$——各施工区的最大计算负荷(kW)；

$\cos\varphi$——功率因数。

根据计算结果，应选取略大于该结果的变压器。

(3)导线截面面积的选择。导线的自身强度必须能防止受拉或机械性损伤而折断，导线还必须耐受因电流通过而产生的温升，导线还应使电压损失在允许范围之内。这样，导线才能正常传输电流，保证各方用电的需要。选择导线应考虑如下因素：

1)机械强度。导线在各种敷设方式下，应按其强度需要，保证必需的最小截面，以防拉断、折断。截面面积可根据有关资料进行选择。

2)允许电压降。导线满足所需要的允许电压，其本身引起的电压降必须限制在一定范围内，导线承受负荷电流长时间通过所引起的温升，其自身电阻越小越好，使电流通畅，温度则会降低。因此，导线的截面也是关键因素，可由下式计算：

$$S = \frac{\sum P \times L}{C \times \varepsilon} \tag{5-12}$$

式中　S——导线截面面积(mm^2)；

P——负荷电功率或线路输送的电功率(kW)；

L——送电线路的距离(m)；

C——系数，视导线材料、送电电压及调配方式而定，参考表 5-18；

ε——容许的相对电压降(线路的电压损失,%)，一般为 2.5%～5.0%。

其中，照明电路中容许电压降不应超过 2.5%～5.0%，电动机电压降不应超过±5.0%，临时供电可达到±8.0%。

表 5-18　按允许电压降计算时的 C 值

线路额定电压/V	线路系统及电流种类	系数 C 值	
		铜线	铝线
380/220	三相四线	77	46.3
220		12.8	7.75
110		31.2	1.9
36		0.34	0.21

按以上条件选择的导线，取截面面积最大的作为现场使用的导线，通常导线的选取先根据计算负荷电流的大小来确定，而后根据其机械强度和允许电压损失值进行复核。

③负荷电流。三相四线制线路上的电流可按下式计算：

$$I=\frac{P}{\sqrt{3}\times V\times\cos\varphi}\qquad\qquad(5\text{-}13)$$

式中　I——电流值（A）；

P——功率（W）；

V——电压（V）；

$\cos\varphi$——功率因数。

导线制造厂家根据导线的允许温升，制定了各类导线在不同敷设条件下的持续允许电流值。在选择导线时，导线中的电流不得超过此值。

9. 正式施工总平面图绘制

上述各设计步骤不是完全独立的，而是相互联系、相互制约的，需要综合考虑、反复修正才能确定下来。当有多种方案时，应进行方案比较。

四、施工总平面图的科学管理

施工总平面图设计完成之后，就应认真贯彻其设计意图，发挥其应有作用，因此，现场对总平面图的科学管理是非常重要的，管理不科学就难以保证施工的顺利进行。

（1）建立统一的施工总平面图管理制度。划分总平面图的使用管理范围，做到责任到人，严格控制材料、构件、机具等物资占用的位置、时间和面积，不准乱堆乱放。

（2）对水源、电源、交通等公共项目实行统一管理。不得随意挖路断道，不得擅自拆迁建筑物和水电线路，当工程需要断水、断电、断路时要申请，经批准后方可着手进行。

（3）对施工总平面图布置实行动态管理。在布置中，由于特殊情况或事先未遇到的情况需要变更原方案时，应根据现场实际情况统一协调，修正其不合理的地方。

（4）做好现场的清理和维护工作，经常性检修各种临时性设施，明确负责部门和人员。

知识链接

计算技术经济指标

施工组织总设计编制完成后，还需对其作出技术经济分析评价，以便改进方案或对多方案进行优选。施工组织总设计的技术经济指标应反映出设计方案的技术水平和经济性，一般常用的指标有以下几个。

（1）施工工期指标。施工工期指标包括建设项目总工期、独立交工系统工期，以及独立承包项目和单项工程工期。

（2）施工质量指标。施工质量指标包括分部工程质量水平、单位工程质量水平，以及单项工程和建设项目质量水平。

（3）施工成本指标。施工成本指标包括建设项目总造价、总成本和利润；每个独立交工系统的总造价、总成本和利润；独立承包项目造价成本和利润；每个单项工程、单位工程造价、成本和利润；产值（总造价）利润率和成本降低率。

（4）施工消耗指标。施工消耗指标包括建设项目总用工量；独立交工系统用工量；每个单项工程用工量；各自平均人数、高峰人数、劳动力不均衡系数和劳动生产率；主要材料消耗量和节约量；主要大型机械使用数量、台班量和利用率。

（5）施工安全指标。施工安全指标包括施工人员伤亡率、重伤率、轻伤率和经济损失四项。

(6)施工其他指标。施工其他指标包括施工设施建造费比例、综合机械化程度、工厂化程度和装配化程度，以及流水施工系数和施工现场利用系数。

任务实施

根据上述"相关知识"的内容学习，在日后的实践工作中，针对具体工程进行施工总平面图的编制，具体编制方法可参见本项目任务六的施工组织总设计实例。

任务六 施工组织总设计实例

一、工程概况和施工条件

(一)工程概况

某高校图书馆建安工程项目占地面积为 24 190 m²，由主楼、圆形和扇形裙楼组成，总建筑面积为 31 388 m²(其中，主楼地上 11 层，地下 1 层，建筑面积为 15 975 m²；裙楼 4 层，建筑面积为 15 413 m²，含 1 450 个座位的报告厅一座)，建筑总高度为 48.2 m，藏书规模 80 万册以上。图 5-2 所示为该工程项目的建筑总平面图。

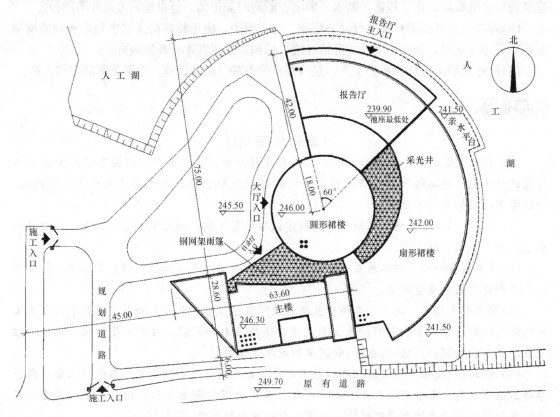

图 5-2 某高校图书馆建安工程项目建筑总平面图(单位：m)

1. 建筑设计特点

该高校图书馆建安工程项目建筑面积：主楼为 15 975 m²，裙楼为 15 413 m²，总建筑面积为 31 388 m²。层数、层高及总高：主楼±0.000 以下 1 层，层高为 3.9 m，±0.000 以上 11 层，层高为 4.0 m，建筑高度为 48.2 m；裙楼±0.000 以下局部 1 层，±0.000 以上 4 层，层高为 4.0 m，建筑高度为 17.6 m。建筑功能：主楼地下室为变配电房、空调机房、风机房、自行车库；一楼为检索厅、目录厅、馆长室、编目室等；二楼以上为分类图书阅览室和藏书库。设计标准、建筑分类和耐火等级为一类二级；抗震设防丙类，按 6 度设防；设计使用年限为 50 年。

除主楼一层目录厅和圆形裙楼一层大厅墙面、圆柱面贴花岗石，卫生间、开水间贴瓷砖外，其他内墙面均为混合砂浆打底，刮仿瓷涂料，面刷乳胶漆；外墙面采用小青砖和白色墙面砖混贴，局部铝塑板装饰；主楼一层目录厅和圆形裙楼一层大厅为花岗石楼地面，卫生间为陶瓷砖地面，主楼地下室为水泥砂浆地面，其他均为彩色水磨石或普通水磨石楼地面；卫生间为防水 PVC 扣板吊顶；风机房、电梯机房为吸声顶棚；地下室、开水间、工具室、藏书库、储藏室为混合砂浆打底，刮仿瓷涂料，面刷乳胶漆；主楼一层目录厅和圆形裙楼一层大厅为轻钢龙骨石膏板吊顶，其他顶棚均为 T 形铝合金龙骨金属装饰板吊顶。

2. 结构设计

基础：人工挖孔桩基础，垫层混凝土 C10，桩帽、地梁混凝土 C35，地基基础设计等级乙级。结构形式：主楼为 12 层框架结构，柱网尺寸 8.1 m×9 m；圆形裙楼为 36 m 直径的 4 层框架结构，径向跨距为 9 m，环向最大跨距为 9.42 m；弧形裙楼为 4 层扇形框架结构，径向跨距为 9 m，环向最大跨距为 13.35 m；报告厅为现浇单层排架柱，最大跨距为 25.9 m。梁、板、柱：楼盖及部分屋盖为现浇钢筋混凝土肋形梁板，部分曲梁；柱为方柱、局部圆柱。混凝土强度等级：四层以下墙柱 C35，梁、板 C30；四层以上墙柱 C30，梁、板 C30。砌体：外墙为 240 mm 厚页岩砖，框架内隔墙为 190 mm 厚混凝土空心砌块。钢筋：结构受力主筋为 HRB400 级钢，其他为 HRB335 级钢、HPB300 级钢。网架屋盖：报告厅、采光天井及主楼入口挑雨篷均采用螺栓球网架。

(二)工程施工条件

1. 建设地点气象状况

(1)温度：最高温度为 40.6 ℃；最低温度为−11.3 ℃；年平均气温为 16.9 ℃。

(2)湿度：最热月平均相对湿度为 73%；最冷月平均相对湿度为 79%。

(3)降水量：年平均降水量为 1 400.6 mm；日最大降水量为 149.3 mm。

(4)风向及风速：夏期主导风向为 S；冬期主导风向为 EN；平均风速 1.7 m/s(冬期)～2.2 m/s(夏期)。

(5)基本风荷载为 0.35 kN/m²；基本雪荷载为 0.35 kN/m²；地震基本烈度为 6 度。

2. 区域地形及工程地质情况

区域地形地貌：原始地形为丘陵山坡地，西北高、东南低，施工场地东边紧邻人工湖。施工现场场地呈 242.00 m、245.00 m 和 249.60 m 三个标高。

3. 现场施工条件

本工程位于校区主干道东侧的人工湖畔，施工现场无拆迁，桩基础已完成(需补桩 9 根)。

(1)施工场地狭小、竖向高差大：业主提供给承包商的施工场地在拟建建筑物的西侧，东西宽约 60 m，南北长约 100 m，施工场地狭小；拟建工程的东、西、北向室外地面标高分别为 241.50 m、245.50 m 和 249.90 m，场地竖向高差大，场内交通组织困难。

(2)临湖施工难度大：拟建工程的东侧设有 140 m 长消防车道（兼作亲水平台），需修建临湖钢筋混凝土挡土墙，施工前期需抢建临湖挡土墙并及时回填，以形成场内环形施工道路。

(3)场外交通受限多：校区外与 207 国道相接，校区内能提供两条施工进场道路，但现场西侧主干道需修建 200 m 施工临时道路与之相接，且校方要求限时使用（休息日及夜间使用）；东侧进场道路高出±0.000 标高达 3.9 m，且因一座石砌拱桥需限载使用（汽 15 t、拖 40 t）。

(4)裙楼单层面积大、技术要求高：本工程裙楼单层面积大，圆柱、不同半径的曲梁多，周转材料投入量大，需分段流水施工。

(5)安全、环境要求高：本工程位于校区中心地带，业主对现场封闭、安全文明施工和环境卫生、施工噪声控制要求高。

二、施工总体安排

(一)施工原则

(1)基础施工阶段：先地下、后地上。将临湖挡土墙、裙楼、主楼三部分分别组织施工，重点是抢建临湖挡土墙，裙楼和主楼的桩帽、地梁按先深后浅的原则组织内部流水施工。

(2)主体结构施工阶段：主楼和裙楼采用平面分段、立面分层，先结构、后围护、再装修的原则组织施工。裙楼围护墙体在主体封顶后施工，主楼围护墙体则在五层主体结构完成后插入施工，为缩短工期，主体中检安排二次验收，以及时插入内抹灰打底。

(3)装饰工程阶段：装饰工程在屋面防水施工后进行，抹灰施工先外墙后内墙，先顶棚、墙面后地面，外装饰工程自上而下连续作业，一次完成；内装饰工程先房间后走廊，再楼梯和门厅。

(二)施工段的划分

为优化劳动组合，实现缩短工期、均衡施工的目的，本工程施工段竖向以层分段；平面划分为四个施工段：报告厅为第一施工段、扇形裙楼为第二施工段、圆形裙楼为第三施工段、主楼为第四施工段。各施工段内组织小节拍流水施工。

(三)施工顺序及流向

(1)基础施工阶段：重点抢建临湖挡土墙，基础工程按先深后浅的原则，按报告厅→扇形裙楼→圆形裙楼→主楼的施工顺序组织依次流水施工，如图 5-3 所示。

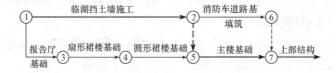

图 5-3　基础施工阶段施工顺序及流向

（2）主体施工阶段：以主楼为主线组织报告厅、扇形裙楼、圆形裙楼的平行流水施工，主楼小节拍流水，其他施工段穿插流水，如图5-4所示。

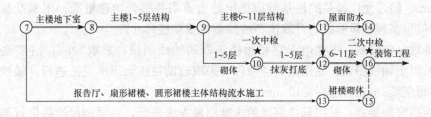

图 5-4　主体施工阶段施工顺序及流向

（3）装饰施工阶段：组织装饰工程与安装工程的立体交叉施工，如图5-5所示。

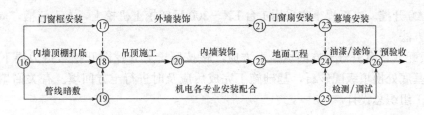

图 5-5　装修施工阶段施工顺序及流向

(四)任务划分及队伍安排

（1）自行完成任务：基础及地下室工程、混凝土主体结构工程、砌体工程、脚手架及垂直运输工程、初装饰工程、给水排水及强电安装工程等，均由项目部组织劳务队伍自行完成。

（2）专业队伍：钢筋的对焊竖焊、三元乙丙及 SBS 防水卷材施工由公司专业作业队承包完成，玻璃幕墙工程由公司下属幕墙公司承包完成。

（3）分包工程安排：网架制安、电梯安装、采暖通风、火灾自动报警系统及室内电视、电话、宽带网络系统等由项目部会同监理、业主进行招标，择优选定具备资质的专业队伍承包施工。

三、主要施工方法

(一)工程测量放线

1. 建立施工控制网

根据业主移交的坐标控制桩和水准基桩建立施工控制网，平面控制网的边长相对中误差≤1/15 000，测角中误差≤15″，轴线起始点的定位误差≤2 cm，角度闭合差≤测角中误差的 4 倍。建筑物的高程控制采用水准测量，水准点的个数不少于 5 个，测量精度不低于 4 度水准。

控制点、水准点应设置固定标桩，选择通视良好、土质坚实、利于保护、便于引测的地方，用 $\phi 120 \sim \phi 150$ mm 的硬木桩，打入地下的深度≥1 m，桩顶在轴线上钉固钉标志，并在标桩外加以保护。

2. 施工放样

(1)桩基验收：用经纬仪根据控制桩直接对各轴线进行投测，验收桩基轴线，允许偏差±10 mm，超过允许偏差的桩基础应提出处置方案并报告监理批准；用水准仪结合5 m塔尺进行桩顶高程测量验收，计算出各桩的截桩或接桩尺寸。

(2)轴线竖向投测：主楼地下室和裙楼工程的轴线测设，采取"外引外控"法进行；主楼±0.000以上轴线测设，使用激光经纬仪，采取辅助轴线天顶准直法进行。轴线竖向投测允许偏差每层≤3 mm，总高≤10 mm。

(3)标高竖向传递：采用悬挂钢尺的水准测量方法进行，并对钢尺读数进行温度、尺长和拉力修正。传递点数目：裙楼不少于4处，主楼不少于3处。标高竖向传递允许偏差每层≤±3 mm，总高≤±10 mm。

(二)土方工程

(1)土方开挖。本工程土方采用1台EX－300反铲挖土机挖土，人工清槽，局部人工挖土的施工方法。

(2)级配砂石换填与土方回填。土方应严格按照土方开挖图开挖至持力层下200 mm，该标高至基底处换填级配砂石，基础施工完成后应及时进行土方回填。有关回填的具体要求详见施工组织总设计。

(三)钢筋工程

进入现场的钢筋需有出厂合格证，经外观检查验收合格并按规定取样检验，合格者方准使用。钢筋集中统一配料，在车间机械加工制成半成品后，挂牌标志、分类垫高堆放。钢筋的场内水平运输采用双轮车，楼层垂直和水平运输采用塔式起重机。钢筋运至所需部位，采用人工绑扎成型入模。

(1)钢筋的接头。钢筋接头的位置、构件同区段内钢筋接头的数量及绑扎接头的搭接长度需符合规范规定和设计要求。凡直径≥18 mm的水平、竖向钢筋，均采用闪光接触对焊和电渣竖向压力焊。焊工需持证上岗，正式焊接前先进行试焊，焊件试验合格后，方可正式焊接。

(2)钢筋保护层厚度的控制。柱钢筋下部采用定位箍筋控制柱钢筋的位移，定位箍筋采用ϕ12 mm圆钢制作，与楼板上层筋点焊牢固；柱钢筋上部采用新型塑料卡环在柱子的中部和上部定位(图5-6)。梁中上、下双层筋采用同梁宽的用ϕ25 mm短钢筋分隔，间距为0.5 m，确保梁双层钢筋的排距；梁底、板底钢筋保护层均采用塑料卡控制，塑料卡呈花形布置，间距为600 mm(图5-7)；梁侧面保护层采用塑料卡环控制。

图5-6 塑料卡环控制柱钢筋的混凝土保护层厚度

(四)模板工程

本工程模板均采用双面覆塑竹胶合模板，采用分施工段整体支模方式，施工顺序为：柱模板→楼梯间、电梯间墙模板→梁、板模板。模板的地面运输使用双轮车，模板的楼层垂直和水平运输使用塔式起重机将其运至所需部位。

图 5-7 塑料卡控制楼板
钢筋的混凝土保护层厚度

1. 柱模板

本工程多为方柱，少量为 φ600 圆柱。方柱模板采用竹胶合模板，50 mm×100 mm 木方间距不大于 150 mm，模板卡具使用双 8 号槽钢制作，间距为 400 mm；圆柱模板采用半圆形定型钢模板对拼，柱箍采用短钢管卡具，间距为 500 mm。柱模板采用 φ48 mm 钢管架支撑系统。柱模板构造如图 5-8 所示。

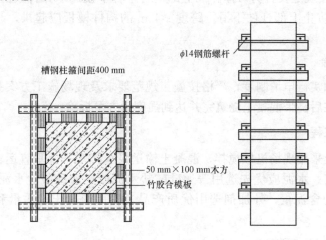

图 5-8 柱模板构造示意图

2. 楼梯模板

本工程楼梯拟采用架空法支模工艺施工，底模板采用竹胶合模板，异形模板采用刨光木模板，楞木与 φ48 钢管架支撑系统。楼梯架空法支模如图 5-9 所示。

3. 电梯井道模板

电梯井道内模采用铰链收分筒子模板，配以提升平台施工，作业面下方封闭，既方便快捷又具有可靠的施工安全性。电梯井道外侧采用竹胶合大模板，对拉螺栓采用 φ25～φ32 倒拨式大小头螺杆拧紧，井道内侧采用双向丝杠拉紧。

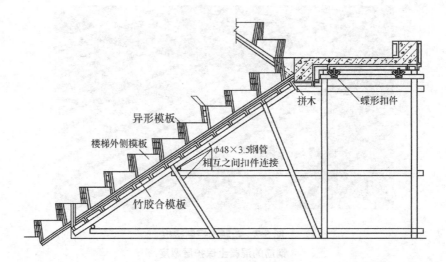

图 5-9　楼梯架空法支模示意图

图中标注：异形模板、楼梯外侧模板、竹胶合模板、$\phi48\times3.5$钢管相互之间扣件连接、拼木、蝶形扣件

4. 混凝土楼盖模板

梁模板以定型钢模板为主，楼板的模板以覆塑竹胶合板为主。梁、板模板采用满堂$\phi48$钢管扣件和配有早拆头的可调式钢管立柱构成的早拆支撑体系。钢管架子立杆纵横距≤900 mm，并按规定设置剪刀撑。最上部钢管平杆下使用双扣件（在立杆紧上部的扣件下加一个扣件），防止上部杆件下滑。跨度≥4 m的构件模板应起拱，起拱高度可为跨度的1‰～3‰。

5. 模板的拆除

模板支撑拆除实行申请制度，严格按施工规范要求及现场施工方案执行。后浇带两侧梁、板模板支撑在后浇带混凝土浇筑完并达到强度后方可拆除。

(五)混凝土工程

本工程混凝土采用现场机械搅拌，混凝土输送泵承担水平及垂直运输，混凝土入模后采用机械振捣密实。水泥应优先选用普通硅酸盐水泥或矿渣硅酸盐水泥，石子级配良好，严格控制砂、石的含泥量，外加剂选用优质产品，确保混凝土的质量和连续浇筑施工的要求。

1. 混凝土浇筑顺序及方法

主体框架结构混凝土的浇筑顺序为：墙、柱→楼梯→梁、楼板。框架柱混凝土采取分层浇筑，每层厚度不大于500 mm，使用插入式振捣器振捣密实。

楼层梁板混凝土采取由远离输送泵的一边平行向另一边推进、连续浇筑施工。梁板混凝土用插入式振捣器采取二次振捣法振捣密实，用木抹子抹压压实并加强二次抹压，以消除因天气炎热而导致混凝土表面出现的干缩裂缝。楼板板面的平整与标高利用测设于柱筋上的标志拉线予以控制。混凝土楼板表面采用塑料布覆盖养护，墙柱混凝土采用刷养护剂的方法养护。

2. 施工缝留置与处理

(1)施工缝留置：地下室外墙的施工缝留在地板上300 mm处和楼板上平处；地下室内

墙和主体结构剪力墙(电梯井道)的施工缝留在地板上平处与每层楼板的下平处;框架柱的施工缝应留在底板顶面和楼板上平处;梁、板原则上不留施工缝,如遇特殊情况可按现行规范规定要求留设垂直施工缝;楼梯的施工缝宜留在每层第一梯跑跨中 1/3 范围内。

(2)施工缝处理:施工缝处理时,应先将混凝土表面松动的石子和浮尘等杂物清除干净,提前一天浇水充分湿润。浇筑混凝土前,先注入厚度为 30~50 mm 的与混凝土同配比的水泥砂浆,接缝处的混凝土应仔细振捣密实。

3. 后浇带设置

本工程主楼、裙楼之间设有一道后浇带,施工时先施工主楼,后施工裙楼。后浇带内钢筋按设计要求按原配筋 50% 加密,为防止锈蚀,表面刷 108 胶水泥浆保护。底板后浇带同膨胀加强带用密目钢丝网代替侧模。其两侧模板支撑待后浇带混凝土达到强度后方可拆除。后浇带内混凝土浇筑前,按施工缝要求对两侧混凝土进行处理。

4. 混凝土质量检查及控制

(1)混凝土正式施工前应对水泥、砂、外加剂等材质进行复试,确保达到国家规定的验收标准。

(2)做好现场混凝土搅拌站混凝土取样工作,要求标记明确,不得混淆。

(3)为保证混凝土成品不出现胀模、蜂窝、麻面、漏筋等不良情况,必须加强现场施工控制。

四、施工进度及资源需要量计划

1. 施工进度计划

本工程国家定额工期为 562 d。合同工期要求 480 d,确定计划总工期为 460 d。主要的工期控制点如下:

(1)2007 年 2 月 10 日,临湖挡土墙竣工。

(2)2007 年 2 月 10 日,扇形裙楼−4.000 m 以下基础完工。

(3)2007 年 3 月 10 日,圆形裙楼±0.000 以下基础及主楼+0.300 m 以下地下室底板完工。

(4)2007 年 7 月 10 日,主楼主体结构封顶。

(5)2008 年 1 月 30 日,内外装饰工程完工,2008 年 2 月 28 日室外工程完工。

(6)2008 年 3 月 12 日预验收,2008 年 3 月 30 日竣工验收。

绘出时标网络进度计划,如图 5-10 所示。

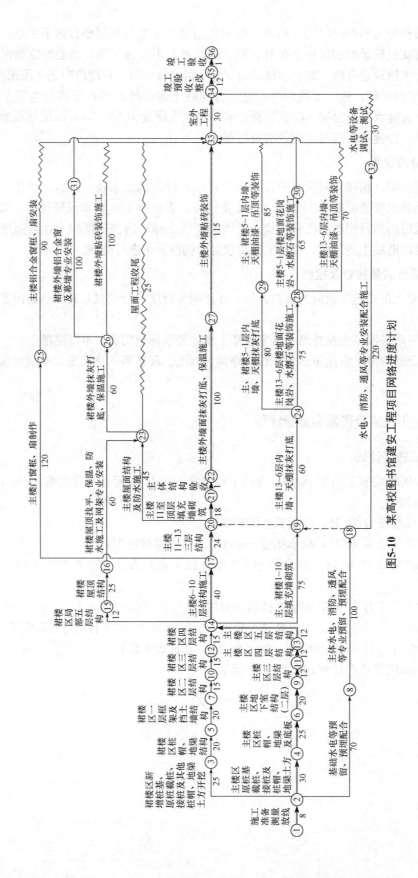

图5-10 某高校图书馆建安工程项目网络进度计划

2. 施工准备工作

(1)技术准备工作。该高校图书馆建安工程项目技术准备工作见表 5-19。

表 5-19　技术准备工作

序号	工作内容	责任人	完成时间
1	设计交底及图纸会审	项目总工	2006.12.15
2	施工组织设计的编制、报审	项目总工	2006.12.20
3	坐标桩、水准点的移交、引测和保护，建立测量控制网，进行桩基础轴线、标高的验收，对超规范的误差制定处置方案	项目总工	2006.12.20
4	进行混凝土、砂浆的试拌试配，出具配合比通知单	试验员	2006.12.20
5	按流水施工段的划分，计算分层分段工程量，提出材料供应计划和劳动力进场计划	造价师	2006.12.20
6	沿湖钢筋混凝土挡土墙专题施工方案的编制、交底	项目总工	2006.12.8
7	工人进场安全教育	安全员	2006.12.20

(2)现场施工准备工作。该高校图书馆建安工程项目现场施工准备工作见表 5-20。

表 5-20　现场施工准备工作

序号	工作内容	责任人	完成时间
1	生产性临建设施(混凝土及砂浆搅拌站、钢筋及木模板加工、仓库等)的搭设	项目副经理	2006.12.20
2	生活性临建设施(办公、宿舍、食堂、浴室、厕所等)的搭设	项目副经理	2006.12.10
3	清理施工场地、修筑场内道路及排水沟，引入并敷设供水、供电管线至施工用水、用电地点	施工员	2006.12.20
4	安排大宗地方材料、施工周转材料堆场位置	材料主管	2006.12.20
5	塔式起重机基础施工，施工设备就位并调试	设备主管	2006.12.20
6	现场围墙封闭、施工入口设置门头及大门，安排七牌一图、洗车槽、污水沉淀池、工地消防设施	项目副经理	2006.12.25
7	截桩或接桩，桩头锚固钢筋的剥露	施工员	2006.12.20

(3)施工条件准备工作。该高校图书馆建安工程项目施工条件准备工作见表 5-21。

表 5-21　施工条件准备工作

序号	工作内容	责任人	完成时间
1	建设工程意外伤害保险办理	技术员	2006.12.15

序号	工作内容	责任人	完成时间
2	建设工程安全受监手续办理	技术员	2006.12.20
3	施工许可证办理	技术员	2006.12.20
4	先期开工的分部分项工程所需劳动力、材料、设备就位	项目副经理	2006.12.20

注：本工程由于在校区内施工，无须办理交通道路开口(交通部门)、临街工程占道(城管部门)、消防通道(消防部门)、污水排放(市政部门)的申请和审批手续；本工程桩基础已施工完毕，定位验线(规划部门)、渣土外运(环卫部门)、用电增容(供电部门)、开口及装表(供水部门)等手续业主已经办理完毕。

3. 资源配置计划

(1)劳动力需用计划。劳动力需用计划见表5-22。

表 5-22　劳动力需用计划

序号	工种	按工程施工阶段劳动力需用情况			
		施工准备	基础阶段	主体阶段	装饰阶段
1	石工	20	5	—	—
2	钢筋工	2	40(两班制)	40(两班制)	5
3	木工	2	80(两班制)	80(两班制)	10
4	混凝土工	—	20(两班制)	20(两班制)	5
5	普工	15	50(两班制)	40(两班制)	30
6	防水工	—	10	—	10
7	泥工	8	20	50	50
8	架子工	—	10	20	20
9	机械操作工	2	6	10	10
10	抹灰工	2	—	30	70
11	装修工	—	—	—	60
12	油漆工	2	2	5	15
13	机修工	1	2	2	2
14	电焊工	1	4	6	6
15	水电工	4	6	10	30
	合计	59	255	313	323

(2)施工机械设备使用计划。施工机械设备使用计划见表5-23。

表 5-23　施工机械设备使用计划

序号	设备名称	型号规格	数量	功率/kW	生产能力
1	塔式起重机	TC5616 型 臂长 56 m	2 台	31.7	80 t·m
2	门式升降机	SSE100	5 台	9.5	起重量 1.0 t
3	混凝土输送泵	三一重工 HBT—60	2 台	55	70 m³/h
4	混凝土搅拌机	柳工 JS500C	4 台	21.6	21～25 m³/h
5	砂浆搅拌机	200 L	4 台	5	10 m³/h
6	装载机	徐工 ZL50E	1 台		
7	配料机	PL1200	2 台	11	56 m³/h
8	插入式振动器	ϕ50 mm/30 mm	3 台	2.2	25 m³/h
9	平板振动器	ZW B2.2	4 台	2.2	50 m²/h
10	交流电焊机	KD2—50	6 台	38.6	
11	电渣压力焊机	HYS—630	2 台	22	ϕ14～ϕ36 mm
12	闪光对焊机	UN2—100	2 台	100	
13	钢筋调直机	GJ4—4/14	2 台	7.5	54 m/min
14	钢筋切断机	GQ40	2 台	2.2	32 次/min
15	钢筋弯曲机	GW40—1	2 台	7.5	11 r/min
16	卷扬机	1 t/2 t	各 2	16/21.6	
17	木工平刨床	MB504A	2 台	2.2	
18	木工圆锯	MJ104	2 台	2	
19	木工开榫机	MX2112	2 台	1.1	
20	泥浆泵	ϕ100 mm	4 台	2.3	
21	污水泵	ϕ50 mm	4 台	1.2	
22	高压泵	山东双轮 25LG3—10×6	2 台	2.2	扬程 46～62 m
23	电锤	HYS—630	3 把	0.5	
24	柴油发电机	玉柴 GF—120	1 台	120	
25	振动夯土机	HZD250	2 台	12	
26	直流电焊机	ZXG—500	3 台	7.5	
27	手电刨	锐奇 KEN	6 台	0.6	
28	手电锯	博世 GBM350	6 台	1.1	
29	电动套丝机	SQ—100	1 台	0.5	
30	砂轮切割机	BX2—500	2 台	1	
31	全站仪	索佳 SET220K	1 台		精度 2″

序号	设备名称	型号规格	数量	功率/kW	生产能力
32	电子经纬仪	南方 DT—02	1 台		精度 2″
33	水准仪	南方 NL—24(自动安平)	3 台		精度 2 mm/km

(3)主要材料、构件使用计划。主要材料、构件使用计划见表 5-24。

表 5-24 主要材料、构件使用计划

序号	材料、构件名称	型号规格	单位	数量	进场时间
1	钢筋	$\phi6.5\sim\phi32$ mm	t	1 980.6	2006.12—2007.6
2	水泥	P.O42.5	t	7 987.9	2006.12—2007.12
3	中砂	中砂、中粗砂	m³	9 753.6	2006.12—2007.12
4	卵石	5～40 mm	m³	12 452	2006.12—2007.6
5	页岩砖	240×115×53	千块	1 250.8	2006.12—2007.6
6	红青砖	240×115×53	千块	132.6	2006.12—2007.6
7	混凝土小型空心砌块	390×190×190	m³	1 536.6	2007.2—2007.6
8	轻质墙板		m²	3 756	2007.7.6
9	花岗岩板	300×600	m²	8 320	2007.7.7
10	外墙面砖	300×450	m²	7 865	2007.7.8
11	铝合金型材		t	15.3	2007.7.8
12	块料石板	各规格	m²	5 002.1	2007.7.1
13	广场砖	$\phi6.5\sim\phi32$ mm	m²	4 358.2	2007.7.12
14	防滑地砖	P.O42.5	m²	1 462.6	2007.7.1
15	铝合金扣板		m²	1 601.1	2007.7.1
16	铝板	1 200×300	m²	572.2	2007.7.8
17	石棉吸声板	240×115×53	m²	50.8	2007.7.9
18	防水卷材	SBS、三元乙丙	m²	5 632.6	2007.7.1—2007.7.5
19	PVC 塑料排水管	各规格	m	536.6	2007.7.11
20	防火门		m²	456	2007.7.8
21	平板玻璃	6 mm	m²	4 320	2007.7.8
22	石膏板	12 mm	m²	1 475.3	2007.7.1
23	焊接钢管	各规格	t	137.3	2007.7.8
24	乳胶漆		kg	3 430	2007.7.9

五、平面图设计

1. 主入口及围墙

根据建筑红线走向,在红线范围内的施工现场修建高度为 2 m 的全封闭的围墙。施工现场主入口设在西南角,宽 6 m,布置七牌一图,即工程概况牌、施工人员概况牌、安全六大纪律牌、安全生产技术牌、十项安全措施牌、防火须知牌、卫生须知牌与现场平面布置图。次入口设在现场西侧,为材料入口。

2. 场内交通

场内施工主干道沿永久性道路走向铺筑,宽为 4.5 m,场内布置成环形道路,主干道与砂石堆场、水泥库、钢筋堆场、模板堆场之间修建宽为 3 m 的混凝土施工次干道。裙楼东侧利用消防车道作施工道路,车辆调头利用尽端的回车坪。

3. 生产性临建设施

(1)混凝土搅拌站:考虑工期较紧,主楼及裙楼西侧各设置一座混凝土搅拌站,4 台(3 用 1 备)500 L 强制式搅拌机现场搅拌,2 台 HBT60 混凝土输送泵输送。

(2)钢筋、模板加工及堆场:主楼的钢筋及模板加工车间设在主楼南侧,裙楼的钢筋及模板加工车间设在现场西北侧,钢筋原材料堆场和钢筋、模板成品堆场均与加工车间就近布置,且安排在塔式起重机工作半径之内。

(3)垂直运输设备:主体施工阶段,主楼南侧及报告厅西侧各布置 TC5616 塔式起重机1 台,布置 SSE 门式升降机 4 台。装饰阶段,拆除裙楼的塔式起重机,在裙楼的东南侧增设 1 台门式升降机。

(4)砂浆搅拌站:装饰阶段将混凝土搅拌站改为砂浆搅拌站,设置 4 台(3 用 1 备) 200 L砂浆搅拌机,利用原水泥库和砂堆场。

4. 办公及生活设施

在现场西侧空地内设置彩钢活动板房 2 座,为现场办公地点、会议室及管理人员宿舍等;食堂、娱乐室、小卖部、厕所和浴室等设在现场西北角;配电房、标养室等生产辅助用房设置在现场中部。民工宿舍统一安排在业主提供的新教学楼 1 000 m² 地下室内。

5. 附属设施

沿主干道设置排水沟,雨水集中排至人工湖;混凝土及砂浆搅拌站设置污水沉淀池,现场厕所设化粪池,沉淀后统一排入校内污水管网。为减少施工中的光污染,光源统一设在塔式起重机上,并调整照射角度射向场内,同时外架满挂竹篱笆,最大限度减少光污染。在建筑物东北角和西北角、西南角及东南角各设置消火栓一个。现场配备泡沫灭火和干粉灭火两种灭火器,间距宜控制在 20~30 m。

6. 现场施工用水

(1)工程施工用水量 q_1 计算。工程施工用水以混凝土养护用水为主,主楼地下室底板混凝土约 320 m³,养护用水 300 L/m³,考虑季节因素 K_1 取 1.35,则工程施工用水为

$$q_1 = 1.1 \times \frac{\sum Q_1 N_1 K_1}{t \times 8 \times 3\,600} = 1.1 \times \frac{325 \times 300 \times 1.35}{1 \times 8 \times 3\,600} = 5.03 (\text{L/s})$$

(2)施工机械用水量 q_2 计算。以高峰期 3 台混凝土搅拌机同时用水计算,搅拌机生产能

力 126 m^3/台，C35 混凝土搅拌用水 200 L/m^3，K_2 取 1.4，则施工机械用水为

$$q_2 = 1.1 \times \frac{\sum Q_2 N_2 K_2}{8 \times 3\,600} = 1.1 \times \frac{3 \times 126 \times 200 \times 1.4}{8 \times 3\,600} = 4.04(\text{L/s})$$

(3)生活用水量 q_3 计算。现场高峰期工地人数为 350 人，考虑到民工不在现场住宿，N_3 取 40 L/(人·日)，$K_3 = 1.5$，则

$$q_3 = 1.1 \times \frac{P N_3 K_3}{24 \times 3\,600} = 1.1 \times \frac{350 \times 40 \times 1.5}{240 \times 3\,600} = 0.27(\text{L/s})$$

(4)消防用水 q_4 计算。取 $q_4 = 10$ L/s。

(5)总用水量计算。因 $q_1 + q_2 + q_3 < q_4$，则

$$Q = \frac{1}{2}(q_1 + q_2 + q_3) + q_4 = (5.03 + 4.04 + 0.27)/2 + 10 = 14.67(\text{L/s})$$

(6)配水管径计算。

$$d = \sqrt{\frac{4Q}{1\,000\pi v}} = \sqrt{\frac{4 \times 14.67}{1\,000 \times 3.14 \times 1.5}} = \sqrt{0.012\,458} = 0.112$$

故现场总用水量为 14.67 L/s，选用 DN125 镀锌管即可。

7. 现场施工用电

(1)用电量计算。考虑所配备的施工机械不同时使用，按主体结构施工高峰期计算所需用电量。本工程主体结构施工配备的电动机总功率为 440.8 kW，照明用电按动力用电的 10% 考虑，则施工高峰期用电量 p_1 为

$$p_1 = 1.1 \times \left(K_1 \frac{\sum P_1}{\cos\varphi}\right) \times 110\% = 1.1 \times \left(0.5 \times \frac{440.8}{0.75}\right) \times 110\% = 355.58(\text{kW})$$

(2)变压器用量计算。业主从现场北侧提供 1 kV 高压线路引入现场，可设变压器降至 380/220 V。所需变压器容量 p_2 为

$$p_2 = 1.05 \times \left(\frac{\sum P_{\max}}{\cos\varphi}\right) = 1.05 \times (355.58/0.75) = 497.8(\text{kV} \cdot \text{A})$$

选择一台 500 kV·A 的变压器能满足现场施工用电要求。

(3)配电线路总设计。总配电箱进线采用三相五线制，总配电箱到各分配电箱之间采用五芯铜电缆。各分配电箱至用电设备采用相应的五芯电缆。采用 TN-S 接零保护系统，并重复接地，接地电阻≤10 Ω。

(4)配电线路设置。现场配电线路以架空线为主，塔式起重机工作半径以内采用埋地电缆。导线截面需满足截流量的要求，且线路末端电压降不超过 5%。相线、N 线和 PE 线的颜色标记依次为黄、绿、红、蓝和绿黄双色线。架空线路与脚手架周边最小安全距离≥4 m，与施工道路的最小垂直距离≥6 m。埋地电缆敷设深度≥0.7 m，尽量避免穿越建(构)筑物、道路与管沟，出地面时需敷设保护套管，接头应在地面的专用接线盒内。

(5)配电箱布置。配电箱均采用正规厂家生产的标准配电箱，并在箱体上标志和编号。分配电箱设在用电量相对集中的地方，分配电箱与设备开关箱的距离不超过 30 m，开关箱与其所控制的用电设备水平距离不大于 3 m。

经设计计算后的该高校图书馆建安工程项目平面布置图如图 5-11 所示。

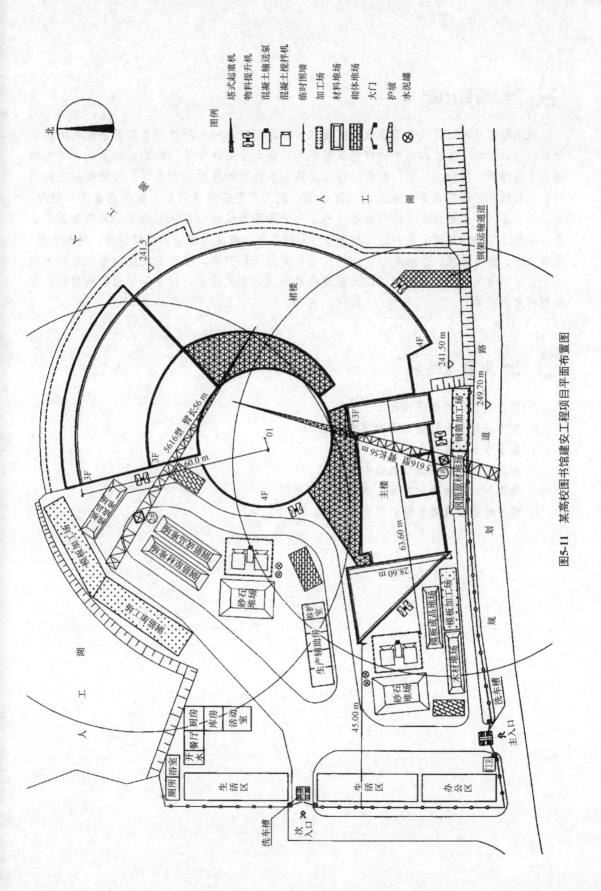

图5-11 某高校图书馆建安工程项目平面布置图

项目小结

　　施工组织总设计是以若干单位工程组成的群体工程或特大项目为主要对象编制的施工组织设计，对整个项目的施工过程起统筹规划、重点控制的作用。施工组织总设计的内容根据工程性质、规模、工期、结构的特点及施工条件的不同而有所不同，通常包括下列内容：工程概况、施工部署、施工总进度计划、施工资源需要量计划、施工准备工作计划、施工总平面图和主要技术经济指标等。施工总平面图是拟建项目施工场地的总布置图。它是按照施工部署、施工方案和施工总进度计划的要求，将施工现场的交通道路、材料仓库、附属企业、临时房屋、临时水电管线等作出合理的规划布置，从而正确处理全工地施工期间所需各项临时设施和永久建筑以及拟建项目之间的空间关系，指导现场进行有组织、有计划的文明施工。

思考与练习

1. 什么是施工组织总设计？
2. 施工组织总设计编制的内容有哪些？
3. 施工准备工作的主要内容有哪些？
4. 施工总平面图的设计依据有哪些？
5. 仓库和材料堆场的布置应考虑哪些因素？
6. 临时性房屋设置有哪些原则？

项目六　建筑施工项目管理组织

学习目标

通过本项目的学习，了解建筑施工项目管理组织的内容，施工项目经理部的地位，施工项目经理的作用，《项目管理目标责任书》的内容；熟悉建筑施工项目管理组织结构设置的原则、程序，施工项目经理部管理职责，施工项目经理的能力和素质要求；掌握常用施工项目管理组织的优缺点及适用范围，施工项目经理部的设置原则、解体程序，施工项目经理的职责和权力。

能力目标

能根据工程情况选择施工项目管理组织形式，能根据工程规模设置施工项目经理部，能编制施工项目经理部管理制度。

任务一　建筑施工项目管理组织概述

任务描述

建筑施工项目管理组织是指为实施施工项目管理而建立的组织机构，以及该机构为实现施工项目目标所进行的各项管理活动。作为组织机构，施工项目管理组织通过所具有的组织力、影响力，在施工项目管理中合理配置生产要素，协调内外部及人员间关系，发挥各项业务职能的能动作用，确保信息流通，推进施工项目目标的优化实现。

本任务要求学生掌握建筑施工项目管理组织的内容和形式。

相关知识

一、建筑施工项目管理组织的内容

建筑施工项目管理组织的内容包括组织系统的设计与建立、组织运行、组织调整三个环节。

1. 组织系统的设计与建立

组织系统的设计与建立是指经过筹划与设计，建成一个可以完成工程项目管理任务的组织机构，建立必要的规章制度，划分并明确岗位、层次、部门、责任和权力，并通过一定岗位和部门内人员的规范化活动和信息流通，实现组织目标。高效率的组织体系的建立是工程项目管理取得成功的保证。

2. 组织运行

组织运行是指按分担的责任完成各自的工作。组织运行有三个关键要素：一是人员配置；二是业务联系；三是信息反馈。

3. 组织调整

组织调整是指根据工作的需要和环境的变化，分析原有项目组织系统的缺陷、适应性和效率，并对原有组织系统进行调整或重新组合，包括组织形式的变化，人员的变动，规章制度的修订和废止，责任系统的调整，以及信息流通系统的调整等。

二、建筑施工项目管理组织机构设置的原则

1. 管理跨度与管理分层统一的原则

项目管理组织机构设置的人员编制是否得当合理，关键在于是否根据项目大小确定了科学的管理跨度。建筑施工项目的管理层次及管理跨度的设置应按该建筑施工项目的规模及管理者的素质能力予以确定，并通过论证，予以完善。

2. 项目组织弹性、流动的原则

组织机构的弹性和管理人员的流动是由工程项目的单件性所决定的。项目对管理人员的需求具有质和量的双重因素，管理人员的数量和管理的专业要随工程任务的变化相应地变化，要始终保持管理人员与管理工作匹配。

3. 高效精干的原则

项目管理组织机构在保证履行必要职能的前提下，要尽量简化机构、减少层次，从严控制二、三线人员，做到人员精干、一专多能、一人多职。

4. 业务系统管理与协作相一致的原则

施工项目管理活动中存在不同单位工程之间，不同组织、工种、作业之间，不同职能部门、作业班组，以及与外部单位、环境之间的纵横交错、相互衔接、相互制约的业务关系。因此，在设计施工项目管理组织结构时，应使管理组织结构的层次、部门划分、岗位设置、职责权限、人员配备等方面与工程项目施工活动、经营管理匹配，充分体现责、权、利的统一，形成一个上下一致、分工协作的严密完整的组织系统。

5. 因事设岗、按岗定人、以责授权的原则

项目管理组织机构设置和定员编制的根本目的在于保证项目管理目标的实现。应按目标需要设置办事机构，按办事职责范围确定人员编制。坚持因事设岗、按岗定人、以责授权，这是目前施工企业推行项目管理体制改革过程中必须解决的重点问题。

三、建筑施工项目管理组织机构设置的程序

建筑施工项目管理组织机构设置的程序如下：

(1)进行项目分析，研究施工项目的规模、特点、要求。

(2)进行目标划分，确定施工项目目标。

(3)进行工作划分，因目标设事。

（4）确定机构及职责，因事设结构、定编制。

（5）确定人员及权力，按编制设岗定人员，按职责授权、定制度。

（6）检查能否实现目标，如能则可使组织机构运行实施，如不能则返回（2），重新设定项目目标。

四、建筑施工项目管理组织形式

建筑施工项目管理组织形式是指在施工项目管理组织中管理层次、管理跨度、部门设置和上下级关系的组织机构的类型。其主要管理组织形式有工作队式、部门控制式、矩阵制式、事业部式等。

1. 工作队式项目组织

工作队式项目组织构成如图 6-1 所示。工作队式项目组织由公司各职能部门抽调人员组建，不打乱公司建制。在工程施工期间，项目组织成员与原单位中断领导关系，不受其干扰，但公司各职能部门可为之提供业务指导。项目结束后机构撤销，所有人员仍回原单位所在部门和岗位工作。

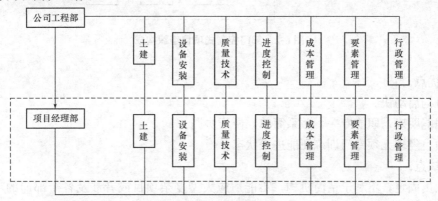

图 6-1　工作队式项目组织构成
注：虚线框内为项目组织机构。

（1）优点。

1）人员均为各职能专家，可充分发挥专家作用，各种人才都在现场，解决问题迅速，减少了扯皮和时间浪费。

2）项目经理权力集中，横向干涉少，决策及时，有利于提高工作效率。

3）减少了结合部，不打乱企业原建制，易于协调关系，避免行政干预，项目经理易于开展工作。

（2）缺点。

1）由于临时组合，人员配合工作需一段磨合期，而且各类人员集中在一起，同一时期工作量可能差别很大，很容易造成忙闲不均、此窝工彼缺人，导致人工浪费。

2）由于同一专业人员分配在不同项目上，相互交流困难，专业职能部门的优势无法发挥作用，致使在一个项目上早已解决的问题，在另一个项目上重复探索、研究。

3）基于以上原因，当人才紧缺而同时有多个项目需要完成时，此项目组织类型不宜采用。

工作队式项目组织适用于大型、工期紧迫的项目，以及要求多工种、多部门密切配合的项目。

2. 部门控制式项目组织

部门控制式项目组织构成如图 6-2 所示。部门控制式项目组织由公司将项目委托其下属某一专业部门或施工队组建项目管理组织机构，并负责实施项目管理。项目竣工交付使用后，恢复原部门或施工队建制。

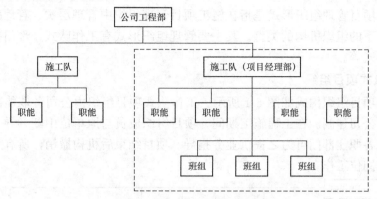

图 6-2　部门控制式项目组织构成

(1)优点。

1)机构启动快。

2)职能明确，职能专一，关系简单，便于协调。

3)项目经理无须专门训练便能进入状态。

(2)缺点。

1)人员固定，不利于精简机构，不能适应大型复杂项目或者涉及各个部门的项目，因而局限性较大。

2)部门控制式项目组织适用于专业性强，无须涉及众多部门的小型施工项目。例如，煤气管道施工项目以及电话、电缆铺设等，只涉及少量技术工种，交给某专业施工队即可，如需要专业工程师，可以从技术部门临时借调。

3. 矩阵制式项目组织

矩阵制式项目组织构成如图 6-3 所示。项目组织机构与职能部门的结合部与职能部门数相同。项目组织机构与职能部门的结合部呈矩阵形式。公司专业职能部门是相对长期稳定的，其负责人对矩阵中本单位人员负有组织调配、业务指导、业绩考核责任。项目管理组织是临时性的，项目经理在各职能部门的支持下，将"借"来参与本项目组织的人员在横向上有效地结合在一起。为实现项目目标协同工作，项目组中的成员接受原单位负责人和项目经理的双重领导。

(1)优点。

1)兼有部门控制式和工作队式两者的优点，解决了企业组织与项目组织的矛盾。

2)能以尽可能少的人力实现多个项目管理的高效率。

(2)缺点。

1)双重领导易造成矛盾；身兼多职易造成管理上顾此失彼。

2)矩阵制式项目组织对企业管理水平、项目管理水平、领导者的素质、组织机构的办事效率、信息沟通渠道的畅通均有较高要求，因此，要精干组织、分层授权、疏通渠道、理顺关系。由于矩阵制式项目组织较为复杂，结合部多，容易造成信息沟通量膨胀和沟通渠道复杂化，致使信息梗阻和失真。这就要求协调组织内容的关系时必须有强有力的组织措施和协调办法以排除难题。因此，层次、职责、权限要明确划分，有分歧意见难以统一时，企业领导要及时出面协调。

矩阵制式项目组织适用于同时承担多个项目管理的企业以及大型、复杂的施工项目。

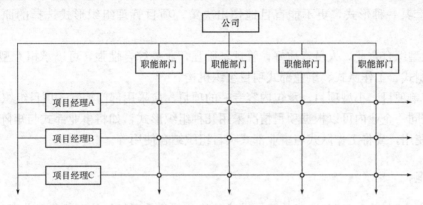

图 6-3　矩阵制式项目组织构成

4. 事业部式项目组织

事业部式项目组织构成如图 6-4 所示。事业部式项目组织是在企业内部成立事业部，事业部对企业来说是职能部门，对企业外部来说享有相对独立的经营权，其可以是一个独立单位。在事业部下设置项目部，项目经理由事业部选派。

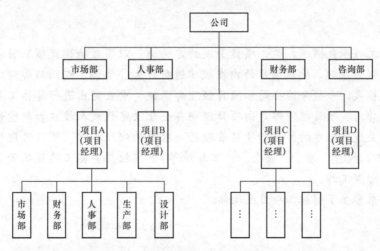

图 6-4　事业部式项目组织构成

（1）优点。事业部式项目组织有利于延伸企业的经营职能，扩大企业的经营业务，便于开拓企业的业务领域，还有利于迅速适应环境变化以加强项目管理。

（2）缺点。由于企业对项目经理部的约束力减弱，协调指导的机会减少，故有时会造成企业结构松散，必须加强制度约束，加大企业的综合协调能力。

事业部式项目组织适用于大型经营性企业的工程承包，尤其适用于远离公司本部的工程承包。需要注意的是，当一个地区只有一个项目，没有后续工程时，不宜设立地区事业部，即它适合在一个地区内有长期市场或一个企业有多种专业化施工力量时采用。在这些情况下，事业部与地区市场同寿命，当地区没有项目时，该事业部应予以撤销。

5. 项目管理组织形式的选择原则

选择什么样的项目组织机构模式，应将企业的素质、任务、条件、基础与工程项目的规模、性质、内容、要求的管理方式结合起来分析，选择最适宜的项目组织机构，不能生搬硬套某一种形式，更不能盲目地作出决策。项目管理组织形式选择的原则包括以下内容：

(1)大型综合企业，人员素质好，管理基础强，业务综合性强，可以承担大型任务，宜采用矩阵制式、工作队式、事业部式项目组织机构。

(2)简单项目、小型项目、承包内容专一的项目，应采用部门控制式项目组织机构。

(3)在同一企业内可以根据项目情况采用几种组织形式，如将事业部式与矩阵制式项目组织结合使用，或将工作队式与事业部式项目组织结合使用等。

任务实施

根据上述"相关知识"的内容学习，对建筑施工项目管理组织的内容和形式有初步认识。

任务二　施工项目经理部

任务描述

依据国际工程承包惯例，施工项目管理的定义为：以高效地实现项目目标为目的，以项目经理负责制为基础，按照项目的内在规律进行计划、协调、组织与管理。承包商的工程管理和实施模式，一般分为公司和项目经理部两级，重点突出进行具体工程施工的项目经理部的管理作用。项目经理部是由项目经理在企业法定代表人授权和职能部门的支持下按照企业的相关规定组建的、进行项目管理的一次性的组织机构。项目经理部在一定的约束条件(如工期、投资、质量、安全、施工环境等)下，担负着施工项目从开工到竣工全过程的生产经营管理工作。

本任务要求学生了解施工项目经理部。

相关知识

一、施工项目经理部的作用

项目经理部是施工项目管理的工作班子，置于项目经理的领导之下。为了充分发挥项目经理部在项目管理中的主体作用，必须重视项目经理部的机构设置，并设计好、组建好、运转好项目经理部，从而发挥其应有的功能。

项目经理部的作用如下：

(1)项目经理部在项目经理的领导下，作为项目管理的组织机构，负责施工项目从开工到竣工的全过程施工生产经营的管理，是企业在其工程项目上的管理层，同时对作业层负有管理与服务双重职能。

(2)项目经理部是项目经理的办事机构，为项目经理决策提供信息依据，当好参谋，同时又要执行项目经理的决策意图，向项目经理全面负责。

(3)项目经理部是一个组织体，其作用包括：完成企业所赋予的基本任务——项目管理和专业管理任务等；凝聚管理人员的力量，调动其积极性，促进管理人员的合作，建立为事业的献身精神；协调部门之间、管理人员之间的关系，发挥每个人的岗位作用，为共同的目标进行工作；影响和改变管理人员的观念和行为，使个人的思想、行为变为组织的积极因素；贯彻组织责任制，搞好管理；沟通项目经理部与企业部门之间，项目经理部与作业队之间，项目经理部与建设单位、分包单位、生产要素市场等的关系。

(4)项目经理部是代表企业履行工程承包合同的主体，对最终建筑产品和业主全面、全过程负责；通过履行主体与管理主体地位的体现，使工程项目经理部成为企业进行市场竞争的主体成员。

二、施工项目经理部设置的基本原则

(1)要根据工程项目的规模、复杂程度和专业特点设置项目经理部。例如，大型项目经理部可以设职能部、处；中型项目经理部可以设处、科；小型项目经理部一般只需设职能人员即可。如果项目的专业性强，便可设置专业性强的职能部门。

(2)要根据设计的项目组织形式设置项目经理部，因为项目组织形式与企业对施工项目的管理方式有关，与企业对项目经理部的授权有关。不同的组织形式对项目经理部的管理力量和管理职责提出了不同的要求，提供了不同的管理环境。

(3)项目经理部的人员配置上应能适应施工现场的经营、计划、合同、工程、调度、技术、质量、安全、资金、预算、核算、劳务、物资、机具及分包管理的需要，设置专职或兼职人员。

(4)施工项目经理部是非固定的一次性工程管理实体，无固定的作业队伍，根据施工进展，人员有进有出，及时优化调整，实行动态管理。

(5)在项目管理机构建成以后，应建立有益于组织运转的工作制度。

三、施工项目经理部部门设置和设置规模

1. 部门设置

(1)小型项目。对于小型项目来说，项目经理部一般要设置项目经理、专业工程师(土建、安装、各专业设置等方面的技术人员)、合同管理人员、成本管理人员、信息管理人员、库存管理人员、计划人员等。

(2)大型项目。对于大型的或特大型的项目，常常在项目经理下设置技术部、合同部、财务部、供应部、办公室等。

1)技术部。技术部主管施工组织设计、施工技术、临时工程设计或施工详图设计、施工进度和质量等，是整个工程项目施工进度和技术执行管理的负责方。

2)合同部。合同部主管施工承包合同和分包合同、采购合同等一系列合同的实施和管理工作，负责与业主和监理工程师之间的联系、工程进度款的统一申报和催款工作，以及处理延期、变更、索赔等工作。

3)财务部。财务部主管工程项目的财务经济工作，工程项目的成本计划、成本支出和工程款的收入预算、决算等工作。

4)供应部。供应部主管施工所需的建筑材料和机械设备的订货、运输、进场仓储和发放管理等工作，并负责机构设备的维修保养工作，以及临时工程等材料设备的回收周转使用等工作，以注意增收节支。

5)办公室。办公室主管工程项目的行政事务，以及人事组织、生活管理、安全保卫等工作，以保证工程项目的顺利实施。

2. 设置规模

项目经理部一般按工程的规模大小设立。国家对项目经理部的设置规模无具体规定，目前，企业是根据推行施工项目管理的实践经验，按项目的使用性质和规模进行设置。

项目经理部人员规模可按下述岗位及比例配备：由项目经理、总工程师、总经济师、总会计师、政工师和技术、预算、劳资、定额、计划、质量、保卫、测试、计量以及辅助生产人员 15～45 人组成。一级项目经理部 30～45 人，二级项目经理部 20～30 人，三级项目经理部 15～20 人。其中，专业职称设岗为：高级 3%～8%，中级 30%～40%，初级 37%～42%，其他 10%，实行一职多岗，全部岗位职责覆盖项目施工全过程的全面管理。项目经理部的参考等级见表 6-1。

表 6-1　项目经理部的参考等级

级别	工程规模
一级施工项目经理部	建筑面积为 15 万 m² 及以上的群体工程；建筑面积为 10 万 m² 及以上的单体工程；投资在 8 000 万元及以上的各类施工项目
二级施工项目经理部	建筑面积在 15 万 m² 以下，10 万 m² 及以上的群体工程；建筑面积在 10 万 m² 以下，5 万 m² 及以上的单体工程；投资在 8 000 万元以下，3 000 万元及以上的各类施工项目
三级施工项目经理部	建筑面积在 10 万 m² 以下，2 万 m² 及以上的群体工程；建筑面积在 5 万 m² 以下，1 万 m² 及以上的单体工程；投资在 3 000 万元以下，500 万元及以上的各类施工项目

四、施工项目经理部管理制度

1. 制定施工项目经理部管理制度的原则

项目经理部管理制度的制定必须遵循以下原则：

(1)制定施工项目管理制度必须贯彻国家法律、法规、方针、政策以及部门规章，且不得有抵触和矛盾，不得危害公众利益。

(2)制定施工项目管理制度应符合该项目施工管理需要，对施工过程中的例行性活动应遵循的方法、程序、标准、要求作出明确规定，使各项工作有章可循；有关工程技术、计划、统计、核算、安全等各项制度，要健全配套，覆盖全面，形成完整体系。

(3)各种管理制度之间不能产生矛盾，以免职工无所适从。

(4)管理制度的制定要有针对性，任何一项条款都必须具体明确、有针对性，词语表达要简洁、准确。

(5)管理制度的颁布、修改和废除要有严格程序。项目经理是总决策者。凡不涉及组织的管理制度，由项目经理签字决定，报公司备案；凡涉及组织的管理制度，应由组织法定代表人批准后方可生效。

2. 项目经理部管理制度的内容

项目经理部的管理制度应包括以下各项：

(1)项目管理人员的岗位责任制度。项目管理人员的岗位责任制度是规定项目经理部各层次管理人员的职责、权限以及工作内容和要求的文件。其具体内容包括项目经理岗位责任制度，经济、财务、经营、安全和材料、设备等管理人员的岗位责任制度。通过各项制度做到分工明确、责任具体、标准一致，便于管理。

(2)项目技术管理制度。项目技术管理制度是规定项目技术管理的系列文件。

(3)项目质量管理制度。项目质量管理制度是保证项目质量的管理文件，其具体内容包括质量管理规定、质量检查制度、质量事故处理制度及质量管理体系等。

(4)项目安全管理制度。项目安全管理制度是规定和保证项目安全生产的管理文件，其主要内容有安全教育制度、安全保证措施、安全生产制度及安全事故处理制度等。

(5)项目计划、统计与进度管理制度。项目计划、统计与进度管理制度是规定项目资源计划、统计与进度控制工作的管理文件。其内容包括生产计划和劳务、资金等的使用计划与统计工作制度，进度计划和进度控制制度等。

(6)项目成本核算制度。项目成本核算制度是规定项目成本核算的原则、范围、程序、方法、内容、责任及要求的管理文件。

(7)项目材料、机械设备管理制度。项目材料、机械设备管理制度是规定项目材料和机械设备的采购、运输、仓储保管、保修保养以及使用和回收等工作的管理文件。

(8)项目分配与奖励制度。项目分配与奖励制度是规定项目分配与奖励的标准、依据以及实施兑现等工作的管理文件。

(9)项目分包及劳务管理制度。项目分包管理制度是规定项目分包类型、模式、范围以及合同签订和履行等工作的管理文件。劳务管理制度是规定项目劳务的组织方式、渠道、待遇、要求等工作的管理文件。对分包的各种管理要求应该在常规要求的基础上，包括社会责任方面(如劳务人员的工作、生活条件保障，劳动报酬的及时发放)的系统要求。

(10)项目组织协调制度。项目组织协调制度是规定项目内部组织关系、近外层关系和远外层关系等的沟通原则、方法以及关系处理标准等的管理文件。

(11)项目信息管理制度。项目信息管理制度是规定项目信息的采集、分析、归纳、总结和应用等工作的程序、方法、原则和标准的管理文件。

五、施工项目经理部的解体

1. 解体的条件

项目经理部是一次性并具有弹性的现场生产组织机构，工程竣工后，项目经理部应及时解体，同时做好善后处理工作。项目经理部解体的条件有：

(1)工程项目已经竣工，经验收单位确认并形成书面材料。

(2)与各分包单位已经结算完毕。

（3）已协助组织管理层与发包人签订了"工程质量保修书"。

（4）"项目管理目标责任书"已经履行完成，并经过审计合格。

（5）项目经理部在解体之前与组织职能部门和相关管理机构办妥各种交接手续。

（6）项目经理部在解体之前已做好现场清理工作。

2. 解体及善后工作

当施工项目临近结尾时，项目经理部的解体工作即列入议事日程，其工作的程序和内容如下：

（1）成立善后工作小组，由项目经理担任组长，主任工程师、技术、预算、财务、材料各留守一人，进行善后工作。

（2）提交解体申请报告。在施工项目全部竣工并验收合格签字之日起 15 日内，项目经理部上报申请报告，提交善后留用、解聘人员名单和时间，经主管部门批准后立即执行。

（3）解聘人员。陆续解聘工作业务人员，预发 2 个月岗位效益工资，解聘人员原则上返回原单位。

（4）预留保修费用。保修费用由经营和工程部门根据工程质量、结构特点、使用性质等因素，确定保修预留比例，一般为工程造价的 1.5%～5.0%。

（5）剩余物资处理。剩余物资原则上让售处理给公司物资设备处；对外让售的手续需经企业主管领导批准，按质论价、双方协商。由于现场管理工作需要，项目经理部自购的通信、办公等小型固定资产，必须如实建立台账，折价后移交企业。

（6）债务债权处理。项目经理部的工程结算、价款回收及加工订货等债权债务处理，一般情况下由留守小组在 3 个月内完成。若 3 个月未能全部收回又未办理任何法定手续的，其差额作为项目经理部成本亏损额的一部分。

（7）经济效益（成本）审计。项目经理部的工程成本盈亏审计以该项目工程实际发生成本与价款结算回收数为依据，由审计牵头，预算、财务和工程部门参加，于项目经理部解体后第四个月内写出审计评价报告，交公司经理办公会审批。

（8）业绩审计、奖惩处理。对项目经理和经理部成员进行业绩审计，作出效益审计评估。对于盈余者，盈余部分可按比例提成作为项目经理部管理奖金；对于亏损者，亏损部分由项目经理负责，按比例从其管理人员风险（责任）抵押金和工资中扣除。

任务实施

根据上述"相关知识"的内容学习，对施工项目经理部有初步的认识。

任务三　施工项目经理

任务描述

施工项目经理是指受企业委托和授权，在工程项目施工中担任项目经理职务，直接负责工程项目施工的组织实施者。项目经理是企业法定代表人在承包的建设工程施工项目上的委托代理人，其接受企业法定代表人的领导，接受企业管理层、发包人和监理机构的检查与监督，除了施工项目发生重大安全、质量事故或项目经理违法、违纪外，企业不得随意撤换项目经理。

本任务要求学生了解施工项目经理的地位、职责、权力。

<!-- 相关知识 -->

一、施工项目经理的地位

(1)项目经理是施工承包企业法人代表在项目上的全权委托代理人。从企业内部看，项目经理是施工项目全过程所有工作的总负责人，是项目的总责任者，是项目动态管理的体现者，是项目生产要素合理投入和优化组合的组织者。从对外方面看，作为企业法人代表的企业经理，不直接对每个建设单位负责，而是由项目经理在授权范围内对建设单位直接负责。

(2)项目经理是协调各方面关系，使之相互紧密协作、配合的桥梁和纽带。他对项目管理目标的实现承担着全部责任，即承担合同责任、履行合同义务、执行合同条款、处理合同纠纷、受法律的约束和保护。

(3)项目经理对项目实施进行控制，是各种信息的集散中心。所有信息通过各种渠道汇集到项目经理的手中，项目经理又通过指令、计划和"办法"，对下、对外发布信息，通过信息的集散达到控制的目的，使项目管理取得成功。

(4)项目经理是施工项目责、权、利的主体。项目经理是项目总体的组织管理者，即他是项目中人、财、物、技术、信息和管理等所有生产要素的组织管理人。不同于技术、财务等专业的总负责人，项目经理必须把组织管理职责放在首位。项目经理必须是项目的责任主体，是实现项目目标的最高责任者，而且目标的实现还应该不超出限定的资源条件。责任是实现项目经理责任制的核心，它构成了项目经理工作的压力和动力，是确定项目经理权力和利益的依据。对项目经理的上级管理部门来说，最重要的工作之一就是把项目经理的这种压力转化为动力。其次项目经理必须是项目的权力主体。权力是确保项目经理能够承担起责任的条件与手段，因此，权力的范围，必须视项目经理责任的要求而定。如果没有必要的权力，项目经理就无法对工作负责。项目经理还必须是项目的利益主体。利益是项目经理工作的动力，是由于项目经理负有相应的责任而得到的报酬，所以，利益的形式及利益的多少也应该视项目经理的责任而定。如果没有一定的利益，项目经理就不愿负有相应的责任，也不会认真行使相应的权力，也就难以处理好国家、企业和职工的利益关系。

二、施工项目经理的能力和素质要求

(1)项目经理应具备较高的政治素质，必须具有思想觉悟高、政策观念强的道德品质，在施工项目管理中能认真执行党和国家的方针、政策，遵守国家的法律和地方法规，执行上级主管部门的有关决定，自觉维护国家的利益，保护国家财产，正确处理国家、企业和职工三者的利益关系。

(2)项目经理应对项目施工活动中发生的问题和矛盾有敏锐的洞察力，能迅速作出正确的分析判断，并有解决问题的能力；在与外界洽谈(谈判)及处理问题时，具备协调关系、多谋善断的能力；在企业内部工作中，具有善于沟通上下级关系、同事之间关系，调动各方面积极性的公共关系能力；在组织生产经营活动时，具有协调人力、物力、财力，排除干扰，实现预期目标的组织控制能力；在用人方面，应能知人善任、任人唯贤，善于发现人才，干预提拔使用人才。

(3)项目经理应具有大专以上相应学历和文凭，懂得建筑施工技术知识、经营管理知识和法律知识，了解项目管理的基本知识，懂得施工项目管理的规律；具有一定的工程实践经历、经验和业绩；具有较强的决策能力、组织能力、指挥能力、应变能力。项目经理需要接受专门培训，取得任职资质证书，承担涉外工程的项目经理，还应掌握一门外语。

(4)身体素质。由于不但要担当繁重的工作，而且工作条件和生活条件都因现场性强而相当艰苦，因此，项目经理必须年富力强，具有健康的身体，以便保持充沛的精力。

三、施工项目经理的选择

1. 选择项目经理的形式

(1)经理委任制。委任的范围一般限于企业内部在聘干部，其程序是经过经理提名，组织人事部门考察，党政联席办公会议决定。这种方式要求组织人事部门严格考核，公司经理知人善任。

(2)竞争招聘制。招聘的范围可面向社会，但要本着先内后外的原则，其程序是个人自荐，组织审查，答辩讲演，择优选聘。这种方式既可选优，又可增强项目经理的竞争意识和责任心。

(3)基层推荐、内部协调制。这种方式一般是企业各基层施工队或劳务作业队向公司推荐若干人选，然后由人事组织部门集中各方面意见，进行严格考核后，提出拟聘用人选，报企业党政联席会议研究决定。

2. 项目经理选拔程序、方法、对象

项目经理选拔程序、方法、对象可参考图6-5。

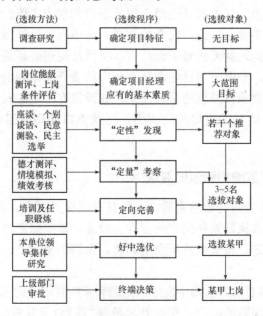

图6-5 选拔项目经理的程序、方法、对象关系图

四、施工项目经理责任制的概念及作用

1. 项目经理责任制的概念

项目经理责任制是指企业制定的，以项目经理为责任主体，确保项目管理目标实现的责任制度。项目经理责任制是项目管理目标实现的具体保障和基本条件，用以确定项目经理部与企业、职工三者之间的责、权、利关系。它是以施工项目为对象，以项目经理全面负责为前提，以《项目管理目标责任书》为依据，以创优质工程为目标，以求得项目产品的最佳经济效益为目的，实行从施工项目开工到竣工验收的一次性全过程的管理。

2. 项目经理责任制的作用

项目经理责任制在工程项目管理中的作用，具体可归纳为以下几个方面：

(1)明确项目经理与企业和职工三者之间的责、权、利、效关系。

(2)有利于运用经济手段强化对施工项目的法制管理。

(3)有利于项目规范化、科学化管理和提高产品质量。

(4)有利于促进和提高企业项目管理的经济效益和社会效益。

五、施工项目经理责任制的实施

1. 项目经理对企业经理的承包责任制

项目经理部产生后，项目经理作为工程项目全面负责人，必须同企业经理（法人代表）签订以下两项承包责任文件：

(1)《工程项目承包合同》。这种合同具有项目经理个人责任性质，其内容包括项目经理在工程项目从开工到竣工交付使用全过程期间的责任目标及其责、权、利的规定。合同的签订，需经双方同意，并具有约束力。

(2)《年度项目经理承包经营责任状》。许多工程项目往往要跨年度甚至需几年才能完成，项目经理还应按企业年度综合计划的要求，在上述《工程项目承包合同》的范围内，与企业经理签订《年度项目经理承包经营责任状》，其内容应以公司当年统一下达给各项目经理部的各项生产经济技术指标及要求为依据，也可以作为企业对项目经理部年度检查的标准。

2. 项目经理与本部其他人员的责任制

项目经理与本部其他人员的责任制是项目经理部内部实行的以项目经理为中心的群体责任制，它规定项目经理全面负责，各类人员按照各自的目标各负其责。它既规定项目经理部各类人员的工作目标，又规定相互之间的协作关系，主要包括以下内容：

(1)确定每一个业务岗位的工作目标和职责。主要是在各个业务系统工作目标和职责的基础上，进一步把每一个岗位的工作目标和责任具体化、规范化。有的可以采取《业务人员上岗合同书》的形式规定清楚。

(2)确定各业务岗位之间协作职责。主要是明确各个业务人员之间的分工协作关系、协作内容，实行分工合作。有的可以采取《业务协作合同书》的形式规定清楚。

六、施工项目经理的职责与权力

1. 基本职责

(1)按《项目管理目标责任书》处理项目经理部与国家、企业、分包单位以及职工之间的

利益分配。

(2)代表企业实施施工项目管理，贯彻执行国家法律、法规、方针、政策和强制性标准，执行企业的管理制度，维护企业的合法权益。

(3)主持组建项目经理部和制定项目的各项管理制度。

(4)组织编制项目管理实施规划。

(5)签订和组织履行《项目管理目标责任书》。

(6)在授权范围内负责与企业管理层、劳务作业层、各协作单位、发包人、分包人和监理工程师等的协调，解决项目中出现的问题。

(7)严格财经制度，加强成本核算，积极组织工程款回收，正确处理国家、企业、分包单位及职工之间的利益分配关系。

(8)对进入现场的生产要素进行优化配置和动态管理。

(9)进行现场文明施工管理，发现和处理突发事件。

(10)参与工程竣工验收，准备结算资料和分析总结，接受审计，处理项目经理部的善后工作。

(11)协助企业进行项目的检查、鉴定和评奖申报。

2. 权限

(1)参与项目招标、投标和合同签订。

(2)参与组建项目经理部，选择、聘任有关管理人员，明确职责，根据任职情况定期进行考核评价和奖惩。

(3)决定授权范围内的项目资金的投入和使用，制定内部计酬办法。

(4)参与选择施工作业单位、物资供应单位。

(5)根据《项目管理目标责任书》和《项目管理实施大纲》组织指挥项目的生产经营管理活动，进行工作部署、检查和调整。

(6)在授权范围内协调与项目有关的内外部关系。

(7)有权拒绝企业经理和有关部门违反合同行为的不合理摊派，并对对方所造成的经济损失有索赔权。

(8)法定代表人授予的其他权力。

3. 利益

项目经理最终的利益是项目经理行使权力和承担责任的结果，也是市场经济条件下责、权、利、效相互统一的具体体现。项目经理享有的利益主要表现在以下几个方面：

(1)获得基本工资、岗位工资和绩效工资。

(2)除按规定获得物质奖励外，还可获得表彰、记功、优秀项目经理等荣誉称号和其他精神奖励。

(3)项目经理经考核和审计，未完成《项目管理目标责任书》确定的责任目标或造成亏损的，按有关条款承担责任，并接受经济或行政处罚。

七、《项目管理目标责任书》的编制依据、编制原则和内容

《项目管理目标责任书》是对施工项目全过程管理中重大问题的办理而事先形成的具有企业法规性的文件，也是项目经理的任职目标，具有很强的约束性。《项目管理目标责任

书》应在项目实施之前，由法定代表人或其授权人与项目经理协商确定。

1.《项目管理目标责任书》的编制依据

编制《项目管理目标责任书》应依据下列资料：

(1)项目的合同文件。

(2)组织的项目管理制度。

(3)项目管理规划大纲。

(4)组织的经营方针和目标。

2.《项目管理目标责任书》的编制原则

确定项目管理目标应遵循下列原则：

(1)满足合同的要求。

(2)考虑相关的风险。

(3)具有可操作性。

(4)便于考核。

3.《项目管理目标责任书》的内容

《项目管理目标责任书》应包括下列内容：

(1)项目的进度、质量、成本、职业健康安全与环境目标。

(2)组织与项目经理部之间的责任、权限和利益分配。

(3)项目需用资源的供应方式。

(4)法定代表人向项目经理委托的特殊事项。

(5)项目经理部应承担的风险。

(6)项目管理目标评价的原则、内容和方法。

(7)对项目经理部进行奖惩的依据、标准和办法。

(8)项目经理解职和项目经理部解体的条件及办法。

知识链接

建筑工程执业资格制度

《中华人民共和国建筑法》第 14 条规定："从事建筑活动的专业技术人员，应当依法取得相应的执业资格证书，并在执业证书许可的范围内从事建筑活动。"2002 年 12 月 5 日，人事部、建设部联合下发了《关于印发〈建造师执业资格制度暂行规定〉的通知》(人发〔2002〕111 号)，标志着我国建立建造师执业资格制度工作的正式启动。

建造师是从事建设工程管理包括工程项目管理的专业技术人员的执业资格。按照规定具备一定条件，并参加考试合格的人员，才能获得这个资格。获得建造师执业资格的人员，经注册后可以担任工程项目的项目经理及其他有关岗位职务。

2003 年 2 月 27 日《国务院关于取消第二批行政审批项目和改变一批行政审批项目管理方式的决定》规定："取消建筑施工企业项目经理资质核准，由注册建造师代替，并建立过渡期。"建筑企业项目经理资质管理制度向建造师职业资格制度过渡的时间定为 5 年，即从2003 年 2 月 27 日起至 2008 年 2 月 27 日止。过渡期满后，大、中型工程施工项目的项目经理必须由取得建造师注册证书的人员担任；但取得建造师注册证书的人员是否担任工程施工项目的项目经理，由企业自主决定。

根据上述"相关知识"的内容学习，对项目经理有初步的认识。

项目小结

　　建筑施工项目管理组织是指为实施施工项目管理而建立的组织机构，以及该机构为实现施工项目目标所进行的各项管理活动。建筑施工项目管理组织形式是指在施工项目管理组织中管理层次、管理跨度、部门设置和上下级关系的组织机构的类型。其主要管理组织形式有工作队式、部门控制式、矩阵制式、事业部式等。项目经理部是由项目经理在企业法定代表人授权和职能部门的支持下按照企业的相关规定组建的、进行项目管理的一次性的组织机构。项目经理部在一定的约束条件(如工期、投资、质量、安全、施工环境等)下，担负着施工项目从开工到竣工全过程的生产经营管理工作。施工项目经理是指受企业委托和授权，在工程项目施工中担任项目经理职务，直接负责工程项目施工的组织实施者。项目经理责任制是指企业制定的，以项目经理为责任主体，确保项目管理目标实现的责任制度。项目经理责任制是项目管理目标实现的具体保障和基本条件，用以确定项目经理部与企业、职工三者之间的责、权、利关系。

思考与练习

　　1. 建筑施工项目管理组织结构设置的原则有哪些？
　　2. 矩阵制式项目组织的优缺点是什么？
　　3. 简述项目经理部的管理制度。
　　4. 项目经理的基本职责是什么？

项目七　施工项目管理

学习目标

通过本项目的学习，了解影响施工项目进度的主要因素，项目成本预测、成本分析的内容，影响施工质量管理的因素，施工现场的不安全因素；熟悉工程项目成本计划、成本控制的步骤和方法，施工现场安全教育，施工现场文明施工的基本要求；掌握建筑施工进度计划的实施与检查方法，施工进度比较方法，建筑施工质量管理办法，施工现场安全管理技术措施，项目施工现场环境保护措施；了解项目风险管理的基本理论；掌握施工项目风险识别、评论与对策。

能力目标

能应用横道图比较法、S形曲线比较法、香蕉形曲线比较法、前锋线比较法、列表比较法进行施工进度比较分析并采取调整措施；能应用横道图法、曲线法、表格法进行成本偏差分析；能应用排列图法、相关图法、控制图法、频数分布直方图法、因果分析图法、分层法、统计调查表对质量问题进行分析并采取控制措施，能应用项目风险管理理论进行建筑工程项目风险管理。

任务一　施工项目进度控制

任务描述

建筑施工进度控制与成本管理和质量管理一样，是建筑施工项目管理的重要组成部分。施工的进度控制是中心环节，成本管理是关键，质量管理是根本。施工项目的进度控制能协调和带动其他管理工作，是保证按时完成施工任务、合理安排资源供应的重要措施。

本任务要求学生掌握施工项目进度控制管理的方法。

相关知识

一、概述

1. 施工项目进度控制的概念

施工项目进度控制是指在既定的工期内，编制出最优的施工进度计划，在执行该计划的施工中，经常检查施工实际进度情况，并将其与计划进度相比较。若出现偏差，便分析产生的原因和对工期的影响程度，找出必要的调整措施，修改原计划，不断地如此循环，直至工程竣工验收。建筑施工进度控制的总目标是确保施工项目在建筑施工的既定目标工期内实现，或者在保证施工质量和不因此而增加施工实际成本的条件下，适当缩短施工工期。

2. 施工项目进度控制的任务

施工项目进度控制的任务是编制施工总进度计划并控制其执行，按期完成整个施工项目的任务；编制单位工程、分部分项工程施工进度计划，并控制其执行，按期完成分部分项工程施工任务；编制季度、月(旬)作业计划，并控制其执行，完成规定的目标。

3. 影响施工项目进度的主要因素

建设施工项目的特点决定了在其实施过程中将受到多种因素的影响，其中大多将对施工进度产生影响。为了有效地控制工程进度，必须充分认识和估计这些影响因素，以便事先采取措施，消除影响，使施工尽可能按进度计划进行。影响施工项目进度的主要因素有以下几方面。

(1)项目经理部内部因素。

1)技术性失误。施工单位采用技术措施不当；施工方法选择或施工顺序安排有误；施工中发生技术事故；应用新技术、新工艺、新材料、新构造缺乏经验，不能保证工程质量等都会影响施工进度。

2)施工组织管理不利。对工程项目的特点和实现的条件判断失误；编制的施工进度计划不科学；贯彻进度计划不得力；流水施工组织不合理；劳动力和施工机具调配不当；施工平面布置及现场管理不严密；解决问题不及时等都将影响施工进度计划的执行。

(2)外部因素。影响项目施工进度实施的单位，主要是施工单位，但是建设单位(或业主)、监理单位、设计单位、总承包单位、资金贷款单位、材料设备供应部门、运输部门、供水供电部门及政府的有关主管部门等都可能给施工的某些方面造成困难，影响施工进度。例如，设计单位图纸供应不及时或有误；业主要求变更设计方案；材料和设备不能按期供应，或质量、规格不符合要求；不能按期拨付工程款，或在施工中资金短缺等。

(3)不可预见的因素。施工中如果出现意外的事件，如战争、严重自然灾害、火灾、重大工程事故、工人罢工、企业倒闭、社会动乱等都会影响施工进度计划。

4. 项目进度控制措施

对施工项目进度控制采取的主要措施有组织措施、技术措施、合同措施和经济措施等。

组织措施主要是指落实各层次进度管理的人员、具体任务和工作责任；建立进度管理的组织系统；按项目的结构、进展阶段或合同结构等进行项目分解，确定其进度目标，建立控制目标体系；确定进度管理制度，如检查时间、方法，协调会议时间、参加人员等；对影响进度的因素进行分析和预测。技术措施主要采取加快施工进度的技术方法。合同措施是指与分包单位签订施工合同的合同工期与有关进度计划目标相协调。经济措施是指实现进度计划的资金保证措施。

5. 项目进度控制程序

项目进度控制工作应按以下程序进行：

(1)根据施工合同的要求确定施工进度目标，明确计划开工日期、计划总工期和计划竣工日期，确定项目分期分批的开、竣工日期。

（2）编制施工进度计划，具体安排实现计划目标的工艺关系、组织关系、搭接关系、起止时间、劳动力计划、材料计划、机械计划及其他保证性计划。分包人负责根据项目施工进度计划编制分包工程施工进度计划。

（3）进行计划交底，落实责任，并向监理工程师提出开工申请报告，按监理工程师开工指令确定的日期开工。

（4）实施施工进度计划。项目经理应通过施工部署、组织协调、生产调度和指挥、改善施工程序和方法的决策等，应用技术、经济和管理手段实现有效的进度管理。项目经理部首先要建立进度实施、控制的科学组织系统和严密的工作制度，然后依据工程项目进度管理目标体系，对施工的全过程进行系统控制。在正常情况下，进度实施系统应发挥监测、分析职能并循环运行，即随着施工活动的进行，信息管理系统会不断地将施工实际进度信息，按信息流动程序反馈给进度管理者，经过统计整理、比较分析后，确认进度无偏差，则系统继续运行；一旦发现实际进度与计划进度有偏差，系统将发挥调控职能，分析偏差产生的原因及对后续施工和总工期的影响。必要时，可对原计划进度作出相应的调整，提出纠正偏差的方案和实施技术、经济、合同的保证措施，以及取得相关单位支持与配合的协调措施，确认切实可行后，将调整后的新进度计划输入进度实施系统，施工活动继续在新的控制下运行。当新的偏差出现后，再重复上述过程，直至施工项目全部完成。进度管理系统也可以处理由于合同变更而需要进行的进度调整。

（5）全部任务完成后，进行进度管理总结并编写进度管理报告。

施工项目进度控制程序如图 7-1 所示。

二、建筑施工进度计划的实施与检查

1. 建筑施工进度计划的实施

项目进度计划的实施就是施工活动的进展，也是用施工进度计划指导施工活动、落实和完成计划。项目施工进度计划应通过编制年、季、旬、月、周施工进度计划实现。在施工进度计划实施过程中应进行下列工作：

（1）跟踪、监督计划的实施，当发现进度计划执行受到干扰时，应采取调度措施。

（2）在施工中，如实记载每项工作的开始日期、工作进程和完成日期，记录每日完成数量、施工现场发生的情况、干扰因素的排除情况，为计划实施的检查、分析、调整、总结提供原始资料。

（3）执行施工合同中对进度、开工及延期开工、暂停施工、工期延误、工程竣工的承诺。

（4）跟踪形象进度并对工程量，总产值，耗用的人工、材料和机械台班等的数量进行统计与分析，编制统计报表。

（5）落实控制进度措施应具体到人、目标、任务、检查方法和考核方法。

（6）处理进度索赔。

2. 建筑施工进度计划的检查

工程项目施工过程中，由于各种因素的影响，原始施工进度计划的安排常常会被打乱而出现进度偏差。因此，在项目进度计划执行一段时间后，必须对执行情况进行动态检查，

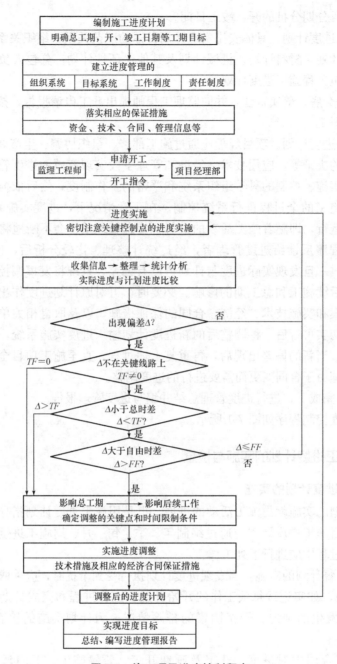

图7-1 施工项目进度控制程序

并分析进度偏差产生的原因，以便为施工进度计划的调整提供必要的信息，争取实现预定的工期目标。

（1）跟踪检查施工实际进度。跟踪检查施工实际进度是建筑施工进度控制的关键措施。其目的是收集实际施工进度的有关数据。跟踪检查的时间和收集数据的质量，直接影响控制工作的质量和效果。

检查的时间间隔与施工项目的类型、规模、施工条件和对进度执行要求程度有关。通常可以确定每旬、半月、月或周进行一次。若在施工中遇到天气、资源供应等不利因素影响严重时，检查的间隔应临时缩短，次数应频繁，甚至可以每日进行检查，或派人驻现场监督检查。检查和收集资料可采用进度报表或定期召开进度工作汇报会方式。检查通常包括以下内容：

1)检查期内实际完成和累计完成的工程量。

2)实际参加施工的人力、机械数量及生产效率。

3)窝工人数、窝工机械台班数量及其原因分析。

4)进度偏差情况。

5)进度管理情况。

6)影响进度的特殊原因及分析。

(2)整理统计检查数据。整理收集到的施工项目实际进度数据，按计划控制的工作项目进行统计，形成与计划进度具有可比性的数据、相同的量纲和形象进度。可以按实物工程量、工作量和劳动消耗量统计实际检查的数据，以便与相应的计划完成量相对比。

(3)实际进度与计划进度对比。将收集的资料整理和统计成与计划进度具有可比性的数据后，将建筑施工实际进度与计划进度进行比较，通过比较得出实际进度与计划进度相一致、超前或拖后三种情况。

3. 建筑施工进度检查结果的处理

施工项目进度检查的结果，按照检查报告制度的规定，形成进度控制报告并向有关主管人员和部门汇报。进度控制报告的内容主要包括：项目实施概况、管理概况、进度概要；项目施工进度、形象进度及简要说明；施工图纸提供进度；材料、物资、构配件供应进度；劳务记录及预测；日历计划；对建设单位、业主和施工者的变更指令等。进度控制报告一般由计划负责人或进度管理人员与其他项目管理人员协作编写。报告时间一般与进度检查时间相协调，也可按月、旬、周等间隔时间进行编写上报。

三、建筑施工进度比较方法

建筑施工进度比较分析与计划调整是建筑施工进度控制的主要环节。其中，建筑施工进度比较是调整的基础。通常采用的比较方法有横道图比较法、S形曲线比较法、香蕉形曲线比较法、前锋线比较法和列表比较法等。

1. 横道图比较法

横道图比较法是指将项目实施过程中检查实际进度收集到的数据，经加工整理后直接用横道线平行绘于原计划的横道线处，进行实际进度与计划进度的比较方法。采用横道图比较法，可以形象、直观地反映实际进度与计划进度的比较情况。

某工程项目基础工程的计划进度和截止到第9天的实际进度如图7-2所示。从图7-2中实际进度与计划进度的比较可以看出，到第9天检查实际进度时，A工程和B工程已经完成；C工程按计划也该完成，但实际只完成了3/4，拖欠任务量1/4；D工程按计划应该完成3/5，而实际只完成1/5，拖欠任务量2/5。

横道图比较法可分为以下两种方法。

(1)匀速进展横道图比较法。匀速进展是指在工程项目中，每项工作在单位时间内完成的任务量都是相等的，即工作的进展速度是均匀的。此时，每项工作累计完成的任务量与时间量的线性关系如图7-3所示。完成的任务量可以用实物工程量、劳动消耗量或费用支

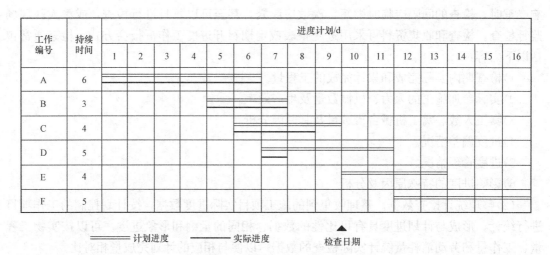

工作编号	持续时间	进度计划/d														
		1	2	3	4	5	6	7	8	9	10	11	12	13	14	15	16
A	6																
B	3																
C	4																
D	5																
E	4																
F	5																

═══ 计划进度　━━━ 实际进度　▲ 检查日期

图 7-2　某工程项目基础工程实际进度与计划进度比较图

出表示。为了便于比较，通常用上述物理量的百分比表示。

采用匀速进展横道图比较法的步骤如下：

1)编制横道图进度计划。

2)在进度计划上标出检查日期。

3)将检查收集到的实际进度数据经加工整理后按比例用涂黑的粗线标于计划进度的下方，如图 7-4 所示。

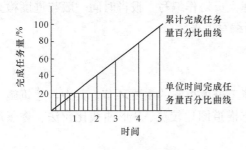

图 7-3　匀速进展工作时间与完成任务量关系曲线

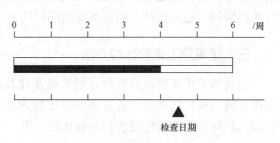

图 7-4　匀速进展横道比较图

4)对比分析实际进度与计划进度。

①如果涂黑的粗线右端落在检查日期左侧，表明实际进度拖后。

②如果涂黑的粗线右端落在检查日期右侧，表明实际进度超前。

③如果涂黑的粗线右端与检查日期重合，表明实际进度与计划进度一致。

应该指出，该方法仅适用于工作从开始到结束的整个过程中，其进展速度均为固定不变的情况。如果工作的进展速度变化，则不能采用这种方法进行实际进度与计划进度的比较，否则会得出错误结论。

(2)非匀速进展横道图比较法。当工作在不同单位时间内的进展速度不相等时，累计完成的任务量与时间的关系就不可能是线性关系，如图 7-5 所示。此时，应采用非匀速进展横道图比较法进行工作实际进度与计划进度的比较。

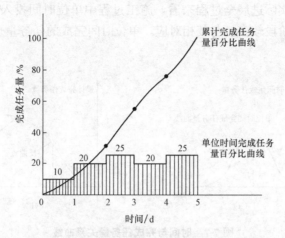

图7-5 非匀速施工时间与完成任务量关系曲线

采用非匀速进展横道图比较法的步骤如下：

1)编制横道图进度计划。

2)在横道线上方标出各主要时间的工作计划完成任务量累计百分比。

3)在横道线下方标出相应时间的工作实际完成任务量累计百分比。

4)用涂黑粗线标出工作的实际进度，从开始之日标起，同时反映出该工作在实施过程中的连续与间断情况，如图7-6所示。

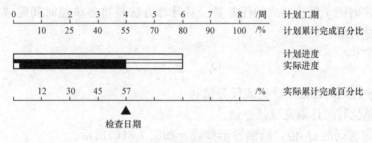

图7-6 非匀速进展横道比较图

5)通过比较同一时刻实际完成任务量累计百分比和计划完成任务量累计百分比，判断工作实际进度与计划进度之间的关系。

①如果同一时刻横道线上方累计百分比大于横道线下方累计百分比，表明实际进度拖后，拖欠的任务量为两者之差。

②如果同一时刻横道线上方累计百分比小于横道线下方累计百分比，表明实际进度超前，超前的任务量为两者之差。

③如果同一时刻横道线上、下方两个累计百分比相等，表明实际进度与计划进度一致。

2. S形曲线比较法

S形曲线比较法与横道图比较法不同，它不是在编制的横道图进度计划上进行实际进度与计划进度比较，而是以横坐标表示进度时间，纵坐标表示累计完成任务量，绘制出一条按计划时间累计完成任务量的S形曲线，将施工项目的各检查时间实际完成的任务量与S

形曲线进行实际进度与计划进度相比较的一种方法。

从整个工程项目实际进展全过程来看，施工过程中单位时间投入的资源量一般是开始和结束时较少，中间阶段较多。与其相对应，单位时间完成的任务量也呈同样的变化规律，如图 7-7(a)所示。

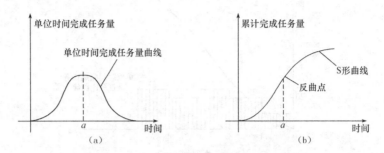

图7-7　时间与完成任务量关系曲线

(a)单位时间完成任务量曲线；(b)累计完成任务量曲线

随工程进展累计完成的任务量则应呈 S 形变化，如图 7-7(b)所示，因其形似英文字母"S"，S 形曲线因此而得名。

(1)S形曲线绘制。S 形曲线绘制步骤如下：

1)确定工程进度曲线。在实际工程中，计划进度曲线很难找到图 7-7 所示的定性分析的连续曲线，但可以根据每单位时间内完成的实物工程量、投入的劳动力或费用，计算出计划单位时间的量值(q_j)，它是离散型的，如图 7-8(a)所示。

2)计算规定时间 j 累计完成的任务量。其计算方法是将各单位时间完成的任务量累加求和，可按下式计算：

$$Q_j = \sum_{j=1}^{j} q_j \tag{7-1}$$

式中　Q_j——j 时刻的计划累计完成任务量；

q_j——单位时间计划完成任务量。

3)按各规定时间的 Q_j 值，绘制 S 形曲线，如图 7-8(b)所示。

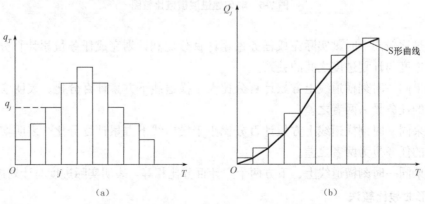

图7-8　实际工程中时间与完成任务量关系曲线

(2)S形曲线比较法。与横道图一样，利用 S 形曲线比较法是在图上直观地将工程项目实际进度与计划进度进行比较。一般情况下，进度控制人员在计划实施前绘制出计划 S 形曲线，在项目实施过程中，按规定时间将检查的实际完成任务情况与计划 S 形曲线绘制在同一张图上，如图 7-9 所示。比较两条 S 形曲线可以得到如下信息：

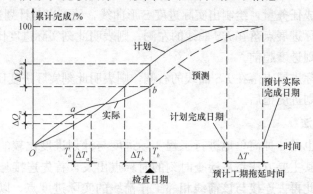

图 7-9　S 形曲线比较图

1）工程项目实际进展状况。如果工程实际进展点落在计划 S 形曲线左侧，表明此时实际进度比计划进度超前，如图 7-9 所示的 a 点；如果工程实际进展点落在计划 S 形曲线右侧，表明此时实际进度拖后，如图 7-9 所示的 b 点；如果工程实际进展点正好落在计划 S 形曲线上，则表示此时实际进度与计划进度一致。

2）工程项目实际进度超前或拖后的时间。在 S 形曲线比较图中可以直接读出实际进度比计划进度超前或拖后的时间。如图 7-9 所示，ΔT_a 表示 T_a 时刻实际进度超前的时间，ΔT_b 表示 T_b 时刻实际进度拖后的时间。

3）工程项目实际超额或拖欠的任务量。在 S 形曲线比较图中也可直接读出实际进度比计划进度超额或拖欠的任务量。如图 7-9 所示，ΔQ_a 表示 T_a 时刻超额完成的任务量，ΔQ_b 表示 T_b 时刻拖欠的任务量。

4）后期工程进度预测。如果后期工程按原计划速度进行，则可作出后期工程计划 S 形曲线，如图 7-9 中的虚线，从而可以确定工期拖延预测值 ΔT。

3. 香蕉形曲线比较法

（1）香蕉形曲线是两条 S 形曲线组合成的闭合图形。一条 S 形曲线是按各项工作的计划最早开始时间绘制的计划进度曲线（ES）；另一条 S 形曲线是按各项工作的计划最迟开始时间绘制的计划进度曲线（LS）。两条 S 形曲线都是从计划的开始时刻开始，到计划的完成时刻结束，因此，两条曲线是闭合的，并呈香蕉形，如图 7-10 所示。同一时刻两条曲线所对应的计划完成量，形成了一个允许实际进度变动的弹性区间。

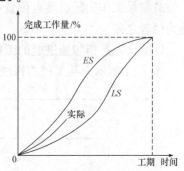

图 7-10　香蕉形曲线比较图

（2）香蕉形曲线比较法的作用。

1）预测后期工程进展趋势。利用香蕉形曲线可以对后期工程的进展情况进行预测。

2）合理安排工程项目进度计划。

①如果工程项目中的各项工作均按其最早开始时间安排进度，将导致项目的投资加大。

②如果各项工作都按其最迟开始时间安排进度，则一旦受到进度影响因素的干扰，又

将导致工期拖延，使工程进度风险加大。

因此，一个科学合理的进度计划优化曲线应处于香蕉曲线所包括的区域之内。

3)定期比较工程项目的实际进度与计划进度。在工程项目的实施过程中，根据每次检查收集到的实际完成任务量，绘制出实际进度S形曲线，便可以与计划进度进行比较。

①如果工程实际进展点落在ES曲线的左侧，则表明此刻实际进度比各项工作按其最早开始时间安排的计划进度超前。

②如果工程实际进展点落在LS曲线的右侧，则表明此刻实际进度比各项工作按其最迟开始时间安排的计划进度拖后。

4. 前锋线比较法

前锋线比较法也是一种简单地进行工程实际进度与计划进度比较的方法。它主要适用于时标网络计划。其主要方法是从检查时刻的时标点出发，首先连接与其相邻的工作箭线的实际进度点，由此再去连接与该箭线相邻工作箭线的实际进度点，以此类推，将检查时刻正在进行工作的点都依次连接起来，组成一条一般为折线的前锋线。

按前锋线与箭线交点的位置可以判定工程实际进度与计划进度的偏差。实际上，前锋线比较法就是通过工程项目实际进度前锋线，比较工程实际进度与计划进度偏差的方法。

采用前锋线比较法进行实际进度与计划进度比较的步骤如下：

(1)绘制时标网络计划图。工程项目实际进度前锋线是在时标网络计划图上标示的，为清楚起见，可在时标网络计划图的上方和下方各设一个时间坐标。

(2)绘制实际进度前锋线。一般从时标网络计划图上方时间坐标的检查日期开始绘制，依次连接相邻工作的实际进展位置点，最后与时标网络计划图下方坐标的检查日期相连接。

(3)比较实际进度与计划进度。前锋线反映出的检查日工作实际进度与计划进度的关系有以下三种情况：

1)如果工作实际进度点位置与检查日时间坐标相同，则该工作实际进度与计划进度一致。

2)如果工作实际进度点位置在检查日时间坐标右侧，则该工作实际进度超前，超前天数为两者之差。

3)如果工作实际进度点位置在检查日时间坐标左侧，则该工作实际进展拖后，拖后天数为两者之差。

以上比较是指匀速进展的工作，对于非匀速进展的工作，比较方法较复杂。

图 7-11 所示为某工程前锋线比较图。

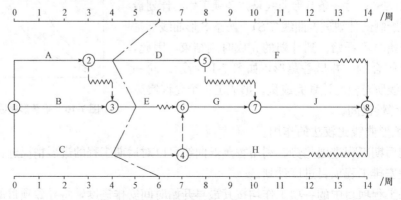

图 7-11　某工程前锋线比较图

从图 7-11 中可以看出：

(1)工作 C 实际进度拖后 2 周，将使其后续工作 G、H、J 的最早开始时间推迟 2 周。由于工作 G、J 开始时间推迟，从而使总工期延长 2 周。

(2)工作 D 实际进度拖后 2 周，将使其后续工作 F 的最早开始时间推迟 2 周，并使总工期延长 1 周。

(3)工作 E 实际进度拖后 1 周，既不影响总工期，也不影响其后续工作的正常进行。

5. 列表比较法

当采用无时间坐标网络图计划时，可以采用列表比较法，比较项目施工实际进度与计划进度的偏差情况。该方法是记录检查时正在进行的工作名称和已进行的天数，然后列表计算有关参数，根据原有总时差和尚有总时差判断实际进度与计划进度的比较方法。采用列表比较法进行进度计划检查的步骤如下：

(1)对于实际进度检查日期应该进行的工作，根据已经作业的时间，确定其尚需作业时间。

(2)根据原进度计划计算检查日期应该进行的工作从检查日期到原计划最迟完成时尚余时间。

(3)计算工作尚有总时差，其值等于工作从检查日期到原计划最迟完成时间尚余时间与该工作尚需作业时间之差。

(4)填表分析工作实际进度与计划进度的偏差。可能有以下几种情况：

1)若工作尚有总时差与原有总时差相等，则说明该工作的实际进度与计划进度一致。

2)若工作尚有总时差小于原有总时差，但仍为正值，则说明该工作的实际进度比计划进度拖后，产生的偏差值为两者之差，但不影响总工期；若尚有总时差为负值，则说明对总工期有影响，应当调整。

例如，根据图 7-11 所示检查情况，可列出该网络计划检查结果分析表，见表 7-1。

表 7-1　网络计划检查结果分析表

工作代号	工作名称	检查计划时尚需作业天数	到计划最迟完成时尚有天数	原有总时差	尚有总时差	情况判断
1—4	C	3	1	0	−2	影响工期 2 周
2—5	D	4	3	1	−1	影响工期 1 周
3—6	E	1	1	1	0	正常

四、建筑施工进度计划的调整

1. 分析进度偏差的影响

在建设工程项目实施过程中，当通过实际进度与计划进度的比较，发现有进度偏差时，需要分析该偏差对后续工作及总工期的影响，从而采取相应的调整措施对原进度计划进行调整，以确保工期目标的顺利实现。分析步骤如下：

(1)分析进度偏差的工作是否为关键工作。在工程项目的施工过程中，若出现偏差的工作为关键工作，则无论偏差大小，都对后续工作及总工期产生影响，必须采取相应的调整措施；若出现偏差的工作不是关键工作，需要根据偏差值与总时差和自由时差的大小关系，确定对后续工作和总工期的影响程度。

（2）分析进度偏差是否大于总时差。在工程项目施工过程中，若工作的进度偏差大于该工作的总时差，说明此偏差必将影响后续工作和总工期，必须采取相应的调整措施；若工作的进度偏差小于或等于该工作的总时差，说明此偏差对总工期无影响，但它对后续工作的影响程度，需要根据比较偏差与自由时差的情况来确定。

（3）分析进度偏差是否大于自由时差。在工程项目施工过程中，若工作的进度偏差大于该工作的自由时差，说明此偏差对后续工作产生影响，该如何调整，应根据后续工作允许影响的程度而定；若工作的进度偏差小于或等于该工作的自由时差，则说明此偏差对后续工作无影响，因此，原进度计划可以不做调整。

经过如此分析，进度控制人员可以确认应该调整产生进度偏差的工作和调整偏差值的大小，以便确定调整采取的新措施，获得新的符合实际进度情况和计划目标的进度计划。

2. 项目进度计划调整方法

当工程项目施工实际进度影响到后续工作、总工期而需要对进度计划进行调整时，通常采用下列两种方法：

（1）改变某些工作间的逻辑关系。当工程项目实施中产生的进度偏差影响到总工期，且有关工作的逻辑关系允许改变时，可以改变关键线路和超过计划工期的非关键线路上的有关工作之间的逻辑关系，达到缩短工期的目的。例如，将顺序进行的工作改为平行作业、搭接作业及分段组织流水作业等，都可以有效地缩短工期。对于大型群体工程项目，单位工程间的相互制约相对较小，可调幅度较大；对于单位工程内部，由于施工顺序和逻辑关系约束较大，可调幅度较小。

（2）缩短某些工作的持续时间。这种方法是不改变工作之间的逻辑关系，而是缩短某些工作的持续时间，来使施工进度加快，并保证实现计划工期的方法。这些被压缩了持续时间的工作是位于由于实际施工进度的拖延而引起总工期增长的关键线路和某些非关键线路上的工作。同时，这些工作又是可压缩持续时间的工作。这种方法实际上就是网络计划优化中的工期优化和工期—费用优化的方法。

任务实施

根据上述"相关知识"的内容学习，在日后的实践活动中，针对具体建筑工程，进行有效的施工项目进度控制管理。

任务二　施工项目成本管理

任务描述

建筑施工成本是施工单位为完成工程项目及建筑安装工程任务而耗费的各种生产费用总和，是施工中各种物化劳动和活劳动的货币表现。它是建筑工程造价中的主要部分。

施工项目成本管理，就是在完成一个工程项目过程中，对所发生的成本费用支出，有组织、有系统地进行预测、计划、控制、核算、考核、分析等一系列科学管理工作的总称。

本任务要求学生掌握施工项目成本管理的方法。

一、概述

1. 施工项目成本管理的目的

施工项目成本管理的目的是在预定的时间、预定的质量前提下，通过不断改善项目管理工作，充分采用经济、技术、组织措施挖掘降低成本的潜力，以尽可能少的耗费实现预定的目标成本。

2. 施工项目成本管理的内容

(1)项目成本预测。项目成本预测是通过成本信息和工程项目的具体情况，并运用一定的专门方法，对未来的成本水平及其可能的发展趋势作出科学的估计，其实质就是在施工之前对成本进行核算。通过成本预测，可以使项目经理部在满足建设单位和企业要求的前提下，选择成本低、效益好的最佳成本方案，并能够在项目成本形成过程中，针对薄弱环节，加强成本控制，克服盲目性，提高预见性。因此，项目成本预测是项目成本决策与计划的依据。

(2)项目成本计划。项目成本计划是项目经理部对项目施工成本进行计划管理的工具。它是以货币形式编制工程项目在计划期内的生产费用、成本水平、成本降低率以及为降低成本所采取的主要措施和规划的书面方案，是建立项目成本管理责任制、开展成本控制和核算的基础。一般来说，一个项目成本计划应包括从开工到竣工所必需的施工成本，是降低项目成本的指导文件和设立目标成本的依据。

(3)项目成本控制。项目成本控制是指在施工过程中，对影响项目成本的各种因素加强管理，并采取各种有效措施，将施工中实际发生的各种消耗和支出严格控制在成本计划范围内，随时揭示并及时反馈，严格审查各项费用是否符合标准、计算实际成本和计划成本之间的差异并进行分析，消除施工中的损失浪费现象，发现和总结先进经验。通过成本控制，使之最终实现甚至超过预期的成本节约目标。项目成本控制应贯穿工程项目从招标投标阶段开始直到项目竣工验收的全过程，它是企业全面成本管理的重要环节。

(4)项目成本核算。项目成本核算是指项目施工过程中所发生的各种费用和形式项目成本的核算。一是按照规定的成本开支范围对施工费用进行归集，计算出施工费用的实际发生额；二是根据成本核算对象，采用适当的方法，计算出该工程项目的总成本和单位成本。项目成本核算所提供的各种成本信息，是成本预测、成本计划、成本控制、成本分析和成本考核等各个环节的依据。因此，加强项目成本核算工作，对降低项目成本、提高企业的经济效益具有积极的作用。

(5)项目成本分析。项目成本分析是在成本形成过程中，对项目成本进行的对比评价和剖析总结工作，它贯穿于项目成本管理的全过程。也就是说，项目成本分析主要利用工程项目的成本核算资料(成本信息)，与目标成本(计划成本)、预算成本以及类似的工程项目的实际成本等进行比较，了解成本的变动情况，同时分析主要技术经济指标对成本的影响，系统地研究成本变动的因素，检查成本计划的合理性，并通过成本分析，深入揭示成本变动的规律，寻找降低项目成本的途径，以便有效地进行成本控制。

(6)项目成本考核。项目成本考核是指在项目完成后，对项目成本形成中的各责任者，按项目成本目标责任制的有关规定，将成本的实际指标与计划、定额、预算进行对比和考核，评定项目成本计划的完成情况和各责任者的业绩，并以此给予相应的奖励和处罚。通过成本考核，做到有奖有惩，赏罚分明，才能有效地调动企业的每一位职工在各自的施工岗位上努力完成目标成本的积极性，为降低项目成本和增加企业的积累做出自己的贡献。

3. 项目成本管理的流程

项目成本管理的流程，如图7-12所示。

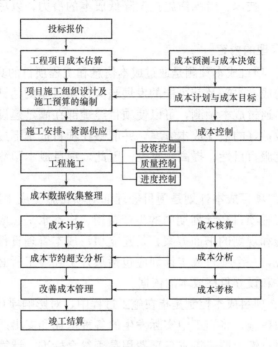

图7-12　项目成本管理的流程

4. 项目成本管理措施

为了取得项目成本管理的理想成果，应当从多方面采取措施实施管理，通常可以将这些措施归纳为组织措施、技术措施、经济措施、合同措施四个方面。

(1)组织措施。组织措施是指从项目成本管理的组织方面采取的措施。如实行项目经理责任制，落实项目成本管理的组织机构和人员，明确各级项目成本管理人员的任务和职能分工、权力和责任，编制本阶段项目成本控制工作计划和详细的工作流程图等。项目成本管理不仅是专业成本管理人员的工作，各级项目管理人员也负有成本控制责任。组织措施是其他各类措施的前提和保障，而且一般不需要增加费用，运用得当可以收到良好的效果。

(2)技术措施。技术措施不仅对解决项目成本管理过程中的技术问题是不可缺少的，而且对纠正项目成本管理目标偏差也具有相当重要的作用。因此，运用技术措施的关键，一是要能提出多个不同的技术方案，二是要对不同的技术方案进行技术经济分析。在实践中，要避免仅从技术角度选定方案而忽视对其经济效果的分析论证。

(3)经济措施。经济措施是最易被人接受和采用的措施。管理人员应编制资金使用计划，确定、分解项目成本管理目标。对项目成本管理目标进行风险分析，并制定防范性对策。通过偏差原因分析和未完项目成本预测，可发现一些可能导致未完项目成本增加的潜在问题，对这些问题应以主动控制为出发点，及时采取预防措施。由此可见，经济措施的运用绝不仅仅是财务人员的事情。

(4)合同措施。成本管理要以合同为依据，因此，合同措施就显得尤为重要。对于合同措施，从广义上理解，除了参加合同谈判、修订合同条款、处理合同执行过程中的索赔问题、防止和处理好与业主和分包商之间的索赔之外，还应分析不同合同之间的相互联系和影响，对每一个合同做总体和具体分析等。

二、施工项目成本预测

1. 项目成本预测的意义

(1)投标决策的依据。建筑施工企业在选择投标项目过程中，往往需要根据项目是否盈利、利润大小等因素确定是否对工程投标。这样在投标决策时就要估计项目施工成本的情况，通过与施工图概预算的比较，才能分析出项目是否盈利、利润大小等。

(2)编制成本计划的基础。计划是管理的第一步，因此，编制可靠的计划具有十分重要的意义。但要编制出正确可靠的成本计划，必须遵循客观经济规律，从实际出发，对成本作出科学的预测。这样才能保证成本计划不脱离实际，切实起到控制成本的作用。

(3)成本管理的重要环节。成本预测是在分析各种经济与技术要素对成本升降影响的基础上，推算其成本水平变化的趋势及其规律性，预测实际成本。它是预测和分析的有机结合，是事后反馈与事前控制的结合。通过成本预测，有利于及时发现问题，找出成本管理中的薄弱环节，采取措施，控制成本。

2. 项目成本预测程序

(1)制订预测计划。制订预测计划是预测工作顺利进行的保证。预测计划的内容主要包括组织领导及工作布置、配合的部门、时间进度、搜集材料范围等。

(2)搜集整理预测资料。根据预测计划搜集预测资料是进行预测的重要条件。预测资料一般有纵向和横向两方面的数据。纵向资料是企业成本费用的历史数据，据此分析其发展趋势；横向资料是指同类工程项目、同类施工企业的成本资料，据此分析所预测项目与同类项目的差异，并作出估计。

(3)选择预测方法。成本的预测方法可以分为定性预测法和定量预测法。

1)定性预测法是根据经验和专业知识进行判断的一种预测方法。常用的定性预测法有管理人员判断法、专业人员意见法、专家意见法及市场调查法等。

2)定量预测法是利用历史成本费用资料以及成本与影响因素之间的数量关系，通过一定的数学模型来推测、计算未来成本的可能结果。

(4)成本初步预测。根据定性预测的方法及一些横向成本资料的定量预测，对成本进行初步估计。这一步的结果往往比较粗糙，需要结合现在的成本水平进行修正，才能保证预测结果的质量。

(5)影响成本水平的因素预测。影响成本水平的因素主要有物价变化、劳动生产率、物料消耗指标、项目管理费开支、企业管理层次等。可根据近期内工程实施情况、本企业及分包企业情况、市场行情等，推测未来哪些因素会对成本费用水平产生影响，其结果如何。

(6)成本预测。根据初步的成本预测以及对成本水平变化因素的预测结果，确定成本情况。

(7)分析预测误差。成本预测往往与实施过程中及其之后的实际成本有出入，而产生预测误差。预测误差大小，反映预测的准确程度。如果误差较大，应分析产生误差的原因，并积累经验。

三、施工项目成本计划

1. 项目成本计划的类型

(1)实施性成本计划。实施性成本计划是指项目施工准备阶段的施工预算成本计划，它是以项目实施方案为依据，以落实项目经理责任目标为出发点，采用组织施工定额并通过施工预算的编制而形成的成本计划。

(2)指导性成本计划。指导性成本计划是指选派工程项目经理阶段的预算成本计划。这是组织在总结项目投标过程合同评审、部署项目实施时，以合同标书为依据，以组织经营方针目标为出发点，按照设计预算标准提出的项目经理的责任成本目标，且一般情况下只是确定责任总成本指标。

(3)竞争性成本计划。竞争性成本计划是工程投标及合同阶段的估算成本计划。这类成本计划是以招标文件为依据，以投标竞争策略与决策为出发点，按照预测分析，采用估算或概算定额、指标等编制而成的。这种成本计划虽然也着力考虑降低成本的途径和措施，甚至作为商业机密参与竞争，但其总体上都较为粗略。

2. 项目成本计划的编制要求

(1)应有具体的指标。

1)成本计划的数量指标。

2)成本计划的质量指标。

3)成本计划的效益指标。

①设计预算成本计划降低额＝设计预算总成本－计划总成本。

②责任目标成本计划降低额＝责任目标总成本－计划总成本。

(2)应有明确的责任部门和工作方法。项目成本计划由项目管理组织负责编制，并采取自下而上分级编制并逐层汇总的做法。这里的项目管理组织就是组织派出的工程项目经理部，它应承担项目成本实施性计划的编制任务。

当工程项目的构成有多个子项，分级进行项目管理时，应由各子项的项目管理组织分别编制子项目成本计划，而后进行自下而上的汇总。

(3)应有明确的依据。

1)工程承包合同文件。除合同文本外，招标文件、投标文件、设计文件等均是合同文件的组成内容，合同中的工程内容、数量、规格、质量、工期和支付条款都将对工程的成本计划产生重要的影响，因此，承包方除了在签订合同前进行详细的合同评审外，还需进行认真的研究与分析，以谋求在正确履行合同的前提下降低工程成本。

2)工程项目管理的实施规划。其中包括以工程项目施工组织设计文件为核心的项目实施技术方案与管理方案。它们是在充分调查和研究现场条件及有关法规条件的基础上制定的，不同实施条件下的技术方案和管理方案，将导致工程成本的不同。

3)可行性研究报告和相关设计文件。

4)生产要素的价格信息、反映企业管理水平的消耗定额(企业施工定额)以及类似工程的成本资料等。

3. 项目成本计划的编制程序

项目成本计划的编制程序如图7-13所示。

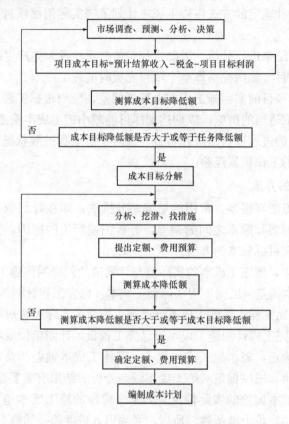

图7-13 项目成本计划的编制程序

4. 项目成本计划的编制方法

(1)施工预算法。施工预算法是指以施工图中的工程实物量，套用施工工料消耗定额，计算工料消耗量，并进行工料汇总，然后统一以货币形式反映其施工生产耗费水平。用公式表示为

$$施工预算法的计划成本＝施工预算施工生产耗费水平(工料消耗费用)－$$
$$技术节约措施计划节约额 \tag{7-2}$$

(2)技术节约措施法。技术节约措施法是指以工程项目计划采取的技术组织措施和节约措施所能取得的经济效果为项目成本降低额，然后求工程项目的计划成本的方法。用公式表示为

$$工程项目计划成本＝工程项目预算成本－技术节约措施计划节约额(成本降低额) \tag{7-3}$$

四、施工项目成本控制

1. 施工成本控制的步骤

在确定了项目施工成本计划之后，必须定期地进行施工成本计划值与实际值的比较，当实际值偏离计划值时，分析产生偏差的原因，采取适当的纠偏措施，以确保施工成本控制目标的实现。其步骤如下：

(1)比较。按照某种确定的方式将施工成本计划值与实际值逐项进行比较，以发现施工成本是否已超支。

(2)分析。对比较结果进行分析，以确定偏差的严重性及偏差产生的原因。

(3)预测。根据项目实施情况估算整个项目完成时的施工成本。

(4)纠偏。当工程项目的实际施工成本出现了偏差，应当根据工程的具体情况、偏差分析和预测的结果，采取适当的措施，以期达到尽可能减小施工成本偏差的目的。

(5)检查。对工程的进展进行跟踪和检查，及时了解工程进展状况以及纠偏措施的执行情况和效果，为今后的工作积累经验。

2. 施工成本控制的方法

施工成本控制的方法有很多，常用的是偏差分析法，即在计划成本的基础上，通过成本分析找出计划成本与实际成本之间的偏差，分析偏差产生的原因，并采取措施减少或消除不利偏差，从而实现目标成本的方法。

在项目成本控制中，把施工成本的实际值与计划值的差异叫作施工成本偏差，即

$$施工成本偏差=已完工程实际施工成本-已完工程计划施工成本 \qquad (7\text{-}4)$$

$$已完工程实际施工成本=已完工程量×实际单位成本 \qquad (7\text{-}5)$$

$$已完工程计划施工成本=已完工程量×计划单位成本 \qquad (7\text{-}6)$$

若施工成本偏差为正，表示施工成本超支；若施工成本偏差为负，则表示施工成本节约。但是必须特别指出，进度偏差对施工成本偏差分析的结果有重要影响，如果不加考虑，就不能正确反映施工成本偏差的实际情况。如某一阶段的施工成本超支，可能是由进度超前导致的，也可能是由物价上涨所致。所以，必须引入进度偏差的概念。

$$进度偏差(Ⅰ)=已完工程实际时间-已完工程计划时间 \qquad (7\text{-}7)$$

为了与施工成本偏差联系起来，进度偏差也可以表示为

$$进度偏差(Ⅱ)=拟完工程计划施工成本-已完工程计划施工成本 \qquad (7\text{-}8)$$

所谓拟完工程计划施工成本，是指根据进度计划安排在某一确定时间内所应完成的工程内容的计划施工成本，即

$$拟完工程计划施工成本=拟完工程量(计划工程量)×计划单位成本 \qquad (7\text{-}9)$$

若进度偏差为正值，表示工期拖延；若进度偏差为负值，则表示工期提前。在实际应用时，为了便于工期调整，还需将用施工成本差额表示的进度偏差转换为所需要的时间。

偏差分析可采用不同的方法，常用的有横道图法、曲线法和表格法。

(1)横道图法。用横道图法进行项目成本偏差分析，是用不同的横道表示已完工程计划施工成本、拟完工程计划施工成本和已完工程实际施工成本，横道的长度与其金额成正比，如图 7-14 所示。

（2）曲线法。曲线法又称为赢值法，是用项目成本累计曲线来进行施工成本偏差分析的一种方法，如图 7-15 所示。

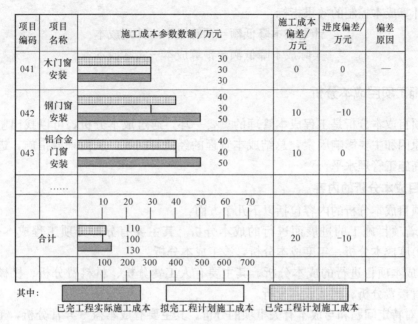

项目编码	项目名称	施工成本参数数额/万元		施工成本偏差/万元	进度偏差/万元	偏差原因
041	木门窗安装		30 30 30	0	0	—
042	钢门窗安装		40 30 50	10	-10	
043	铝合金门窗安装		40 40 50	10	0	
	……					
		10 20 30 40 50 60 70				
	合计		110 100 130	20	-10	
		100 200 300 400 500 600 700				

其中：　　已完工程实际施工成本　　拟完工程计划施工成本　　已完工程计划施工成本

图 7-14　横道图法的施工成本偏差分析

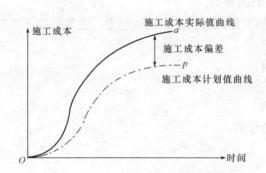

图 7-15　曲线法的施工成本偏差分析

图 7-15 中 a 表示施工成本实际值曲线，p 表示施工成本计划值曲线，两条曲线之间的竖向距离表示施工成本偏差。

（3）表格法。表格法是进行偏差分析最常用的一种方法。它将项目编号、名称、各施工成本参数以及施工成本偏差数综合归纳入一张表格中，并且直接在表格中进行比较。由于各偏差参数都在表中列出，使得施工成本管理者能够综合了解并处理这些数据。

五、施工项目成本核算

为了及时准确地进行成本控制与管理，需要通过统计、会计等及时收集施工过程中发生的各项生产费用，进行成本核算。核算的范围因工程不同的成本管理体系而不同。核算内容主要是"两算对比，三算分析"，即比较施工图预算和施工预算的差异，然后将预算成本、计划成本和实际成本进行比较，考核成本控制的效果，分析产生偏差的原因。通常按下列各式计算成本控制的效果指标：

$$计划成本降低额 = 预算成本 - 计划成本 \qquad (7\text{-}10)$$

$$实际成本降低额 = 预算成本 - 实际成本 \qquad (7\text{-}11)$$

六、施工项目成本分析

施工项目成本分析是工程成本管理的重要一环，通过成本分析，可以找出影响工程成本升降的原因和主要影响因素，总结成本管理的经验与问题，从而采取措施，进一步挖掘潜力，提高施工管理水平。

1. 项目成本分析的内容

工程项目成本分析的内容包括以下几个方面：

(1)随着项目施工的进展而进行的成本分析。其主要有分部分项工程成本分析，周、旬、月(季)度成本分析，年度成本分析，竣工成本分析。

(2)按成本项目进行的成本分析。其主要有人工费分析、材料费分析、机械使用费分析、其他直接费分析、间接成本分析。

(3)针对特定问题和与成本有关事项的分析。其主要有成本盈亏异常分析，工期成本分析，资金成本分析，技术组织措施节约效果分析，其他有利因素和不利因素对成本影响的分析。

2. 造成成本升高的原因分析

施工中造成成本升高的原因有很多，归纳起来，主要有以下几方面：

(1)设计变更的影响。

(2)价格变动的影响。

(3)停工影响造成的损失。

(4)协作不利的影响。

(5)施工管理不善的影响。

任务实施

根据上述"相关知识"的内容学习，在日后的实践活动中，针对具体建筑工程，进行有效的施工项目成本管理。

任务三　施工项目质量管理

任务描述

质量的概念一般有狭义和广义之分。狭义的质量是指产品质量，就是产品的好坏；而广义的质量不仅包含产品质量本身，还包括产品形成过程的工作质量。产品质量是工作质量的表现，而工作质量是产品质量的保证。

施工项目质量管理是指工程项目在施工安装和施工验收阶段，指挥和控制工程施工组织关于质量的相互协调的活动，使工程项目施工围绕使产品质量满足不断更新的质量要求，而开展的策划、组织、计划、实施、检查、监督和审核等所有管理活动的总和。

本任务要求学生掌握施工项目质量管理的方法。

相关知识

一、概述

1. 施工项目质量管理的内容

(1)规定控制的标准，即详细说明控制对象应达到的质量的要求。

(2)确定具体的控制方法，如工艺规程、控制用图表等。

(3)确定控制对象，如一道工序、一个分项工程、一个安装过程等。

(4)明确所采用的检验方法，包括检验手段。

(5)进行工程实施过程中的各项检验。

(6)分析实测数据与标准之间产生差异的原因。

(7)解决差异所采取的措施和方法。

2. 施工项目质量管理原理——PDCA 循环原理

PDCA 循环原理是项目目标控制的基本方法，也同样适用于施工项目质量管理。实施 PDCA 循环原理时，把质量管理全过程划分为 P(Plan，计划)、D(Do，实施)、C(Check，检查)、A(Action，总结处理)四个阶段。

PDCA 循环的特点是：四个阶段的工作完整统一，缺一不可；大环套小环，小环促大环，阶梯式上升，循环前进，如图 7-16 所示。

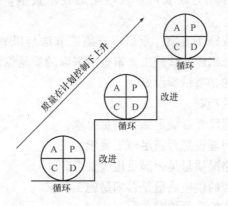

图 7-16   PDCA 循环示意图

3. 影响建筑施工质量管理的因素

影响建筑施工质量管理的因素主要有人、材料、机械、方法和环境五个方面。

(1)人的因素控制。人的控制就是对直接参与工程施工的组织者、指挥者和操作者进行控制，调动其主观能动性，避免人为失误，从而以工作质量保工序质量，促工程质量。

(2)材料质量因素控制。材料、制品和构配件质量是工程施工的基本物质条件。如果其质量不合格，工程质量就不可能符合标准，因此必须严加控制。

(3)机械设备因素控制。施工机械设备是实现施工机械化的重要物质基础，机械设备类型、性能、操作要求、施工方案和组织管理等因素，均直接影响施工进度和质量，因此必须严格控制。

(4)施工方案因素控制。施工方案是施工组织的核心，其优劣直接影响工程质量。应控制施工方案使其在技术上可行、经济上合理，从而提高工程质量。

(5)环境因素控制。影响质量的环境因素很多，有自然环境、人为环境、技术经济条件等。环境因素的控制就是通过合理确定施工方法、安排施工时间和交叉作业等为施工活动创造有利于提高质量的环境。

4. 施工质量管理目标分解

由于形成最终工程产品质量的过程是一个复杂的过程，因此，施工质量管理目标也必须按照工程进展(产品形成)的阶段进行分解，即分为施工准备阶段质量控制、施工阶段质量控制和竣工验收阶段质量控制。

(1)施工准备阶段质量控制。施工准备阶段质量控制是指项目正式施工活动开始前，对各项准备工作及影响质量的各种因素和有关方面进行的质量控制。

1)施工技术准备工作的质量控制。

①组织施工图纸审核及技术交底。应要求勘察设计单位按国家现行的有关规定、标准和合同规定，建立健全质量保证体系，完成符合质量要求的勘察设计工作。在图纸审核中，审核图纸资料是否齐全，标准尺寸有无矛盾及错误，供图计划是否满足组织施工的要求及所采取的保证措施是否得当，设计采用的有关数据及资料是否与施工条件相适应，能否保证施工质量和施工安全。进一步明确施工中具体的技术要求及应达到的质量标准。

②核实资料。核实和补充对现场调查及收集的技术资料，确保可靠性、准确性和完整性。

③审查施工组织设计或施工方案。重点审查施工方法与机械选择、施工顺序、进度安排及平面布置等是否能保证组织连续施工，审查所采取的质量保证措施。

④建立保证工程质量的必要试验设施。

2)现场准备工作的质量控制。

①场地平整度和压实程度是否满足施工质量要求。

②测量数据及水准点的埋设是否满足施工要求。

③施工道路的布置及路况质量是否满足运输要求。

④水、电、热及通信等的供应质量是否满足施工要求。

3)材料、设备供应工作的质量控制。

①材料、设备供应程序与供应方式是否能保证施工顺利进行。

②所供应的材料、设备的质量是否符合国家有关法规、标准及合同规定的质量要求。设备应具有产品详细说明书及附图；进场的材料应检查验收，验规格、验数量、验品种、验质量，做到合格证、化验单与材料实际质量相符。

(2)施工阶段质量控制。因建筑生产活动是一个动态过程，所以质量控制必须伴随生产过程进行。施工过程中的质量控制就是对施工过程在进度、质量、安全等方面实行全面控制。

施工阶段质量控制的主要工作是以工序质量控制为核心，设置质量控制点，严格质量检查，做好成品的保护。

1）施工工序质量控制。工程项目的施工过程是由一系列相互关联、相互制约的工序所构成的。工序质量是基础，直接影响工程项目的整体质量。要控制工程项目施工过程的质量，首先必须控制工序的质量。

工序质量控制主要包括两方面，即工序施工条件的控制和工序施工效果的控制。

①工序施工条件的控制。工序施工条件是指从事工序活动的各种生产要素及生产环境条件。控制方法主要包括检查、测试、试验、跟踪监督等。控制依据是设计质量标准、材料质量标准、机械设备技术性能标准、操作规程等。控制方式是对工序准备的各种生产要素及环境条件宜采用的事前质量控制的模式（即预控）。

②工序施工效果的控制。工序施工效果主要反映在工序产品的质量特征和特性指标方面。对工序施工效果控制就是控制工序产品的质量特征和特性指标是否达到设计要求和施工验收标准。工序施工效果质量控制一般属于事后质量控制，其控制的基本步骤包括实测、统计、分析、判断、认可或纠偏。

2）质量控制点的设置。质量控制点的涉及面较广，可能是结构复杂的某一工程项目，也可能是技术要求高、施工难度大的某一结构或分项、分部工程，也可能是影响质量的某一关键环节。总之，操作、工序、材料、机构、施工顺序、技术参数、自然条件、工程环境等，均可作为质量控制点来设置，主要视其对质量影响的大小及危害程度而定。

3）施工过程质量检查。

①施工操作质量巡视检查。有些质量问题是由于操作不当所致，虽然表面上似乎影响不大，却隐藏着潜在的危害。所以，在施工过程中，必须注意加强对操作质量的巡视检查，对违章操作、不符合质量要求的要及时纠正，以防患于未然。

②工序质量交接检查。严格执行"三检"制度，即自检、互检、交接检。各工序按施工技术标准进行质量控制，每道工序完成后应进行检查。各专业工种相互之间应进行交接检验，并形成记录。未经监理工程师检查认可，不得进行下道工序施工。

③隐蔽检查验收。隐蔽检查验收是指将被其他工序施工所隐蔽的分项、分部工程，在隐蔽前所进行的检查验收。实践证明，坚持隐蔽验收检查是消除隐患、避免质量事故的重要措施。隐蔽工程未验收签字，不得进行下道工序施工。隐蔽工程验收后，要办理隐蔽签证手续，并列入工程档案。

④工程施工预检。工程施工预检是指工程在未施工前所进行的预先检查。工程施工预检是确保工程质量、防止可能发生偏差造成重大质量事故的有力措施。

4）成品保护。成品保护一般是指在施工过程中，某些分项工程已经完成，而其他一些分项工程尚在施工，或者是在其分项工程施工过程中，某些部位已经完成，而其他部位正在施工，在这种情况下，施工单位必须负责对已完成部分采取妥善措施予以保护，以免因成品缺乏保护或保护不善而造成损伤或污染，影响工程整体质量。成品保护的措施包括以下内容：

①防护。针对被保护对象的特点采取各种防护的措施。例如，对清水楼梯踏步，可以采取护棱角铁上下连接固定。

②包裹。将被保护物包裹起来，以防损伤或污染。例如，对镶面大理石柱可用立板包裹捆扎保护。

③覆盖。用表面覆盖的办法防止堵塞或损伤。例如，安装地漏、落水口、排水管等后可加以覆盖，以防止异物落入而被堵塞。

④封闭。采取局部封闭的办法进行保护。例如，垃圾道完成后，可将其进口封闭起来，以防止建筑垃圾堵塞通道。

（3）竣工验收阶段质量控制。竣工验收阶段质量控制是指各分部分项工程都已全部施工完毕后的质量控制。竣工验收是建设投资成果转入生产或使用的标志，是全面考核投资效益、检验设计和施工质量的重要环节。

竣工验收阶段质量控制的主要工作有收尾工作、竣工资料的整理、竣工验收、施工质量缺陷处理。

1）收尾工作。收尾工作的特点是零星、分散、工程量小、分布面广，如不及时完成将会直接影响到项目的验收及投产使用。因此，应编制项目收尾工作计划并限期完成。项目经理和技术员应对竣工收尾计划执行情况进行检查，对重要部位要做好记录。

2）竣工资料的整理。竣工资料包括以下内容：工程项目开工报告；工程项目竣工报告；图纸会审和设计交底记录；设计变更通知单；技术变更核定单；工程质量事故发生后的调查和处理资料；水准点位置，定位测量记录，沉降及位移观测记录；材料、设备、构件的质量合格证明资料；试验、检验报告；隐蔽工程验收记录及施工日志；竣工图；质量验收评定资料。

3）竣工验收。

①承包人确认工程竣工、具备竣工验收各项要求，并经监理单位认可签署意见后，向发包人提交《工程验收报告》。发包人收到《工程验收报告》后，应在约定的时间和地点，组织有关单位进行竣工验收。

②发包人组织勘察、设计、施工、监理等单位按照竣工验收程序，对工程进行核查后，应作出验收结论，并形成《工程竣工验收报告》。参与竣工验收的各方负责人应在竣工验收报告上签字并加盖单位公章，以求对工程负责，如发现质量问题便于追查责任。

③通过竣工验收程序，办完竣工结算后，承包人应在规定期限内向发包人办理工程移交手续。

4）施工质量缺陷处理。

①不做处理。某些工程质量缺陷虽不符合规定的要求或标准，但其情况不严重，经过分析、论证和慎重考虑后，可以作出不做处理的决定。可以不做处理的情况有：不影响结构安全和使用要求，经过后续工序可以弥补的不严重的质量缺陷；经复核验算，仍能满足设计要求的质量缺陷。

②返工处理。当工程质量未达到规定的标准或要求，有明显严重的质量问题，对结构的使用和安全有重大影响，而又无法通过修补的办法给予纠正时，可以作出返工处理的决定。

③限制使用。当工程质量缺陷按修补方式处理无法保证达到规定的使用要求和安全，而又无法返工处理的情况下，不得已时可以作出结构卸荷、减荷以及限制使用的决定。

④修补处理。当工程某些部分的质量虽未达到规定的规范、标准或设计要求，存在一定的缺陷，但经过修补后还可达到要求的标准，又不影响使用功能或外观要求的，可以作

出进行修补处理的决定。

二、建筑施工质量管理办法

质量控制必须采用科学方法和手段，通过收集和整理质量数据，进行分析比较，发现质量问题，及时采取措施，预防和纠正质量事故。常用的质量管理办法有以下几种。

1. 排列图法

排列图法又称为巴氏图法或巴雷特图法，也叫作主次因素分析图法，如图 7-17 所示。它是根据意大利经济学家帕累托(Pareto)提出的"关键的少数和次要的多数"的原理，由美国质量管理专家朱兰(Joseph M. Juran)运用于质量管理而发明的一种质量管理图形。其作用是寻找主要质量问题或影响质量的主要原因，以便抓住提高质量的关键，取得好的效果。

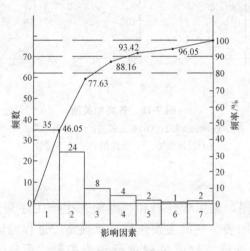

图 7-17　排列图法

作排列图需要以准确而可靠的数据为基础，一般按以下步骤进行：

(1)按照影响质量的因素进行分类。分类项目要具体而明确，一般依产品品种、规格、不良品、缺陷内容或经济损失等情况而定。

(2)统计计算各类影响质量因素的频数和频率。

(3)画左、右两条纵坐标，确定两条纵坐标的刻度和比例。

(4)根据各类影响因素出现的频数大小，从左到右依次排列在横坐标上。各类影响因素的横向间隔距离要相同，并画出相应的矩形图。

(5)将各类影响因素发生的频率和累计频率逐个标注在相应的坐标点上，并将各点连成一条折线。

(6)在排列图的适当位置，注明统计数据的日期、地点、统计者等可供参考的事项。

2. 相关图法

相关图又叫作散布图，如图 7-18 所示。不同于其他方法的是，它不是对一种数据进行分析和处理，而是对两种测定数据之间的相关关系进行分析、处理和判断。在质量管理中，其是根据质量与影响因素关系绘制相关图，分析它们之间的关系，从而采取相应措施，控制质量。其作图基本步骤包括以下内容：

(1)确定研究的质量特性，并收集对应数据。

(2)画出横坐标 x 和纵坐标 y。通常横坐标表示原因，纵坐标表示结果。

(3)找出 x、y 各自的最大值和最小值。

(4)根据数据画出坐标点。

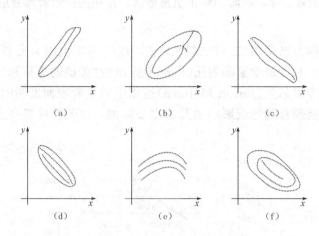

图 7-18　各类相关图

(a)强正相关；(b)弱正相关；(c)强负相关；

(d)弱负相关；(e)曲线相关；(f)不相关

3. 控制图法

控制图又称为管理图，是用于分析和判断施工生产工序是否处于稳定状态所使用的一种带有控制界限的图表。它的主要作用是反映施工过程的运动状况，分析、监督、控制施工过程，对工程质量的形成过程进行预先控制。所以，它常用于工序质量的控制。

控制图的基本原理是根据正态分布的性质，合理确定控制上下限。如果实测的数据落在控制界限范围内，且排列无缺陷，则表明情况正常，工艺稳定，不会出废品；如果实测的数据落在控制界限范围外，或虽未越界但排列存在缺陷，则表明生产工艺状态出现异常，应采取措施调整。

控制图分为计量值控制图和计数值控制图两大类。

(1)计量值控制图适用于质量管理中的计量数据，如长度、强度、质量、温度等，一般有 X 图(单值控制图)、$\overline{X}\text{-}R$ 图(平均值-极差控制图)、$X\text{-}R$ 图(中位数-极差控制图)、$X\text{-}R_S$ 图(单值—移动极差控制图)。

(2)计数值控制图则适用于计数值数据，如不合格的点数、件数等，其可分为计件值控制图[包括 P_n 图(不良品数控制图)和 P 图(不良品率控制图)]、计点值控制图[包括 c 图(样品缺陷控制图)和 u 图(单元产品缺陷控制图)]。

控制图的基本形式如图 7-19 所示。横坐标为样本(子样)序号或抽样时间，纵坐标为被控制对象，即被控制的质量特性值。控制图上一般有三条线：在上面的一条虚线称为上控制界限，用 UCL 表示；在下面的一条虚线称为下控制界限，用 LCL 表示；中间的一条实线称为中心线，用 CL 表示。中心线标志着质量特性值分布的中心位置，上下控制界限标志着质量特性值允许波动的范围。

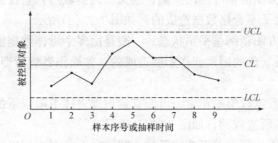

图 7-19　控制图的基本形式

如图 7-20 所示，控制图就是利用上下控制界限，将产品质量特性控制在正常质量波动范围之内。一旦有异常原因引起质量波动，通过管理图就可看出，并能及时采取措施预防不合格品的产生。

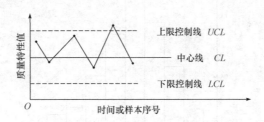

图 7-20　控制界限示意图

4. 频数分布直方图法

频数是指在重复试验中，随机事件重复出现的次数，或一批数据中某个数据(或某组数据)重复出现的次数。

产品在生产过程中，质量状况总是会有波动。其波动的原因，一般有人、材料、工艺、设备和环境等因素。

为了解上述各种因素对产品质量的影响情况，在现场随机地实测一批产品的有关数据，将实测得来的这批数据进行分组整理，统计每组数据出现的频数。然后，在直角坐标的横坐标轴上自小至大标出各分组点，在纵坐标轴上标出对应的频数，画出其高度值为其频数值的一系列直方形，即成为频数分布直方图。图 7-21 所示为某建筑工地浇筑混凝土的抗压强度频数分布直方图。

直方图形直观地反映了数据分布情况，通过对直方图的观察和分析，可以看出生产是否稳定及其质量情况。常见的直方图形有以下几种，如图 7-22 所示。

(1)对称形。中间为峰，两侧对称分散的直方图形称为对称形，如图 7-22(a)所示。这是工序稳定正常时的分布状况。

(2)孤岛形。在远离主分布中心的地方出现小的直方，形如孤岛，如图 7-22(b)所示。孤岛的存在表明生产过程中出现了异常因素，如原材料一时发生变化、有人代替操作、短期内工作操作不当等。

(3)双峰形。直方图呈现两个顶峰，如图 7-22(c)所示。这往往是两种不同的分布混合在一起的结果。如两台不同的机床所加工的零件造成的差异。

(4)偏向形。因直方图的顶峰偏向一侧，故又称为偏坡形，它往往是因计数值或计量值只控制一侧界限或剔除了不合格数据造成的，如图7-22(d)所示。

(5)平顶形。在直方图顶部呈平顶状态。一般是由多个母体数据混合在一起造成的，或者在生产过程中有缓慢变化的因素起作用所造成的。如操作者疲劳而造成直方图的平顶状，如图7-22(e)所示。

(6)绝壁形。由于数据收集不正常，可能有意识地去掉下限以下的数据，或是在检测过程中存在某种人为因素所造成的，如图7-22(f)所示。

(7)锯齿形。直方图出现参差不齐的形状，即频数不是在相邻区间减少，而是隔区间减少，形成了锯齿状。造成这种现象的原因不是生产上的问题，而主要是绘制直方图时分组过多或测量仪器精度不够而造成的，如图7-22(g)所示。

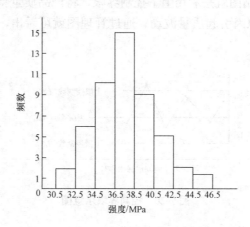

图7-21 混凝土强度的频数分布直方图

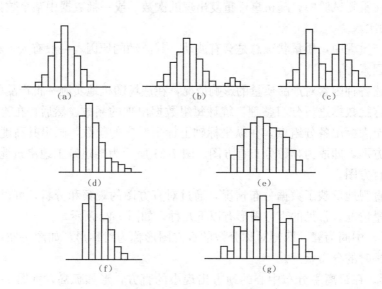

图7-22 常见的直方图形
(a)对称形；(b)孤岛形；(c)双峰形；
(d)偏向形；(e)平顶形；(f)绝壁形；(g)锯齿形

5. 因果分析图法

因果分析图，按其形状又可称为树枝图、鱼刺图，也叫作特性要因图。所谓特性，就是施工中出现的质量问题。所谓要因，就是对质量问题有影响的因素或原因。

因果分析图是一种逐步深入研究和讨论质量问题的图示方法。在工程实践中，任何一种质量问题的产生，往往是多种原因造成的。这些原因有大有小，把这些原因依照大小顺序分别用主干、大枝、中枝和小枝图形表示出来，便可一目了然地、系统地观察出产生质量问题的原因。因果分析图可用于制定对策，解决工程质量上存在的问题，从而达到控制质量的目的。图 7-23 所示为混凝土强度不足的因果分析图。

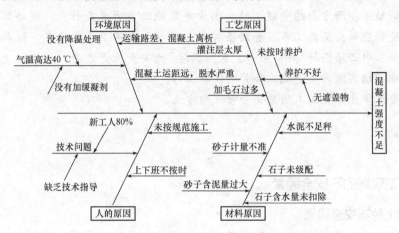

图 7-23　混凝土强度不足的因果分析图

6. 分层法

分层法又称为分类法或分组法，就是将收集到的质量数据，按统计分析的需要进行分类整理，使之系统化，以便找到产生质量问题的原因，并及时采取措施加以预防。

分层的结果是使数据各层间的差异突出地显示出来，减少了层内数据的差异。在此基础上再进行层间、层内的比较分析，可以更深入地发现和认识产生质量问题的原因。

分层法的形式和作图方法与排列图法基本一致。在分层时，一般按以下方法进行划分：

(1)按时间划分。如按日班、夜班、日期、周、旬、月、季划分。

(2)按人员划分。如按新、老、男、女或不同年龄特征划分。

(3)按使用仪器、工具划分。如按不同的测量仪器、不同的钻探工具等划分。

(4)按操作方法划分。如按不同的技术作业过程、不同的操作方法等划分。

(5)按原材料划分。如按不同材料成分、不同进料时间等划分。

7. 统计调查表

统计调查表又称为检查表、核对表、统计分析表，它是用来记录、收集和累积数据并对数据进行整理和粗略分析的方法。

任务实施

根据上述"相关知识"的内容学习，在日后的实践活动中，针对具体建筑工程，进行有效的施工项目质量管理。

任务四　施工项目安全管理

任务描述

安全管理工作是企业管理工作的重要组成部分，是保证施工生产顺利进行，防止伤亡事故发生，确保安全生产而采取的各种对策、方针和行动的总称。施工项目安全管理包括安全施工和劳动保护两方面的管理工作。由于建筑施工多为露天作业，现场环境复杂，手工操作、高处作业和交叉施工多，劳动条件差，不安全和不卫生因素多，极易出现安全事故，因此，施工中必须坚持"安全第一，预防为主"的安全生产方针，从组织上、技术上采取一系列措施，切实做好安全施工和劳动保护工作。

本任务要求学生掌握施工项目安全管理的方法。

相关知识

一、施工现场的不安全因素

1. 管理上的不安全因素

管理上的不安全因素，通常也称为管理上的缺陷，也是事故潜在的不安全因素，作为间接的原因共有以下几方面：

(1)教育上的缺陷。

(2)技术上的缺陷。

(3)管理工作上的缺陷。

(4)社会、历史上的原因造成的缺陷。

(5)生理上的缺陷。

(6)心理上的缺陷。

2. 人的不安全因素

人的不安全因素是指影响安全的人的因素，即能够使系统发生故障或发生性能不良事件的个人的不安全因素及违背设计和安全要求的错误行为。

人的不安全因素包括以下内容：

(1)能力上的不安全因素。能力上的不安全因素包括知识技能、应变能力、资格等不能适应工作和作业岗位要求的影响因素。

(2)生理上的不安全因素。生理上的不安全因素包括视觉、听觉等感觉器官以及体能、年龄、疾病等不适合工作或作业岗位要求的影响因素。

(3)心理上的不安全因素。心理上的不安全因素是指人在心理上具有影响安全的性格、气质和情绪，如懒散、粗心等。

3. 物的不安全状态因素

(1)不安全状态的类型。

1)防护等装置缺乏或有缺陷。

2)设备、设施、工具、附件有缺陷。

3)缺少个人防护用品、用具或有缺陷。

4)施工生产场地环境不良。

(2)不安全状态的内容。

1)物(包括机器、设备、工具、物质等)本身存在的缺陷。

2)防护保险方面的缺陷。

3)物的放置方法的缺陷。

4)作业环境场所的缺陷。

5)外部的和自然界的不安全状态。

6)作业方法导致的物的不安全状态。

7)保护器具信号、标志和个体防护用品的缺陷。

二、施工现场安全管理的基本原则

(1)安全管理工作必须符合国家有关法律、法规的规定。

(2)安全管理工作应以积极的预防为主。

(3)安全管理工作应建立严格的安全生产责任制度。

(4)安全管理工作中应时常检查和严肃处理各种安全事故。

三、建筑施工安全组织保证体系和安全管理制度

建立安全生产的组织保证体系是安全管理的重要环节。一般应建立以施工项目负责人(项目经理、工长)为首的安全生产领导班子,本着"管生产必须管安全"的原则,建立安全生产责任制和安全生产奖惩制度,并设立专职安全管理人员,从组织体系上保证安全生产。

为了加强安全管理,还必须将其制度化,使施工人员有章可循,将安全工作落到实处。安全管理规章制度主要包括:安全生产责任制度;安全生产奖惩制度;安全技术措施管理制度;安全教育制度;安全检查制度;工伤事故管理制度;交通安全管理制度;防暑降温、防冻保暖管理制度;特种设备、特种作业安全管理制度;安全值班制度;工地防火制度。

四、施工现场安全教育

1. 经常性教育

经常性教育的主要内容如下:

(1)上级的劳动保护、安全生产法规及有关文件、指示。

(2)各部门、科室和每个职工的安全责任。

(3)遵章守纪。

(4)事故案例及教育和安全技术先进经验、革新成果等。

2. 新工人安全教育

新工人三级安全教育的内容如下:

(1)公司进行的安全教育。

1)党和国家的安全生产方针。

2)安全生产法规、标准和法制观念。

3)本单位施工(生产)过程及安全生产规章制度,安全纪律。

4)本单位安全生产的形势及历史上发生的重大事故及应吸取的教训。

5)发生事故后如何抢救伤员、排险、保护现场和及时报告。

(2)工程项目处进行的安全教育。

1)本单位(工程处、项目部、车间)施工安全生产基本知识。

2)本单位(包括施工、生产场地)安全生产制度、规定及安全注意事项。

3)本工种的安全技术操作规程。

4)机械设备、电气安全及高空作业安全基本知识。

5)防毒、防尘、防火、防爆知识及紧急情况安全处置和安全疏散知识。

6)防护用品发放标准及防护用具、用品使用基本知识。

(3)班组教育。

1)本班组作业特点及安全操作规程。

2)班组安全生产活动制度及纪律。

3)爱护和正确使用安全防护装置(设施)及个人劳动防护用品。

五、施工现场安全检查

1. 安全检查的要求

(1)项目经理应组织项目经理部定期对安全控制计划的执行情况进行检查、考核和评价。对施工中存在的不安全行为和隐患,项目经理部应分析原因并制定相应的整改防范措施。

(2)项目经理部应根据施工过程的特点和安全目标的要求,确定安全检查内容。

(3)项目经理部进行安全检查应配备必要的设备或器具,确定检查负责人和检查人员,并明确检查内容及要求。

(4)项目经理部安全检查应采取随机抽样、现场观察、实地检测相结合的方法,并记录检测结果。应对现场管理人员的违章指挥和操作人员的违章作业行为进行纠正。

(5)安全检查人员应对检查结果进行分析,找出存在安全隐患的部位,确定危险程度。

(6)项目经理部应编写安全检查报告。

2. 安全检查的主要内容

安全检查的重点是违章指挥和违章作业。安全检查后应编制安全检查报告,说明已达标项目、未达标项目、存在问题及原因分析、纠正和预防措施。

(1)思想检查。思想检查主要检查企业的领导和职工对安全生产工作的认识。

(2)管理检查。管理检查主要检查工程的安全生产管理是否有效。其主要内容包括安全生产责任制、安全技术措施计划、安全组织机构、安全保证措施、安全技术交底、安全教育、持证上岗、安全设施、安全标志、操作规程、违规行为、安全记录等。

(3)隐患检查。隐患检查主要检查作业现场是否符合安全生产、文明生产的要求。

(4)事故处理检查。事故处理检查对安全事故的处理应达到查明事故原因、明确责任并对责任者进行处理、明确和落实整改措施等要求。同时还应检查对伤亡事故是否及时报告、认真调查、严肃处理。

六、施工现场安全管理技术措施

1. 卫生与防疫安全管理

(1)卫生安全管理。

1)施工现场不宜设置职工宿舍,必须设置时应尽量与施工场地分开。现场应准备必要的医务设施。在办公室内显著位置应张贴急救车和有关医院电话号码。根据需要采取防暑降温和消毒、防毒措施。施工作业区与办公区应分区明确。

2)承包人应明确施工保险及第三者责任险的投保人和投保范围。

3)项目经理部应对现场管理进行考评,考评办法应由企业按有关规定制定。

4)项目经理部应进行现场节能管理。有条件的现场应下达能源使用指标。

5)现场的食堂、厕所应符合卫生要求,现场应设置饮水设施。

(2)防疫安全管理。

1)食堂管理应当在组织施工时就进行策划。现场食堂应按照现场就餐人数安排食堂面积、设施以及炊事员和管理人员。食堂卫生必须符合《中华人民共和国食品安全法》和其他有关卫生管理规定的要求。炊事人员应经定期体格检查合格后方可上岗;炊具应严格消毒;生熟食应分开;原料及半成品应经检验合格后方可采用。

2)现场食堂不得出售酒精饮料。现场人员在工作时间严禁饮用酒精饮料。要确保现场人员饮水的正常供应,炎热季节要供应清凉饮料。

2. 用电安全管理

(1)临时用电施工组织设计的编制。其内容如下:

1)现场勘察。

2)确定电源进线和变电所、配电室、总配电箱等的装设位置及线路走向。

3)负荷计算。

4)选择变压器容量、导线截面和电器的类型、规格。

5)绘制电气平面图、立面图和接线系统图。

6)制定安全用电技术措施和电气防火措施。

(2)TN-S接零保护系统的采用。

1)TN-S系统是指电气设备金属外壳的保护零线要与工作零线分开,单独敷设。如在三相四线制的施工现场中,要使用五根线,第5根即保护零线(PE线)。

2)在施工现场专用电源(电力变压器等)为中性点直接接地的电力线路中,必须采用TN-S接零保护系统,即电气设备的金属外壳必须与专用保护零线连接。专用保护零线应由工作接地线、配电室的零线或第一级漏电保护器电源侧的零线引出。

(3)施工现场配电线路安全。施工现场的配电线路包括室外线路和室内线路,其敷设方式是:室外线路主要有绝缘导线架空敷设(架空线路)和绝缘电缆埋地敷设(埋地电缆线路)两种,也有电缆线路架空明敷设的;室内线路通常有绝缘导线和电缆的明敷设和暗敷设两种。

(4)配电形式安全要求。施工现场临时用电工程应采用放射形与树干形相结合的分级配电形式。第一级为配电室的配电屏(盘)或总配电箱,第二级为分配电箱,第三级为开关箱,开关箱以下就是用电设备,并且实行"一机一闸"制。

3. 现场防火安全管理

现场防火安全管理的一般要求如下：

(1)施工现场防火工作必须认真贯彻"预防为主，防消结合"的方针，立足于自防自救，坚持安全第一，实行"谁主管谁负责"的原则，在防火业务上要接受当地行政主管部门和当地公安消防机构的监督和指导。

(2)施工单位应对职工进行经常性的防火宣传教育，普及消防知识，增强消防意识，自觉遵守各项防火规章制度。

(3)施工应根据工程的特点和要求，在制定施工方案或施工组织设计时制定消防防火方案，并按规定程序实行审批。

(4)施工现场必须设置防火警示标志，施工现场办公室内应挂有防火责任人、防火领导小组成员名单、防火制度。

(5)施工现场实行层级防火责任制，落实各级防火责任人，各负其责。项目经理是施工现场防火责任人，全面负责施工现场的防火工作，由公司发给任命书。施工现场必须成立防火领导小组，由防火责任人任组长，成员由项目相关职能部门人员组成，防火领导小组定期召开防火工作会议。

(6)按规定实施防火安全检查，及时整改查出的火险隐患，本部门难以解决的要及时上报。

(7)施工现场必须根据防火的需要配置相应种类、数量的消防器材、设备和设施。

七、安全事故的预防与处理

1. 事故原因分析

(1)全面调查。通过全面的调查，查明事故经过，弄清造成事故的原因，包括人、物、生产管理和技术管理等方面的问题，经过认真、客观、全面、细致、准确的分析，确定事故的性质和责任。

(2)事故分析的步骤。首先整理和仔细阅读调查材料，然后按受伤部位、受伤性质、起因物、致害物、伤害方法、不安全状态和不安全行为等七项内容进行分析，确定直接原因、间接原因和事故责任者。

1)根据调查所确认事实，从直接原因入手，逐步深入分析间接原因。

2)通过对直接原因和间接原因的分析，确定事故中的直接责任者和领导责任者，再根据其在事故发生过程中的作用，确定主要责任者。

2. 安全事故的预防

安全事故预防的方式如下：

(1)约束人的不安全行为。

(2)消除物的不安全状态。

(3)同时约束人的不安全行为，消除物的不安全状态。

(4)采取隔离防护措施，使人的不安全行为与物的不安全状态不相遇。

3. 安全事故的处理

伤亡事故处理工作应当在 90 日内结案，特殊情况不应超过 180 日。伤亡事故处理结案后，应当公开宣布处理结果。

在伤亡事故发生后隐瞒不报、谎报、故意推迟不报、故意破坏事故现场，或者以不正当理由拒绝接受调查以及拒绝提供有关情况和资料的，由有关部门按照国家有关规定，对有关单位负责人和直接责任人员给予行政处分；构成犯罪的，由司法机关依法追究其刑事责任。

事故调查组提出的事故处理意见和防范措施建议，由发生事故的企业和主管部门负责处理。因忽视安全生产、违章指挥、违章作业、玩忽职守或发现事故隐患、危害情况而不采取有效措施抑制而造成伤亡事故的，由企业主管部门或者企业按照国家有关规定，对企业负责人和直接责任人员给予行政处分；构成犯罪的，由司法机关依法追究其刑事责任。

任务实施

根据上述"相关知识"的内容学习，在日后的实践活动中，针对具体建筑工程，进行有效的施工项目安全管理。

任务五　施工项目环境保护与文明施工

任务描述

本任务要求学生掌握施工项目环境保护与文明施工管理的方法。

相关知识

一、施工现场环境保护

环境保护是指按照法律法规、各级主管部门和企业的要求，保护和改善作业现场的环境，控制现场的各种粉尘、废水、废气、固体废物、噪声、振动等对环境的污染和危害。工程项目施工现场环境保护是现代化大生产的客观要求，能保证项目施工顺利进行，保障人们身体健康和社会文明。

项目经理负责工程项目施工现场环境保护工作的总体策划和部署，建立项目环境管理组织机构，制定相应制度和措施，组织培训，使各级人员明确环境保护的意义和责任。

1. 施工现场环境保护的基本规定

施工现场环境保护应遵循以下基本规定：

(1)把环保指标以责任书的形式层层分解到有关单位和个人，列入承包合同和岗位责任制，建立一支懂行善管的环保自我监控体系。

(2)要加强检查，加强对施工现场粉尘、噪声、废气的监测和监控工作。要与文明施工现场管理一起检查、考核、奖罚。要及时采取措施消除粉尘、废气和污水的污染。

(3)施工单位要采取有效措施控制人为噪声、粉尘的污染和采取技术措施控制烟尘、污水、噪声污染。建设单位应该负责协调外部关系，同当地居委会、村委会、办事处、派出所、居民、施工单位、环保部门加强联系。

(4)要有技术措施，严格执行国家的法律、法规。在编制施工组织设计时，必须有环境保护的技术措施。在施工现场平面布置和组织施工过程中都要执行国家、地区、行业和企业有关防治空气污染、水源污染、噪声污染等环境保护的法律、法规和规章制度。

(5)建筑工程施工由于技术、经济条件限制，对环境的污染不能控制在规定的范围内的，建设单位应当会同施工单位事先报请当地人民政府住房和城乡建设主管部门和环境行政主管部门批准。

2. 施工现场环境保护的工作内容

项目经理部在工程项目施工现场的环境保护的工作内容应包括以下几个方面：

(1)按照分区划块原则，搞好项目的环境管理，进行定期检查，加强协调，及时解决发现的问题，实施纠正和预防措施，保持现场良好的作业环境、卫生条件和工作秩序，做到预防污染。

(2)对环境因素进行控制，制定应急准备和相应措施，并保证信息通畅，预防可能出现的非预期的损害。在出现环境事故时，应及时消除污染，并应制定相应措施，防止环境二次污染。

(3)应保存有关环境管理的工作记录。

(4)进行现场节能管理，有条件时应规定能源使用指标。

3. 防止大气污染的措施

(1)高层和多层建筑物清理施工垃圾时，要搭设封闭式专用垃圾道，采用容器吊运或将永久性垃圾道随结构安装好以供施工使用，严禁凌空随意抛散。

(2)施工现场道路采用焦渣、级配砂石、粉煤灰级配砂石、沥青混凝土或水泥混凝土等建造，有条件的可利用永久性道路，并指定专人定期洒水清扫，形成制度，防止道路扬尘。

(3)袋装水泥、粉煤灰、白灰等易飞扬的细颗粉状材料，应库内存放。室外临时露天存放时，必须下垫上盖，严密遮盖，防止扬尘。

(4)散装水泥、粉煤灰、白灰等细颗粉状材料，应存放在固定容器(散灰罐)内。没有固定容器时，应设封闭式专库存放，并具备可靠的防扬尘措施。

(5)运输水泥、粉煤灰、白灰等细颗粉状材料时，要采取遮盖措施，防止沿途遗洒、扬尘。卸运时，应采取措施以减少扬尘。

(6)车辆不带泥沙出现场措施。可在大门口铺一段石子，定期过筛清理；做一段水沟冲刷车轮；人工拍土，清扫车轮、车帮；挖土装车不超装；车辆行驶不猛拐，不急刹车，防止洒土；卸土后注意关好车厢门；场区和场外安排人员清扫、洒水，基本做到不洒土、不扬尘，减少对周围环境污染。

(7)除设有符合规定的装置外，禁止在施工现场焚烧油毡、橡胶、塑料、皮革、树叶、枯草等，以及其他会产生有毒、有害烟尘和恶臭气体的物质。

(8)机动车都要安装 PCA 阀，对那些尾气排放超标的车辆要安装净化消声器，确保其不冒黑烟。

(9)尽量采用消烟除尘型茶炉、锅炉和消烟节能回风灶，烟尘降至允许排放为止。

(10)工地搅拌站除尘是治理的重点。有条件时要修建集中搅拌站，由计算机控制进料、搅拌、输送全过程，在进料仓上方安装除尘器，可使水泥、砂、石中的粉尘降低99％以上。采用现代化先进设备是解决工地粉尘污染的根本途径。

(11)工地采用普通搅拌站，先将搅拌站封闭严密，尽量不使粉尘外泄、扬尘污染环境。并在搅拌机拌筒出料口安装活动胶皮罩，通过高压静电除尘器或旋风滤尘器等除尘装置将风尘分开净化，达到除尘目的。最简单易行的方法是将搅拌站封闭后，在拌筒出料口上方和地上料斗侧面装几组喷雾器喷头，利用水雾除尘。

(12)拆除旧有建筑物时，应适当洒水，防止扬尘。

4. 防止水污染措施

(1)禁止将有毒、有害废弃物作土方回填。

(2)施工现场搅拌站废水，现制水磨石的污水、电石(碳化钙)的污水需经沉淀池沉淀后再排入城市污水管道或河流。最好将沉淀水用于工地洒水降尘以回收利用。上述污水未经处理不得直接排入城市污水管道或河流中。

(3)现场存放油料，必须对库房地面进行防渗处理。如采用防渗混凝土地面、铺油毡等。使用时，要采取措施，防止油料跑、冒、滴、漏，污染水体。

(4)施工现场100人以上的临时食堂，污物排放时可设置简易有效的隔油池，定期掏油和杂物，防止污染。

(5)工地临时厕所、化粪池应采取防渗漏措施。中心城市施工现场的临时厕所可采取水冲式，蹲坑上加盖，并有防蝇、灭蝇措施，防止污染水体和环境。

(6)化学药品、外加剂等要妥善保管，库内存放，防止污染环境。

5. 防止噪声污染措施

(1)严格控制人为噪声，进入施工现场不得高声喊叫、无故甩打模板、乱吹哨，限制高音喇叭的使用，最大限度地减少噪声扰民。

(2)凡在人口稠密区进行强噪声作业时，需严格控制作业时间，一般晚10时到次日早6时之间停止强噪声作业。确是特殊情况必须昼夜施工时，需尽量采取降低噪声措施，并会同建设单位找当地居委会、村委会或当地居民协调，出安民告示，取得群众谅解。

(3)尽量选用低噪声设备和工艺代替高噪声设备与加工工艺，如低噪声振捣器、风机、电动空压机、电锯等。

(4)在声源处安装消声器消声。

(5)采取吸声、隔声、隔振和阻尼等声学处理的方法来降低噪声。

6. 固体废物的处理方法

固体废物的处理方法主要有以下几种：

(1)回收利用。回收利用是对固体废物进行资源化、减量化的重要手段之一。对建筑渣土可视其情况加以利用，废钢可按需要用作金属原材料，对废电池等废弃物应分散回收，集中处理。

(2)减量化处理。减量化是对已经产生的固体废物进行分选、破碎、压实浓缩、脱水等减少其最终处置量，减低处理成本，减少对环境的污染。在减量化处理的过程中，也包括与其他处理技术相关的工艺方法，如焚烧、热解、堆肥等。

(3)焚烧技术。焚烧用于不适合再利用且不宜直接予以填埋处置的废物，尤其是对于受到病菌、病毒污染的物品，可以用焚烧进行无害化处理。焚烧处理应使用符合环境要求的处理装置，注意避免对大气的二次污染。

(4)稳定和固化技术。利用水泥、沥青等胶结材料，将松散的废物包裹起来，减小废物的毒性和可迁移性，使污染减少。

(5)填埋。填埋是固体废物处理的最终技术，经过无害化、减量化处理的废物残渣集中到填埋场进行处置。

二、文明施工

文明施工是指保持施工场地整洁、卫生，施工组织科学，施工程序合理的一种施工活动。实现文明施工，不仅要着重做好现场的场容管理工作，而且要相应做好现场材料、机械、安全、技术、保卫、消防和生活卫生等方面的管理工作。一个工地的文明施工水平是该工地乃至所在企业各项管理工作水平的综合体现。

1. 施工现场文明施工的基本条件

(1)有整套的施工组织设计(或施工方案)。

(2)有健全的施工指挥系统和岗位责任制度。

(3)工序衔接交叉合理，交接责任明确。

(4)有严格的成品保护措施和制度。

(5)大小临时设施和各种材料、构件、半成品按平面布置堆放整齐。

(6)施工场地平整，道路畅通，排水设施得当，水电线路整齐。

(7)机具设备状况良好，使用合理，施工作业符合消防和安全要求。

2. 施工现场文明施工的基本要求

(1)工地主要入口要设置简朴、规整的大门，门旁必须设立明显的标牌，标明工程名称、施工单位和工程负责人姓名等内容。

(2)施工现场要建立文明施工责任制，划分区域，明确管理负责人，实行挂牌制，做到现场清洁、整齐。

(3)施工现场场地平整，道路坚实、畅通，有排水措施，基础、地下管道施工完成后要及时回填平整，清除积土。

(4)现场施工临时水电要有专人管理，不得有长流水、长明灯。

(5)施工现场的临时设施，包括生产、办公、生活用房、仓库、料场、临时上下水管道以及照明、动力线路，要严格按施工组织设计确定的施工平面图布置、搭设或埋设整齐。

(6)工人操作地点和周围必须清洁、整齐，做到活完脚下清、工完场地清，丢洒在楼梯、楼板上的砂浆、混凝土要及时清除，落地灰要回收过筛后使用。

(7)砂浆、混凝土在搅拌、运输、使用过程中，要做到不洒、不漏、不剩，使用地点盛放砂浆、混凝土必须有容器或垫板，如有洒、漏要及时清理。

(8)要有严格的成品保护措施，严禁损坏、污染成品，堵塞管道。高层建筑要设置临时便桶，严禁在建筑物内大小便。

(9)建筑物内清除的垃圾渣土，要通过临时搭设的竖井或利用电梯井或采取其他措施稳妥下卸，严禁从门窗口向外抛掷。

(10)施工现场不准乱堆垃圾及余物。应在适当的地点设置临时堆放点，并定期外运。清运渣土垃圾及流体物品，要采取遮盖防漏措施，运送途中不得遗撒。

(11)根据工程性质和所在地区的不同情况，采取必要的围护和遮挡措施，并保持外观整洁。

(12)针对施工现场情况设置宣传标语和黑板报，并适时更换内容，切实起到表扬先进、促进后进的作用。

(13)施工现场严禁居住家属，严禁居民、家属、小孩在施工现场穿行、玩耍。

(14)现场使用的机械设备，要按平面布置规划固定点存放，遵守机械安全规程，经常保持机身及周围环境的清洁，机械的标记、编号明显，安全装置可靠。

(15)清洗机械排出的污水要有排放措施，不得随地流淌。

(16)在用的搅拌机、砂浆机旁必须设有沉淀池，不得将浆水直接排放至下水道及河流等处。

(17)塔式起重机轨道按规定铺设整齐、稳固，塔边要封闭，道渣不外溢，路基内外排水畅通。

(18)施工现场应建立不扰民措施，针对施工特点设置防尘和防噪声设施，夜间施工必须有当地主管部门的批准。

任务实施

根据上述"相关知识"的内容学习，在日后的实践活动中，针对具体建筑工程，进行有效的施工项目环境保护与文明施工管理。

任务六　施工项目风险管理

任务描述

建筑工程项目风险是指在整个项目寿命周期内可能导致项目损失的不确定性。由于现代建筑工程项目风险大，所以，风险管理成为建筑工程项目管理的重要内容，越来越引起人们的重视。

本任务要求学生了解工程项目风险的分类及特点；熟悉项目风险管理的概念；掌握工程项目风险管理的程序。

相关知识

一、项目风险管理概述

1. 工程项目风险的概念及特点

(1)工程项目风险的概念。工程项目风险是指在整个项目寿命周期内可能导致项目损失的不确定性。建筑工程项目风险的因素很多，可以从不同的角度进行分类。

1)按照风险来源进行划分。风险因素包括自然风险、社会风险、经济风险、法律风险和政治风险。

①自然风险。自然风险如地震，风暴，异常恶劣的雨、雪、冰冻天气等；未能预测到的特殊地质条件，如泥石流、河塘、流沙、泉眼等；恶劣的施工现场条件等。

②社会风险。社会风险包括宗教信仰的影响和冲击、社会治安的稳定性、社会的禁忌、劳动者的文化素质、社会风气等。

③经济风险。经济风险包括国家经济政策的变化，产业结构的调整，银根紧缩；项目的产品市场变化；工程承包市场、材料供应市场、劳动力市场的变动；工资的提高、物价上涨，通货膨胀速度的加快；金融风险、外汇汇率的变化等。

④法律风险。法律风险如法律不健全，有法不依，执法不严，相关法律内容发生变化；可能对相关法律未能全面、正确地理解；环境保护法规的限制等。

⑤政治风险。政治风险通常表现为政局的不稳定性，战争、动乱、政变的可能性，国家的对外关系，政府信用和政府廉洁程度，政策及政策的稳定性，经济的开放程度，国有化的可能性、国内的民族矛盾、保护主义倾向等。

2)按照风险涉及的当事人划分。风险因素包括业主的风险、承包商的风险、咨询监理单位的风险。

①业主的风险。业主遇到的风险通常可以归纳为三类，即人为风险、经济风险和自然风险。

②承包商的风险。承包商遇到的风险也可以归纳为三类，即决策错误风险、缔约和履约风险、责任风险。

a. 决策错误风险。决策错误风险主要包括信息取舍失误或信息失真风险、中介与代理风险、保标与买标风险、报价失误风险等。

b. 缔约和履约风险。在缔约时，合同条款中存在不平等条款，合同中的定义不准确，合同条款有遗漏；在合同履行过程中，协调工作不力，管理手段落后，既缺乏索赔技巧，又不善于运用价格调值办法。

c. 责任风险。责任风险主要包括职业责任风险、法律责任风险、替代责任风险和人事责任风险。

③咨询监理单位的风险。咨询监理单位虽然不是工程承包合同的当事人，但因其在工程项目管理体系中的独特地位，不可避免地要承受其自身的风险。咨询监理单位的风险主要来源于业主、承包商和职业责任三个方面。

3)按照风险可否管理划分。可将工程项目风险划分为可管理风险和不可管理风险。

(2)工程项目风险的特点。建筑工程项目的风险具有客观性、损失性和不确定性的特征，是不以人的意志为转移的特点。具体如下：

1)风险存在的客观性和普遍性。作为损失发生的不确定性，风险是不以人的意志为转移并超越人们主观意识的客观存在，而且在项目的全寿命周期内，风险无处不在、无时不有。这些说明为什么虽然人类一直希望认识和控制风险，但直到现在也只能在有限的空间和时间内改变风险存在和发生的条件，降低其发生的频率，减少损失程度，而不能也不可能完全消除风险。

2)某一具体风险发生的偶然性和大量风险发生的必然性。任何一种具体风险的发生都是诸多风险因素和其他因素共同作用的结果，是一种随机现象。个别风险事故的发生是偶然、杂乱无章的，但对大量风险事故资料的观察和统计分析，发现其呈现出明显的运动规律，这就使人们有可能用概率统计方法及其他现代风险分析方法去计算风险发生的概率和损失程度，同时也导致风险管理的迅猛发展。

3)风险的可变性。这是指在项目的整个过程中，各种风险在质和量上的变化。随着项目的进行，有些风险将得到控制，有些风险会发生并得到处理，同时在项目的每一阶段都可能产生新的风险。

4)风险的多样性和多层次性。建筑工程项目周期长、规模大、涉及范围广、风险因素数量多且种类繁杂，致使其在全寿命周期内面临的风险多种多样。而且大量风险因素的内在关系错综复杂，各风险因素之间并与外界交叉影响，又使风险显示出多层次性，这是建筑工程项目中风险的主要特点之一。

2. 工程项目风险管理的概念

工程项目风险管理是指通过风险识别、风险分析和风险评价去认识工程项目的风险，并以此为基础合理地使用各种风险应对措施、管理方法、技术和手段，对项目的风险实行有效的控制，妥善处理风险事件造成的不利后果，以最少的成本保证项目总体目标实现的管理工作。工程项目的风险管理就是对工程项目中的风险进行管理，以降低工程项目中风险发生的可能性，减轻或消除风险的影响，用最低成本取得对工程项目保障的满意结果。

3. 工程项目风险管理的程序

风险管理是一个确定和度量项目风险，以及制定、选择和管理风险处理方案的过程。其目标是通过风险分析，减少项目决策的不确定性，以便决策更加科学，以及在项目实施阶段，保证目标控制的顺利进行，更好地实现工程项目的质量、进度和造价目标。工程项目的风险管理主要包括以下几个环节。

(1)目标的建立。风险管理的目标是选择最经济和有效的方法，使风险成本最小，它可以分为损失前的管理目标和损失后的管理目标，前者想方设法减少和避免损失的发生；而后者是在损失发生后，尽可能减少直接损失和间接损失，使其尽快恢复到损失前的状况。

(2)风险的识别。要对付风险，首先必须先识别风险。针对不同项目性质、规模和技术条件，风险管理人员根据自身的知识、经验和丰富的信息资料，选择多种方法和途径，尽可能全面地辨识出所面临的各种风险，并加以分类。

(3)风险分析和评价。这是对工程项目风险发生概率及严重程度进行定量化分析和评价的过程。

(4)规划并决策。对项目风险进行识别和分析后，就应对各种风险管理对策进行规划，并根据项目风险管理的总体目标，就处理项目风险的最佳对策组合进行决策。一般而言，风险管理有三种对策：风险控制、风险保留和风险转移。

(5)计划实施。当风险管理者对各种风险管理对策作出选择后，必须制订具体的计划，如安全计划、损失控制计划、应急计划等，并付诸实施；以及在选择购买工程保险时，确定恰当的水平和合理的保费，选择保险公司等。

(6)检查和总结。通过检查和总结，可以使风险管理者及时发现偏差、纠正错误、减少成本；控制计划的执行，调整工作方法；总结经验，提高风险管理水平。

在工程项目风险管理中，依据工程项目的特点及其总体目标，通过程序化的决策，全面识别和衡量工程项目潜在的损失，从而制定一个与工程项目总体目标相一致的风险管理防范措施体系，是最大限度降低工程项目风险的最佳对策。

4. 工程项目风险管理的目标

通过对项目风险的识别，将其定量化，进行分析和评价，选择风险管理措施，以避免大风险发生；或在风险发生后，使损失量降到最低程度，从而实现项目的总体目标：

(1)实际费用不超过计划费用。

(2)实际工期不超过计划工期。

(3)实际质量达到建设要求。

(4)建设过程安全。

二、风险识别

1. 工程项目风险识别的含义

风险识别是从系统的观点出发，横观工程项目所涉及的各个方面，纵观项目建设的发展过程，对潜在和客观存在的各种风险进行系统、连续的识别和归类，并分析产生风险事故原因的过程，其目的是帮助决策者发现和识别风险，为决策减少风险损失，提高决策的科学性、安全性和稳定性。

在进行项目风险管理时，首先要进行风险的识别。只有认识到风险因素，才可能加以防范和控制，辨识风险是整个风险管理系统的基础，找出各种重要的风险来源，推测与其相关联的各种合理的可能性，重点找出影响项目质量、进度、安全、投资等目标顺利实现的主要风险。

风险识别有以下几个特点：

(1)个别性。任何风险都有与其他风险的不同之处，没有两个风险是完全一致的。

(2)主观性。风险识别都由人来完成的，由于个人的专业知识水平(包括风险管理方面的知识)、实践经验等方面的差异，同一风险由不同的人识别的结果就会有较大的差异。

(3)复杂性。建设工程所涉及的风险因素和风险事件均很多，而且关系复杂、相互影响。

(4)不确定性。这一特点可以说是主观性和复杂性的结果。由风险的定义可知，风险识别本身也是风险。因而，避免和减少风险识别的风险，也是风险管理的内容。

2. 工程项目风险识别过程

建设工程的风险识别往往是通过对经验数据的分析、风险调查、专家咨询以及实验论证等方式，在对建设工程风险进行多维分解的过程中，认识工程风险，建立工程风险清单。风险识别的结果，是建立建设工程风险清单。在建设工程风险识别过程中，核心工作是"建设工程风险分解"和"识别建设工程风险因素、风险事件及后果"。识别风险的过程包括对所有可能的风险来源和结果进行实事求是的调查，一般按以下步骤进行：

(1)项目风险分解。施工项目风险分解是确认施工活动中客观存在的各种风险，从总体到细节，由宏观到微观，层层分解，并根据项目风险的相互关系，将其归纳为若干个子系统，使人们能比较容易地识别项目的风险。根据项目的特点，一般按目标、时间、结构、环境和因素五个维度相互组合分解。

1)目标维，是按项目目标进行分解，即考虑影响项目费用、进度、质量和安全目标实现的风险的可能性。

2)时间维，是按项目建设阶段分解，也就是考虑工程项目进展不同阶段(项目计划与设计、项目采购、项目施工、试生产及竣工验收、项目保修期)的不同风险。

3)结构维，按项目结构(单位工程、分部工程、分项工程等)组成分解，同时相关技术群也能按其并列或相互支持的关系进行分解。

4)环境维，按项目与其所在环境(自然环境、社会、政治、经济等)的关系分解。

5)因素维，按项目风险因素(技术、合同、管理、人员等)的分类进行分解。

(2)建立初步工程风险清单。建立初步清单是识别风险的起点。清单中应明确列出客观存在和潜在的各种风险，包括影响各种生产率、操作运行、质量和经济效益的各种因素。人们通常凭借工程项目管理者的经验对其进行判断，并通过对一系列调查表进行深入分析、研究后制定。

(3)确立各种风险事件并推测其结果。根据初步清单中开列的各种重要的风险来源，推测与其相关联的各种合理的可能性，包括盈利和损失、人身伤害、自然灾害、时间和成本、节约或超支等方面，重点应是资金的财务结果。

(4)对潜在风险进行重要性分析和判断。对潜在风险进行重要性分析和判断，通常采用二维结构图(风险预测图)，如图 7-24 所示。

图 7-24 中，纵坐标表示不确定因素发生的概率，横坐标表示不确定事件潜在的危害。通过这种二维图形，可评价某一潜在风险的相对重要性。鉴于风险的不确定性，并且与潜在的危害性密切相关，可通过一种由曲线群构成的风险预测图来表示(图 7-24)。曲线群中，每一曲线均表示相同的风险，但不确定性或者说其发生的概率与潜在的危害有所不同，因此，各条曲线所反映的风险程度也就不同。曲线距离原点越远，风险就越大。

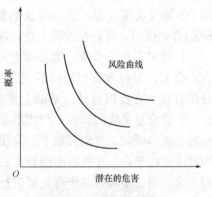

图 7-24 风险预测图

(5)进行风险分类。通过对风险进行分类，不仅可以加深对风险的认识和理解，而且可以辨清风险的性质，从而有助于制定风险管理的目标。常见的分类方法是以由若干个目录组成的框架形式，每个目录中都列出不同种类的风险，并针对各个风险进行全面调查。这样可避免仅重视某一风险而忽视其他风险的现象，见表 7-2。

表 7-2 风险分类

风险目录	典型的风险
不可预见损失	洪水、地震、火灾、狂风、塌方
有形的损失	结构破坏、设备损坏、勤务人员伤亡、材料或设备发生火灾或被偷窃
财务和经济	通货膨胀、能否得到业主资金、汇率浮动、分包商的财务风险
政治和环境	法律和法规的变化、战争和内乱、注册和审批、污染和安全规则、没收、禁运

风险目录	典型的风险
设计	设计失误、忽略、错误、规范不充分
与施工有关的事件	气候、勤务争端和罢工、劳动生产率、不同的现场条件、失误的工作、设计变更、设备缺陷

(6)建立风险目录摘要。这是风险识别的最后一个步骤。通过建立风险目录摘要，将项目可能面临的风险汇总并排列出轻重缓急，给人一种总体风险印象图。而且能把全体项目人员统一起来，使每个人不再仅仅考虑自己所面临的风险，而且能自觉地意识到项目其他管理人员的风险，还能预感到项目中各种风险之间的联系和可能发生的连锁反应。

3. 工程项目风险识别的方法

风险的范围、种类和严重程度，经常容易被人们主观夸大或缩小，使项目风险评估、分析和处置发生差错，以至于造成不必要的损失。识别项目风险的方法很多，理论上任何有助于发现风险信息的方法，如文档回顾、图表分析等，都可以作为风险识别的工具。以下是一些比较常用的方法。

(1)德尔菲法。德尔菲法又称为专家调查法，专家判断不仅适用于风险识别，而且还适用于预测及决策过程。德尔菲法起源于20世纪40年代末。美国兰德公司(Rand Corporation)首先使用，此后在世界上盛行起来，其应用遍及经济、社会、工程技术等各领域。

1)德尔菲法的步骤。其步骤包括：挑选企业内外的专家组成小组，专家们互不了解，也不会面；每位专家对研讨的问题进行匿名分析；所有专家都收到一份全组专家的集合分析答案，在反馈意见的基础上重新进行分析。该程序可重复进行，直到结果满意为止。

2)集合意见法的步骤。与德尔菲法相似的另一种方法是集合意见法，但它是一种面对面的交流和研讨，其步骤如下：全组专家会面，共同起草分析计划；在黑板或表格中记录所有专家的想法，并进行小组讨论；每位专家对所有想法进行排序和选择，用数学方法排列出来。第二步和第三步可重复进行，直到得到满意的结果。

3)专家的偏见。专家调查法得出的结论可能具有潜在的个人偏见，一般可能引起或增强这种偏见的因素有：对个人能力过于自信；对风险反应的迟钝；与项目的关联程度不够；近期记忆的影响；时间不充分；与其他专家的关系；动机等。

我国于20世纪70年代引入德尔菲法，已在不少项目中得到广泛的应用，取得了比较满意的结果。

(2)头脑风暴法。头脑风暴法一般在一个专家小组内进行。通过专家会议，激发专家的创造性思维，从而获取未来信息。会议主持人在会议开始的发言应能激起专家的思维"灵感"，通过专家之间的信息交流和相互启发，诱发专家产生"思维共振"，互相补充，产生"组合效应"，获取更多的未来信息，使预测和识别结果更准确。我国于20世纪70年代末引入头脑风暴法，并受到有关方面的高度重视。

(3)情景分析法。情景分析法是根据发展趋势的多样性，通过对系统内外相关问题的分析，设计出多种可能的未来前景；然后，用类似撰写电影剧本的手法，对系统发展态势作出自始至终的情景和画面描述。对持续时间较长的项目进行风险预测和识别时，一般需要考虑各种技术、经济和社会因素的多重影响，用情景分析法可预测和识别关键风险因素及其影响程度。

情景分析法对以下几种情况特别有用：提醒决策者注意某种措施或政策可能引起的风险或危机性的后果；建议需要进行监视的风险范围；研究某些关键性因素对未来过程的影响；提醒人们注意某种技术的发展可能会带来哪些风险。

(4)核对表法。核对表一般根据项目环境、产品或技术资料、团队成员的技能或缺陷等风险要素，把经历过的风险事件及来源列成一张核对表。核对表一般包括：以前项目成功或失败的原因；项目范围、成本、质量、进度、采购与合同、人力资源与沟通等情况；项目产品或服务说明书；项目管理成员的技能；项目可用资源等。

(5)面谈法。与项目相关人员进行面谈，有助于识别常规计划中尚未察觉的风险。可行性研究得到的项目前期面谈记录，往往是识别风险的很好素材。

(6)敏感分析。敏感性分析研究项目寿命期内，项目变数(产量、价格、成本等)及各种前提与假设条件发生变动时，项目现金流净现值、内部收益率等出现的变化。

(7)事故树分析。在可靠性工程中常利用事故树进行系统风险分析，识别事故发生的风险因素，计算风险事故的发生概率。这种分析方法一般用于技术性强的复杂项目，对使用者的要求相对也比较高。

(8)通过项目生命周期进行风险识别。项目不同生命周期的风险不同。一般而言，项目早期的整体风险较大，而后期财务风险则比较突出。项目生命周期风险分析，如图 7-25所示。

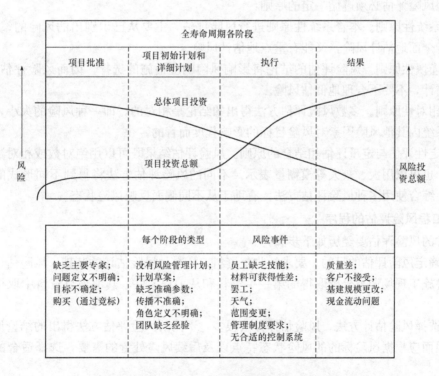

图 7-25 项目生命周期风险分析

4. 工程项目风险衡量

识别工程项目所面临的各种风险以后，应分别对各种风险进行衡量，从而进行比较，以确定各种风险的相对重要程度。

衡量风险时应考虑两个方面：损失发生的频率或发生的次数和这些损失的严重性，而损失的严重性比其发生的频率或次数更为重要。例如，工程完全毁损虽然只有一次，但这一次足以造成致命损伤；而局部塌方虽有多次或发生频率较为频繁，却不足以致使工程全部损毁。

确定风险的概率分布是衡量风险潜在损失最重要的方法，这也是当前国际工程风险管理最常用的方法之一。概率分布不仅能使人们比较准确地衡量风险，还有助于制定风险管理决策。

三、风险评估

1. 工程项目风险评估的含义

从工程项目的风险管理周期来看，风险识别是风险管理的基础。通过风险辨识将工程中可能存在的风险定性识别出来，但是仅仅知道风险载体可能存在的风险是不够的，还要掌握风险发生的可能性、风险一旦发生可能造成的损害程度等。这些问题需要风险评估来解决，因而，风险评估是工程风险管理量化和深化的过程，也是工程风险管理不可或缺的环节之一。

2. 工程风险评估的原则

工程风险评估必须遵循一定的原则：

(1)系统性原则。本着系统性原则进行风险评估，主要从已识别出的风险的整体考虑，保证既能全面地估计风险，又能有重点地估计风险。

(2)谨慎性原则。风险评估的结论将影响风险响应措施的选择，因而风险评估很重要，应慎重估计，不要不合理地低估风险。

(3)相对性原则。多数风险评估方法得出的结论是相对的，即一种风险的大小，是相对本风险系统内其他风险因素对风险目标的影响程度而言的。

(4)定性评估与定量评估相结合的原则。风险评估结果既可以用绝对数或相对数等确定量表示，也可以用大、较大等模糊量表示。不同的风险评估方法将得到不同形式的风险评估结果。综合使用多种风险评估方法，有助于从不同侧面反映风险状态。

3. 工程风险评估的程序

通常的风险评估要经历如下步骤：

(1)确定风险评估的目的、要求，收集资料。资料是风险估计的基础，风险估计资料包括：通过施工现场调查分析取得的第一手资料和从工程文件、其他项目资料中取得的第二手资料。

(2)选择风险估计方法。风险估计方法很多，不同的风险评估方法得出的结论形式有所区别，因而应根据风险标的的风险状态特点以及后续风险处置的需要，选择适合的风险估计方法。

(3)施工现场定性分析。通过观察、询问和问卷调查等方法收集信息，形成对工程风险状况总体的定性判断。

(4)定量分析。确定风险估计变量及风险估计变量公式，风险评估应以估计变量的公式进行评估，确定各个变量的表达形式，比如是用相对量、绝对量还是用模糊判断的分数表示。

(5)综合评估。

(6)修正并得出结论。由于风险估计过程涉及主观判断，因而得出的结论有可能与风险的客观情况有偏差，应对风险结论进行检验和修正，使风险评估结果更客观。

4. 工程风险评估的主要内容

工程风险评估包括风险估计与风险评价两个内容。风险评估的主要任务是对施工项目各阶段的风险事件发生概率、后果严重程度、影响范围大小以及发生时间进行估计和评价。

(1)工程风险评估体系。从工程项目总体的风险评估要求和风险源分布特点来分析，建筑安装工程风险评估主要包括如下方面：工程状况、施工方案、施工组织计划、工程三方的资质、工程安装设备情况、施工机具设备情况、施工现场的防灾救灾设施、施工过程的安全防护。

(2)工程风险评估的具体内容。工程风险评估体系说明了工程风险评估的主要任务。在工程风险管理中，若要进行风险决策，必须从定性和定量两个方面弄清楚工程风险的属性。对于每一个具体的工程风险来说，需要估计四个方面：

1)每一个工程风险因素最终转化为致损事故的概率和损失分布。在工程风险发展过程中，并不是所有风险因素都能最终发展成导致损失的风险事故，因而判断其发生的概率，就可以对风险的影响程度和严重性作出判断，据此进行风险处理决策。在估计工程风险分布规律时，需要采用专家调查法、现场观察法、模糊综合评判法等适当的方法，现场观测或试验模拟工程风险，估计目标风险的概率分布。

2)单一工程风险的损失程度。如果某一风险因素导致事故损失的可能性很大，可能的损失却很小，对于这样的风险，没必要采取复杂的处置措施。只有综合考虑了风险发生概率和损失程度后，才能根据风险损失期望来制定风险处置策略。在估计了目标风险的概率分布，了解其发生的可能性之后，还要估计单一工程风险可能造成的损失程度。工程风险损失可以依据工程风险载体的状况、风险的波及范围和可能造成的损坏程度来估计。

3)若干关联的工程风险导致同一风险单位损失的概率和损失程度。工程风险管理者在制订工程风险计划时，一般关心在特定的风险管理子系统中承担的风险损失期望值，因此，有必要从某一风险单位整体的角度，分析多种工程风险可能造成的损失总和以及发生风险事故的概率。

4)所有风险单位的损失期望值和标准差。为了掌握风险管理系统总体的风险状况，还应估计总的风险管理系统中所有风险单位的损失期望值和标准差，也就是将所有风险单位的风险因素叠加后的损失期望值，并且估计这个损失期望值与各种可能的损失值之间的偏差程度，这里用标准来衡量这个偏差程度。

(3)工程风险定级。工程风险评估得出的粗略的风险评估结果，就是将风险定级。根据风险事故可能造成的损失程度，将其分成不同的级别：

一级：风险事故后果可以忽略，可以不采取控制措施。

二级：风险事故后果较轻微，不至于破坏某个分项工程，可均衡风险损失与风险处置成本，采取适当的处置措施。

三级：风险事故后果很严重，可能破坏某个分项工程并有人员伤亡，应立即采取措施。

四级：这是危险等级最高的风险，风险事故后果是灾难性的，应立即排除。

通过风险评估预测风险损失结果，根据总体工程风险系统的状况和业主或承包商的风险承受能力，将工程风险粗略地分成上述四个等级。这样，就比较容易把握风险的处置原则，以此为基础制定工程风险处置方案。

5. 工程风险评估的方法

(1)访谈。访谈技术用于量化对项目目标造成影响的风险概率和后果。访谈可邀请有相关经验的专家，请他们运用其经验作出风险度量，其结果相当准确、可靠，有时甚至比通过数学计算与模拟仿真的结果还要准确、可靠。

(2)盈亏平衡分析。盈亏平衡分析就是用来确定生产的最低产量或工程活动采用某种技术的最低生产量。比如当施工现场混凝土工程在施工时可考虑采用现场制备或购买商品混凝土时，就可以通过该方法来确定采用商品混凝土盈利的最低生产量。若施工现场混凝土需求量大于该最低产量要求，则可选用商品混凝土。

(3)敏感性分析。敏感性分析就是研究和分析由于客观条件的影响，使施工项目的成本、价格和工期等主要变量因素发生的变化，导致项目的主要经济效果指标(如净现值、收益率、折现率和还本期)发生变动的敏感程度。通过敏感性分析，在诸多不确定的因素中，找出对经济效益指标反应敏感的因素及不敏感因素，并计算出这些因素在一定范围内变化时，有关经济效益指标变动的数量；然后，建立主要变量因素和经济效益指标之间的对应定量关系。

(4)决策树分析。决策树分析方法是用树表示项目所有可供选择的行动方案、行动方案之间的关系、行动方案的后果，以及这些后果发生的概率。它是一种形象化的决策方法，用逐渐逼近的计算方法，从出发点开始不断产生分枝，以表示所分析问题的各种发展可能性，并以各分枝的损益期望值中最大者(或最小者)作为选择依据。

(5)综合评价法。综合评价法又称为主观评分法，是一种最常用、最简单、易于应用的评价方法，共分三步进行。首先，识别和评价对象相关的风险因素、风险事件或发生风险的环节，列出风险调查表；其次，请有经验的专家对可能出现的风险因素或风险事件的重要性进行评价；最后，综合评价整体的风险水平。

(6)层次分析。层次分析法(AHP)是一种定性分析和定量分析相结合的多目标系统分析方法。它根据问题的性质和要求达到的总目标，将问题分解成不同的分目标、子目标，并按目标间的相互关联影响及隶属关系分组，形成多层次的结构。通过两两比较的方式确定层次中各目标的相对重要性，同时运用矩阵运算确定出子目标对其上一层目标的相对重要性，这样，层层下去，最终确定出子目标对总目标的重要性。

(7)等风险图法。施工项目风险的大小不仅与风险事件发生的概率有关，而且与风险损失的多少有关。评价风险的大小，常用图 7-26 所示的等风险图。图中，施工项目风险量的大小 R 为风险出现概率 P 和潜在损失值 q 的函数。

风险评价图中，每条曲线代表一个风险事件，不同曲线风险程度不一样。曲线距离原点越远，期望损失越大，一般认为风险就越大。引用物理学中位能的概念，损失期望值高的，则风险位能高。具体项目中，任何一个风险可以在等风险图上找到一个表示其位能的点。

在项目风险管理中，一般认为，潜在损失对 R 影响较大。有严重潜在损失的风险，虽不经常出现，但它比那些虽经常发生但无大灾的风险要可怕。若两个风险的潜在损失类似，则其发生频率高的风险具有较大的 R。

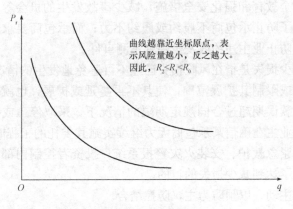

曲线越靠近坐标原点，表示风险量越小，反之越大。因此，$R_2 < R_1 < R_0$。

图 7-26　等风险图

施工项目风险评估方法还有模糊分析法、风险相关评价、PERT 法、蒙特卡洛模拟法、安全风险评价法等。

四、工程项目风险对策

1. 工程项目风险应对

风险应对是对识别出来的风险，经过估计和评价后，选择并确定最佳的对策组合，并进一步落实到具体的计划和措施中。在建筑工程项目实施过程中，要对各项风险对策的执行情况进行监控，评价各项风险对策的执行效果；并在项目实施条件发生变化时，确定是否需要提出不同的风险处理方案。除此之外，还要检查是否有被遗漏的风险或者发生新的风险，即进入新一轮的风险识别，开始新一轮的风险管理过程。

2. 工程项目风险防范的手段

风险的防范手段多种多样，但归纳起来，不外乎有两种最基本的手段，即风险控制措施和财务措施。

(1)风险控制措施。采用风险控制措施，可降低项目的预期损失或使这种损失更具有可测性。风险控制措施包括风险回避、损失控制、风险分离、风险分散及风险转移等。

1)风险回避。风险回避主要是中断风险源，使其不致发生或遏制其发展。回避风险有时需要作出一些必要的牺牲，但较之承担风险，这些牺牲与风险真正发生时可能造成的损失相比，要小得多，甚至微不足道。如回避风险大的项目，选择风险小或适中的项目。因此，在项目决策时要注意放弃明显导致亏损的项目。对于风险超过自己承受能力、成功把握不大的项目，不参与投标、不参与合资。回避风险虽然是一种风险防范措施，但应该承认，这是一种消极的防范手段。因为回避风险固然能避免损失，但同时也失去了获利的机会。

2)损失控制。损失控制是指要减少损失发生的机会或降低损失的严重性，使损失最小化。损失控制主要包括以下两方面的工作：

①预防损失。预防损失是指采取各种预防措施，以杜绝损失发生的可能。例如，房屋建造者通过改变建筑用料，以防止建筑物用料不当而倒塌；供应商通过扩大供应渠道，以避免货物滞销；承包商通过提高质量控制标准，以防止因质量不合格而返工或罚款；生产

管理人员通过加强安全教育和强化安全措施，减少事故发生的机会等。业主要求承包商出具各种保函，就是为了防止承包商不履约或履约不力；而承包商要求在合同条款中赋予其索赔权利，也是为了防止业主违约或发生种种不测事件。

②减少损失。减少损失是指在风险损失已经不可避免地发生的情况下，通过种种措施，以遏制损失继续恶化或限制其扩展范围，使其不再蔓延或扩展，也就是使损失局部化。例如，承包商在业主付款误期超过合同规定期限的情况下，采取停工或撤出队伍并提出索赔要求甚至提起诉讼；业主在确信某承包商无力继续实施其委托的工程时，立即撤换承包商；施工事故发生后采取紧急救护、安装火灾警报系统；投资者控制内部核算、制定种种资金运作方案等，都是为了达到减少损失的目的。

控制损失应采取主动，以预防为主，防控结合。

3)风险分离。风险分离是指将各风险单位分隔开，以避免发生连锁反应或互相牵连。这种处理可以将风险限制在一定范围之内，从而达到减少损失的目的。

风险分离常用于承包工程中的设备采购。为了尽量减少因汇率波动而造成的汇率风险，承包商可在若干不同的国家采购设备，采用多种货币付款。这样即使发生大幅度波动，也不致出现全面损失。

在施工过程中，承包商对材料进行分隔存放，也是一种风险分离的手段，因为分隔存放无疑分离了风险单位。各个风险单位不会具有同样的风险源，而且各自的风险源也不会互相影响。这样，就可避免材料集中存放于一处时，可能遭受同样的损失。

4)风险分散。风险分散与风险分离不同，后者是对风险单位进行分隔、限制以避免互相波及，从而发生连锁反应；而风险分散则是通过增加风险单位，以减轻总体风险的压力，达到共同分担集体风险的目的。

对一个工程项目而言，其风险有一定的范围，这些风险必须在项目参与者(如投资者、业主、项目管理者、各承包商、供应商等)之间进行分配。每个参与者都必须有一定的风险责任，这样才有管理和控制的积极性和创造性。风险分配通常在任务书、责任书、合同文件中定义。在起草这些文件时，必须对风险作出预计、定义和分配。只有合理地分配风险，才能调动各方面的积极性，才能有项目的高效益。

5)风险转移。风险转移是风险控制的另一种手段。在项目管理实践中，有些风险无法通过上述手段进行有效控制，项目管理者只好采取转移手段，以保护自己。风险转移并非损失转嫁，这种手段也不能被认为是一种损人利己、有损商业道德的行为。因为有许多风险确实对一些人可能会造成损失，但转移后并不一定同样给他人造成损失。其原因是各人的优劣势不一样，因而对风险的承受能力也不一样。

风险转移的手段常用于工程承包中的分包、技术转让或财产出租。合同、技术或财产的所有人通过分包工程、转让技术或合同、出租设备或房屋等手段，将应由其自身全部承担的风险部分或全部转移至他人，从而可以减轻自身的风险压力。

(2)财务措施。采用财务措施即经济手段来处理确实会发生的损失，其主要包括风险的财务转移、风险自留、风险准备金和自我保险等手段。

1)风险的财务转移。风险的财务转移是指风险转移人寻求用外来资金补偿确实会发生或业已发生的风险。风险的财务转移，包括保险的风险财务转移和非保险的风险财务转移两种。

①保险的风险财务转移。其实施手段是购买保险。通过保险，投保人将自己本应承担

的归咎责任(因他人过失而承担的责任)和赔偿责任(因本人过失或不可抗力所造成损失的风险责任)转嫁给保险公司,从而使自己免受风险损失。

②非保险的风险财务转移。其实施手段是除保险以外的其他经济行为。例如,根据工程承包合同,业主可将其对公众在建筑物附近受到伤害的部分或全部责任转移给建筑承包商,这种转移属于非保险的风险财务转移;而建筑承包商则可以通过投保第三者责任险,又将这一风险转移给保险公司,而这种风险转移属于保险的风险财务转移。

非保险的风险财务转移的另一种形式,是通过担保银行或保险公司开具保证书或保函。根据保证书或保函,保证人保证委托人对债权人履行某种明确的义务。保证人必须履行担保义务;否则,债权人可以依据保证书或保函向保证人索要罚金,然后保证人可以向委托人追偿其损失。在通常情况下,保证人或担保人签发保证书或保函时,要求委托人提交一笔现金或债券或不动产作抵押,以备自己转嫁损失赔偿。通过这种形式,债权人可将债务人违约的风险转移给保证人。

非保险的风险财务转移还有一种形式,就是风险中性化。这是一个平衡损失和收益机会的过程。例如,承包商担心原材料价格变化而进行套期交易;出口商担心外汇汇率波动而进行期货买卖等。不过,采取风险中性化手段,没有机会从投机风险中获益。因此,这种手段只是一种防身术,只能保证自己不受风险损失而已。

2)风险自留。风险自留是指将风险留给自己承担,不予转移。这种手段有时是无意识的,即当初并不曾预测到,不曾有意识地采取种种有效措施,以致最后只好由自己承受。但有时也可以是主动的,即项目管理者有意识、有计划地将若干风险主动留给自己。在这种情况下,风险承受人通常都做好了处理风险的准备。

3)风险准备金。风险准备金是从财务的角度为风险做准备,在计划(或合同报价)中另外增加一笔费用。

例如,在投标报价中,承包商经常根据工程技术、业主的资信、自然环境、合同等方面的风险大小及发生的可能性(概率),在报价中加上一笔不可预见风险费。

从理论上说,准备金的数量应与风险损失期望值相等,应等于风险发生所产生的损失与发生的可能性(概率)的乘积,即

$$风险准备金＝风险损失×发生的概率$$

风险准备金的确定,除了应考虑理论值的高低外,还应考虑到项目边界条件和项目状态。例如,对承包商来说,决定报价中的不可预见风险费,要考虑到竞争者的数量、中标的可能性、项目对企业经营的影响等因素。如果风险准备金高,报价竞争力会降低,中标的可能性就小,即不中标的风险就大。

4)自我保险。自我保险是指企业内部建立保险机制或保险机构,通过这种保险机制或由这种保险机构承担企业的各种可能风险。尽管这种办法属于购买保险范畴,但这种保险机制或机构终归属于企业内部,即使购买保险的开支有时可能大于自留风险所需的开支,但因保险机构与企业的利益一致,各家内部可能有盈有亏,而从总体上依然能取得平衡,好处未落入外人之手。因此,自我保险决策在很多时候也具有相当重要的意义。

风险管理人员在选择对策时,要根据工程项目的自身特点,从系统的观点出发,整体上考查风险管理的思路和步骤,从而制定一个与工程项目总体目标相一致的风险管理原则。

五、工程项目保险与担保

建筑工程规模大、投资大、周期长、涉及的方面比较多，因此在风险控制上就需要综合应用各种方法。目前，国际上应用的比较广泛而且比较有效的风险控制方法有工程担保和工程保险。

工程担保和工程保险是建设工程管理的有效途径，工程担保和工程保险的推行将大大增强各行为主体的质量安全责任意识，有利于工程交易的优化和工程质量水平的提高；有助于按照市场经济的规则规范工程建设中各种行为，形成有效的调控机制和保障体系；而且有助于用信用手段实现工程建设主体之间的联系，形成一种连带责任；同时，有助于用利益制约办法避免失信行为的发生。工程担保和工程保险保证了各方的正当权益，有利于我国建筑业与国际接轨。

1. 工程项目保险概述

工程保险是财产保险的引申和发展，1950 年国际土木工程师和承包商及工程师组织制定的承包土木建筑的合同条款中，规定承包人需要办理保险的条文，这个内容已为全世界各国同类合同所采用。

中国人民保险公司于 1979 年开始办理工程保险，并分别拟定了中国人民保险公司建筑工程一切险和安装工程一切险的条款及保单。1979 年 8 月，国务院和中国人民银行、财政部、国家计委等六部委规定，国内基建单位应将引进建设项目的保险费列入投资概算内，向中国人民保险公司投保建筑工程险或安装工程险。施工期间在建工程发生保险责任范围内的损失，由保险公司赔偿，国家不再拨款或核销。引进的国外成套设备或国外厂商在我国承建的工程，也应在我国投保。

建筑工程项目保险是以承保土木建筑为主体的工程，在整个建设期间，由于保险责任范围内的风险造成保险工程项目的物质损失和列明费用损失的保险。

建筑工程保险承保的是各类建筑工程。在财产保险经营中，建筑工程保险适用于各类民用、工业用和公共事业用的建筑工程，如房屋、道路、水库、桥梁、码头、娱乐场、管道以及各种市政工程项目的建筑。这些工程在建筑过程中的各种意外风险，均可通过投保建筑工程保险而得到保险保障。

2. 工程项目保险的特征

（1）承保风险的特殊性。建筑工程保险承保的保险标的大部分都裸露于风险中。同时，在建工程在施工过程中始终处于动态过程，各种风险因素错综复杂，风险程度增加。

（2）风险保障的综合性。建筑工程保险既承保被保险人财产损失的风险，又承保被保险人的责任风险，还可以针对工程项目风险的具体情况，提供运输过程中、工地外储存过程中、保证期间等各类风险。

（3）被保险人的广泛性。被保险人包括业主、承包人、分承包人、技术顾问、设备供应商等其他关系方。

（4）费率的特殊性。建筑工程保险采用的是工期费率，而不是年度费率。

3. 工程项目保险的种类

目前，国际上工程承包领域的强制保险一般有建筑工程一切险、安装工程一切险、雇主责任险和人身意外伤害险、机动车辆险、十年责任险和两年责任险。

(1)建筑工程一切险。建筑工程一切险简称建工险。建工险承保以土木工程为主体的工程在整个建筑期间的风险。一是一切险(不包括涉外责任)造成的保险工程项目的物质损失和列明的费用；二是在工地施工造成的第三者的财产或人身伤亡而应由被保险人承担的经济赔偿责任。

建筑工程一切险的被保险人包括：业主或所有人；主承保商或分包商；技术顾问；其他关系方，如贷款银行等。凡是有一方以上被保险人时，均由投保人负责缴纳保险费。被保险人中的第一个被保险人往往是投保人，它必须代表自己和其他一起投保的被保险人交付保险费，实际上它成为同保险人协商保险的中间人。建筑工程一切险的保障范围相当广泛，总结下来共有三个方面：自然灾害、意外事故和人为过失。

(2)安装工程一切险。安装工程一切险简称安工险。承保工矿企业在安装过程中的机器设备、钢质结构等。在整个安装调试期间，除责任以外的一切危险造成的保险标的的物质损失以及列明费用负赔偿责任。此外，在安装期间因安装造成第三者的财产损失或人身伤亡，依法由被保险人承担的经济赔偿也予负责。

安装工程一切险包括工程第三者责任险，此险应由承包商投保。该险的被保险人除了承包商外，还有业主和工程所有人、制造商和供应商、咨询监理公司、安装工程的信贷机构、待安装构件的买主等。

安装工程一切险的保险标的有以下几项：安装的机器及安装费等；为安装人使用的承包人的机器、设备；土木建筑工程项目；场地清理费用；业主或承包人在土木上的其他财产。

安装工程一切险从一开始保险人就承担着全部保险金额的保险责任；而建筑工程一切险的标的是在施工开始后逐步增加，保险责任从小到大逐步累积。到完工时，责任最高。一般情况下，安装工程一切险的保险标的，由于大多数是在建筑物内部安装，因而遭受意外事故损失的可能性较大；而建筑工程一切险的保险标的遭受自然灾害损害的可能性比较大。安装工程在交接前必须经过试车，试车期内任何潜在因素都可能造成损失，其损失发生频率根据以往经验，要占整个安装工期的一半以上。

(3)雇主责任险和人身意外伤害险。法律强制承包商作为雇主为其雇员投保，使劳动者伤害赔偿的给付有所保障，不因雇主破产或停业而受影响。

(4)机动车辆险。机动车辆险包括车辆本身和第三者责任险两个保险标的。一般由租用或拥有该车辆及使用驾驶人员的承包商负责投保，一般规定由一些被保险人员自负责任，这在一定程度上可加强被保险人的责任心。

(5)十年责任险(房屋建筑的主体工程)和两年责任险(细小工程)，此险为承包商或分包商的一项强制性义务，要求在工程验收以前投保，否则不予验收。此险使业主的权利在较长时间内得到保障。

4. 工程项目保险的性质

工程保险的作用是十分明显的，主要有以下几个方面：

(1)具有防范风险的保障作用。建筑活动不同于其他工农业生产活动，建筑工程项目规模较大、建设周期长、投资量巨大，与人们的生命和财产息息相关，社会影响极其广泛，潜伏在整个建设过程中的危险因素更多，建筑企业和业主担负的风险更大。一方面建筑工程受自然灾害的影响大；另一方面，随着生产的不断进步，新的机械设备、材料及施工方法不断推陈出新，工程技术日趋复杂，从而加大了工程投资者承担的风险。加上设计、工艺等方面的技术风险和政策法律、资金筹集等方面的非技术风险随时可能发生。而建筑工程保险就是着眼于在建筑过程中可能发生的不利情况和意外不测，从若干方面消除或补偿遭遇风险造成的一项特殊措施。它能对建筑工程质量事故处理给予及时、合理的赔偿，避免由于工程质量事故而导致企业倒闭。尽管这种对于风险后果的补偿只能弥补整个建筑工程项目损失的一部分，但在特定的情况下，能保证建筑企业和业主不致因风险发生导致破产，从而使因风险给双方带来的损失降到最低程度。

(2)有利于对建筑工程风险的监管。保险不仅是简单的收取保险费，也不仅仅是发生保险责任范围内的损失后赔偿的支付。在保险期内，保险管理机构要组织有关专家随着工程的进度对安全和质量进行检查，会因为利益关系而通过经济手段要求有关当事人进行很有效的控制，以避免或减少事故，并提供合理的防灾防损意见，有利于防止或减少事故的发生。

发生保险责任范围内的损失后，保险机构会及时进行勘查，按工程实际损失给予补偿，为工程的尽快恢复创造条件。

(3)有利于降低处理事故纠纷的协调成本。建筑工程保险让可能发生事故的损失事先用合同的形式制定下来，事故处理就可以简单、规范，避免了无谓的纠纷，降低了事故处理本身的成本，参加保险对于投保人来讲，虽然将会为获得此种服务付出额外的一笔工程保费，但提高了损失控制效率，使风险达到最小化。此外，工程施工期间发生事故是不可预测的，这些事故可能会导致业主与承包商之间或承包商与承包商之间对事故所造成的经济损失由谁承担而相互扯皮。如果工程全部参加保险，工程的有关各方都是共同被保险人。只要是保险责任范围内的约定损失，保险人均负责赔偿，无须相互追偿，从而减少纠纷，保证工程的顺利进行。

(4)有利于发挥中介机构的特殊作用，为市场提供良好的竞争环境。商业保险机制的确立，必然引入更强的监督机制，保险公司在自身利益的引导下，必然会对建筑工程各方当事人实行有效监督，必然会对投保的建筑企业进行严格的审查。对一个保险公司不予投保的建筑企业，业主是不敢相信的，这就是中介机构在市场中发挥的特殊作用。

5. 工程担保的定义

工程担保全称为工程保证担保，保证人作为第三方，对建设工程中一系列合同的履行进行监督并对违约承担责任，是一种促使参与工程建设各方守信履约的风险管理机制。开发商、承包商与保证人三者之间形成保证担保关系。开发商和承包商是合同的主体，在不同的担保品种下，设定一方为被保证人，另一方为权益人(受益人、监管人)。在被保证人不履行合同义务给权益人造成损失的情况下，权益人(监管人)可以要求保证人承担保证责任。

工程担保制度是建筑工程招投标管理的有效途径，它不仅有助于按照市场经济的规则规范工程建设中的各种行为，形成有效的调控机制和保障体系，而且有助于用信用手段实现工程建设主体之间的联系，形成一种连带责任。同时，有助于用利益制约办法避免失信行为的发生，保证各方的正当权益，有利于我国建筑业与国际接轨。

6. 工程担保制度的几种形式

目前在工程建设领域，一般主要有以下三种担保制度：

(1)投标保证担保。在投标过程中，保证投标人有能力和资格按照竞标价签订合同，完成工程项目，并能够提供业主要求的履约和付款保证担保。投标保证担保可采用银行保函或担保公司担保书、投标保证担保金等方式，具体方式可由招标人在招标文件中规定。采用投标保证担保金的，在确定中标人后，招标人应当及时向没有中标的投标人退回其投标保证担保金；除不可抗拒因素外，中标人拒绝与招标人签订工程合同的，招标人可以将其投标保证担保金予以没收。实行合理低价中标的，也可以要求按照与第二标投标报价的差额进行赔偿；除不可抗拒因素外，招标人不与中标人签订工程合同的，招标人应当按照投标保证担保金的两倍返还中标人。

（2）履约保证担保。履约保证担保就是保证合同的完成，即根据业主为一方、承包商为另一方所签订的施工合同，保证承包商承担合同义务去实施并完成某项工程。履约保证担保可以采用银行保函或保证担保公司担保书、履约保证金的方式，也可以引入承包商的同业担保，即由实力强、信誉好的承包商为其他承包商提供履约保证担保。对于履约担保，如果是非业主的原因，承包商没有履行合同义务，担保人应承担其担保责任。一是向该承包商提供资金、设备、技术援助，使其能继续履行合同义务；二是直接接管该工程或另觅经业主同意的其他承包商，负责完成合同的剩余部分，业主只按原合同支付工程款；三是按合同的约定，对业主蒙受的损失进行补偿。实施履约保证金的，应当按照《招标投标法》的规定执行。《招标投标法》第 46 条规定："招标文件要求中标人提供履约保证金的，中标人应当提交。"第 60 条规定："中标人不履行与招标人订立的合同的，履约保证金不予退还，给招标人造成的损失超过履约保证金数额的，还应对超过部分予以赔偿。"履约保证担保可以实行全额担保（即合同价的 100%），也可以实行分段（一般为合同价的 10%～15%）滚动担保。对于一些大工程或特大工程，可以由若干保证担保人共同担保；担保人应当按照担保合同约定的担保份额承担担保责任。没有约定担保份额的，这些担保人承担连带责任。债权人可以要求其中任何一个担保人承担全部担保责任，而其负有担保全部债权实现的义务，并在承担保证担保责任后有权向债务人追债，或者要求其他承担连带责任的担保人清偿其应当承担的份额。担保人在工程主合同纠纷未经审判或仲裁，并就债务人财产依法强制执行仍不能履行债务前，对债权人可以拒绝承担保证担保责任，中小型工程也可以由承包商实行抵押、质押担保。

（3）付款保证担保。付款保证担保就是承包商与业主签订承包合同的同时，向业主保证与工程项目有关的工人工资、分包商及供应商的费用，将按照合同约定的由承包商按时支付，不会给业主带来纠纷。如果因为承包商违约给分包商和材料供应商造成损失，在没有预付款保证担保的情况下，经常由业主协调解决，甚至使业主卷入可能的法律纠纷，在管理上造成很大负担。而在保证担保的形势下，可以使业主避免可能引起的法律纠纷和管理上的负担，同时也保证了工人、分包商和供应商的利益。此外，还有三种保证担保形式。一是质量保证担保，它保证承包商在工程竣工预定期限内（合同预定或按照有关规定执行保修），负责质量的处理责任。若承包商拒不对出现的质量问题进行处理，则由保证人负责维修或赔偿损失。这种保证也可以包括在履约保证担保之中，也有在工程竣工、验收合格后签订的，担保期限一般是 1～5 年，保证金额通常为合同价款的 5%～25%。二是不可预见款保证担保，即保证不可预见款全部用于工程项目。三是预付款保证担保，它保证业主预付给承包商的工程款用于该项建筑工程，而不被挪作他用，其保证金额一般为合同价款的10%～50%，费率视具体情况而定。

7. 工程保险与工程担保的异同

（1）工程保险与工程担保的相同点。

1)运作方式极其相似，两者都要遵循国家的相关法律和规章制度，在管理组织、会计、索赔即提交程序等方面都相似。

2)两者都是避免工程风险的重要形式，相辅相成。

3)保证担保具备保险的基本特征。

(2)工程保险与工程担保的不同点。

1)当事人不同。工程担保契约有承包商、业主和保证人三方当事人；而工程保险只有保险人和被保险人两方当事人。

2)范围不同。工程保险所赔偿的只能是由于自然灾害或意外事故引起的，而工程担保的是人为因素。换句话说，其保证的对象是因资金、技术、非自然灾害、非意外事故等原因导致的违约行为，是道德风险。

3)风险承担方式不同。工程担保人向被保证人提供保证担保，可以要求被保证人提供反担保措施，签订反担保合同。一旦保证人因被保证人违约而遭受损失，可以向被保证人追偿；工程保险一旦出现，保险人支付的赔偿只能自己承担，不能向被保险人追偿。

4)责任方式不同。被保证人因故不能履行合同时，工程担保人必须采取各种措施，保证被保证人未能履行的合同得以继续履行，提供给权利人合格的产品；而投保人出现意外损失，保险人只需根据投保额度支付相应的赔款，不再承担其他责任。

5)费用承担方式不同。保证担保费用一般就如工程成本，包含在业主支付工程款中；而强制保险的保险费由业主承担，自愿保险的保险费由被保险人承担。

📺 ➤ 项目小结

建筑施工进度控制、成本管理和质量管理，是建筑施工项目管理的重要组成部分。施工的进度控制是中心环节，成本管理是关键，质量管理是根本。施工项目进度控制是指在既定的工期内，编制出最优的施工进度计划。在执行该计划的施工中，经常检查施工实际进度情况，并将其与计划进度相比较，若出现偏差，便分析产生的原因和对工期的影响程度，找出必要的调整措施，修改原计划，不断地如此循环，直至工程竣工验收。施工项目成本管理，就是在完成一个工程项目过程中，对所发生的成本费用支出，有组织、有系统地进行预测、计划、控制、核算、考核、分析等一系列科学管理工作的总称。施工项目质量管理是指工程项目在施工安装和施工验收阶段，指挥和控制工程施工组织关于质量的相互协调的活动，使工程项目施工围绕使产品质量满足不断更新的质量要求，而开展的策划、组织、计划、实施、检查、监督和审核等所有管理活动的总和。安全管理工作是企业管理工作的重要组成部分，是保证施工生产顺利进行，防止伤亡事故发生，确保安全生产而采取的各种对策、方针和行动的总称。环境保护是指按照法律法规、各级主管部门和企业的要求，保护和改善作业现场的环境，控制现场的各种粉尘、废水、废气、固体废物、噪声、振动等对环境的污染和危害。工程项目施工现场环境保护是现代化大生产的客观要求，能保证项目施工顺利进行，保障人们身体健康和社会文明。文明施工是指保持施工场地整洁、卫生，施工组织科学，施工程序合理的一种施工活动。实现文明施工，不仅要着重做好现场的场容管理工作，而且要相应做好现场材料、机械、安全、技术、保卫、消防和生活卫生等方面的管理工作。由于现代建筑工程项目风险大，对工程项目进行风险识别，并对识